Beck'sche Schwarze Reihe
Band 109

Kritik der Verhaltensforschung

Konrad Lorenz und seine Schule

Fünf Beiträge von
Klaus Horn, Daniel S. Lehrman, Gerhard Roth
und Niko Tinbergen

Herausgegeben von
Gerhard Roth

VERLAG C.H.BECK MÜNCHEN

ISBN 3 406 04909 5

Einbandentwurf von Rudolf Huber-Wilkoff, München

Druck: Georg Appl, Wemding
Printed in Germany

Inhalt

Einleitung

Die Aufsätze des vorliegenden Bandes beschäftigen sich mit einer Wissenschaft, die noch relativ jung ist. Der Beginn der „Vergleichenden Verhaltensforschung“ oder „Ethologie“, oft auch einfach „Verhaltensforschung“ genannt, datiert aus der Mitte der dreißiger Jahre und ist mit den Namen und der Zusammenarbeit zweier Forscher verbunden, die auch heute noch ihr Gesicht wesentlich mitbestimmen: Konrad Lorenz (geb. 1903) und Niko Tinbergen (geb. 1907). Lorenz hatte seit dem Beginn der dreißiger Jahre in einer Reihe von Verhaltensstudien an Vögeln die Konstituierung der neuen Wissenschaft begrifflich vorbereitet, bis es 1937 zur Zusammenarbeit von Lorenz und Tinbergen kam. Als Resultat dieser Zusammenarbeit erschien 1938 der Aufsatz „Taxis und Instinkthandlung in der Eirollbewegung der Graugans“, der sowohl in der Theorie als auch in den Untersuchungsmethoden zum Vorbild der weiteren Verhaltensforschung wurde. Eine weitere wichtige Etappe in der Entwicklung der Ethologie war das Erscheinen von Tinbergens Werk „The Study of Instinct“ im Jahre 1951 (deutsch „Instinktlehre“ 1952), in dem ein erster umfassender Überblick über die bisher geleistete verhaltensforscherische Arbeit gegeben wurde und das die Ethologie auch im angelsächsischen Sprachraum bekannt machte.

Die „Vergleichende Verhaltensforschung“ wurde und wird überwiegend auch heute noch als die biologische Wissenschaft verstanden, die sich mit der Erforschung artspezifischer, d. h. allen Angehörigen einer bestimmten Tierart gemeinsamer, Verhaltensweisen beschäftigt, die aufgrund ihrer Unabhängigkeit von der Individualerfahrung als „angeboren“ oder „instinktiv“ bezeichnet werden (vgl. Tinbergen 1952, S. 3; Tembrock 1961, S. 8; Eibl-Eibesfeldt 1972, S. 27).

Der wissenschaftliche Raum, den die Ethologie betrat, war gekennzeichnet durch eine seit etwa der Jahrhundertwende andauernde Auseinandersetzung, die man in starker Vereinfachung als den „Vitalismus-Mechanismus-Streit“ zu bezeichnen pflegt. Dahinter verbirgt sich die Frage, ob das Tier ein spontanes, von inneren Antrieben („Instinkten“, „Motiven“) bestimmtes Verhalten zeigt oder ob sein Verhalten als reine Reaktion auf bestimmte Umweltreize aufzufassen ist.

Zur ersteren Richtung gehörten Forscher wie W. McDougall, Ch. O. Whitman, C. Lloyd Morgan und E. C. Tolman. Den wohl extremsten Standpunkt vertrat dabei McDougall, der das Instinktverhalten als ein vom Zweck bestimmtes Verhalten (purposive behavior) deutete, das von einer „instinktiven Energie“ angetrieben wird und bei dem übergeordnete Instinkte – für McDougall dreizehn an der Zahl – sich „motorischer Mechanismen“ bedienen, um die angestrebten Zwecke wie Nahrungserwerb, Fortpflanzung usw. zu realisieren. Andere Forscher wie Lloyd Morgan und Tolman hielten ebenfalls an der Zweckhaftigkeit des Instinktverhaltens fest, sie wollten aber keine scharfe Abgrenzung zum umwelt- bzw. lernabhängigen Verhalten zugeben. Ihrer Meinung nach entsteht verstandesmäßiges Verhalten durch den allmählich immer stärker werdenden Einfluß von Erfahrung auf die ursprünglich reinen Instinkthandlungen.

Die andere Richtung wurde im wesentlichen durch Vertreter des sog. Behaviorismus bestimmt, zu dem neben ihrem Begründer J. B. Watson auch E. L. Thorndike, K. S. Lashley und B. F. Skinner zu zählen sind. Der Behaviorismus ging davon aus, daß jede Aussage, die über die Beschreibung des Verhaltens (amerikan. *behavior*) eines Organismus hinausgeht, als unwissenschaftlich abgelehnt werden muß. Er bestreitet damit die wissenschaftliche Gültigkeit von Aussagen über „Bewußtsein“, „Empfindung“, „Gefühl“, aber auch „Trieb“ und „Instinkt“, da solche Phänomene, sofern ihre Existenz überhaupt angenommen werden kann, nicht objektivierbar (meßbar) sind. Was man messen kann, sind Reaktionen eines Organismus auf einen bestimmten Reiz. Diese Auffassung bestimmte nachhaltig die Forschungsmethoden der Behavioristen, die anstelle von Freilandbeobachtungen Laboratoriumsuntersuchungen durchführten und solche Versuchsanordnungen (Labyrinthe, Vielfachwahlapparate, Dressur-Boxen) benutzten, die eine genaue Quantifizierung des Verhaltens erlaubten. Diese Methoden und die Bevorzugung höherer, besonders lernfähiger Tiere wie Mäuse, Ratten, Affen führten den Behaviorismus zu einer starken Betonung der Umweltabhängigkeit des Verhaltens, die bei Verhaltensforschern wie Z. Y. Kuo in der Anschauung kulminierte, das Verhalten eines Organismus sei völlig durch Milieufaktoren veränderbar, soweit nicht seine Anatomie und Morphologie natürliche Grenzen setze.

Eine wesentliche Stütze erfuhr diese Auffassung durch die Arbeiten des russischen Physiologen Pawlow. In seinen berühmt gewordenen Versuchen gelang es ihm, z.B. einen Hund, der zuvor nur auf einen natürlichen (unbedingten) Reiz, z.B. einen Futterbrocken, hin Speichel- und Magensaftsekretion zeigte, darauf zu dressieren, bereits auf ein Glockenzeichen mit dieser physiologischen Reaktion zu antworten, wenn der künstliche Reiz (Glockenzeichen) einige Zeit lang zusammen mit dem natürlichen Reiz aufgetreten war. Das Tier assoziierte die beiden Reize, bis der zweite Reiz allein zum Auslösen der Reaktion – zumindest für eine bestimmte Dauer – genügte. Mit der Bildung solcher bedingter Reflexe, der sog. klassischen Konditionierung, lassen sich sowohl unwillkürliche wie willkürliche Reaktionen von Umweltreizen steuern. Pawlow, Bechterew und andere „Reflexologen" versuchten das gesamte tierische und menschliche Verhalten auf der Grundlage der bedingten und unbedingten Reflexe zu erklären.

Methodologisch stand die Lorenz-Tinbergensche Ethologie dem amerikanischen Behaviorismus und der Pawlowschen Reflextheorie durchaus nahe, d.h. es wurde der „subjektivistische" Standpunkt der älteren Instinkttheorie, also die Vorstellung eines das Handeln des Tieres bestimmenden „Zwecks" oder die der Einsicht des Tieres in sein Verhalten, abgelehnt. Auf der anderen Seite widersprach Lorenz entschieden die von Forschern wie Spencer, Lloyd Morgan und Tolman vertretene Vorstellung einer Beeinflussung des Instinktverhaltens durch individuelle Erfahrung. In seinem Aufsatz „Über die Bildung des Instinktbegriffes" von 1937 entwickelte Lorenz den für seine Instinkttheorie grundlegenden Gedanken der „Instinkt-Dressur-Verschränkung": die offenbare Plastizität vieler Instinkthandlungen, die die genannten Forscher zur Annahme einer diffusen Mischbarkeit von Ererbtem und Erworbenem brachte, wird nach Lorenz vielmehr dadurch erreicht, daß die Instinkthandlung angeborenermaßen „Lücken" aufweist, in die das Tier etwas

„hineinlernen“ kann. So kann z.B. eine angeborene Beutefanghandlung durch ein erlerntes spezielles Beutetierschema ergänzt werden. Diese Lücken werden immer größer, d.h. der Anteil des Erlernten vergrößert sich gegenüber dem Angeborenen, je höher die evolutive Stufe des untersuchten Organismus ist. Man muß nach Lorenz jedoch dabei stets von einer strengen Dichotomie zwischen beiden Komponenten ausgehen.

Gegenüber der von McDougall theoretisierten Hierarchie von „primären“ Trieben und untergeordneten motorischen Mechanismen betonte Lorenz die Unabhängigkeit der Instinkthandlungen untereinander. Die Integration der einzelnen Handlungen zu einer der spezifischen Situation angepaßten Sequenz geschieht nach Lorenz nicht durch einen auf ein „Ziel“ hinarbeitenden Trieb, sondern durch die in der Situation enthaltenen Umweltreize. Das Fehlen eines inneren Zwecks als treibender Kraft sah Lorenz durch das Auftreten von sog. Leerlaufreaktionen, d.h. von Instinkthandlungen, die unter bestimmten Umständen auch unabhängig von den üblichen Schlüsselreizen sinn- und zwecklos „ins Leere hinein“ ablaufen, bestätigt.

Der neben der Dichotomie zwischen Angeborenem und Erlerntem wohl wichtigste Punkt der neuen Instinkttheorie war die Aussage, daß das Instinktverhalten, obwohl durch Außenreize ausgelöst, nicht kettenreflexartig abläuft, sondern spontaner Natur ist. Das Tier wird „getrieben und gelockt“, obwohl es dabei keine innere Einsicht aufweist. Die Triebfeder dieses Strebens ist nach Lorenz eine für jede Instinkthandlung spezifische „Erregung“ oder „Energie“, die in bestimmten Zentren des Zentralnervensystems automatisch und kontinuierlich produziert wird, sich aufstauen und so den inneren „Trieb“ hervorrufen und sich schließlich in der Instinkthandlung „entladen“ kann. Diese Anschauung entwickelte Lorenz nach Kenntnis der Versuche Erich von Holsts über die „zentralnervösen Automatismen“ von Bewegungsabläufen zum sog. Triebstaumodell weiter.

Eine derart konzipierte Instinkttheorie mußte einen scharfen Widerspruch besonders von Seiten der behavioristisch ausgerichteten Tierpsychologie hervorrufen. Die erste umfassende Auseinandersetzung dieser Art mit Lorenz fand statt in D. S. Lehrmans 1953 erschienenem Aufsatz „A critique of Konrad Lorenz’s theory of instinctive behavior", der im vorliegenden Band unter dem Titel „Eine Kritik an Konrad Lorenz' Theorie des instinktiven Verhaltens" abgedruckt ist. Vom gleichen Standpunkt aus wurde Kritik geübt von D. O. Hebb in seinem Aufsatz „Heredity and environment in mammalian behavior" (Anlage und Umwelt im Säugetierverhalten) von 1953 und von Lehrmans Lehrer T. C. Schneirla in seinem Aufsatz „The interrelationships of the ‚innate' and the ‚acquired' in instinctive behavior" (Die Wechselbeziehungen zwischen ‚Angeborenem' und ‚Erworbenem' im Instinktverhalten) von 1956.

Kritik kam aber auch aus den Reihen englischer Verhaltensforscher, die sich u.a. in Aufsätzen von J. S. Kennedy „Is modern ethology objective?" (Ist die moderne Ethologie objektiv?, 1954) und R. A. Hinde „Changes in responsiveness to a constant stimulus" (Veränderungen in der Reaktion auf einen konstanten Reiz, 1954) und „Ethological models and the concept of drive" (Ethologische Modelle und der Triebbegriff, 1956) artikulierte. Aber auch Tinbergen selbst, der nach seiner Übersiedlung nach Oxford neben W. H. Thorpe in Cambridge zum Führer der angelsächsischen Verhaltensforschung geworden war, entfernte sich mehr und mehr von der auf starrer Trennung von Instinktivem und Erlerntem aufbauenden Lorenzschen Theorie.

Auf diese Kritik antwortete Lorenz 1961 in einem breit angelegten Aufsatz mit dem Titel „Phylogenetische Anpassung und adaptive Modifikation des Verhaltens", der im Jahre 1965 in leicht veränderter Form auf englisch unter dem Titel „Evolution and modification of behavior" erschien. Da dieser Aufsatz z. T. ausführlich auf die von Lehrman in seinem genannten Aufsatz vorgetragene Kritik antwortet und andererseits die ebenfalls im vorliegenden Band abgedruckten Arbeiten „Semantische und begriffliche Fragen beim Natur-Dressur-Problem" von Lehrman und „Ethologie" von Tinbergen sich wiederum auf diesen Lorenzschen Aufsatz beziehen, soll auf ihn hier kurz eingegangen werden.

Dem von Lehrman wie auch von Hebb gemachten Vorwurf, die Dichotomie des Verhaltens in „angeborene" und „erlernte" Bestandteile sei künstlich, da man erstens keinen von beiden anders als durch den Ausschluß des anderen definieren könne und es zweitens bei Versuchen mit Aufzucht unter Erfahrungsentzug nie festzustellen sei, wieviel ein Organismus bereits in der Embryonalphase im Ei oder Uterus gelernt habe, hält Lorenz die Anschauung entgegen: „Angeborenes" und „Erlerntes" seien nicht durch gegenseitigen Ausschluß definiert, sondern „durch die Herkunft der die Außenwelt betreffenden Informationen, die Voraussetzung jeder Angepaßtheit sind". Zwei Möglichkeiten der Informationsgewinnung gebe es, die zu einer Anpassung des Organismus an seine Umwelt und damit zu einer Erhöhung der Überlebens- und Fortpflanzungschancen führten: a) die mit Hilfe des Zusammenspiels von Mutation und Selektion erreichte positive Veränderung des Erbguts einer *Art;* b) die *individuelle* Erfahrungssammlung, die allerdings wiederum einen besonderen angeborenen „Lehrapparat" voraussetze, mit Hilfe dessen der Organismus selektiv das lerne, was die individuelle Anpassung an die Umwelt erhöhe. Dies gelte auch und besonders für Lernvorgänge im Ei oder im Uterus, denn nur ein solcher angeborener Lehrapparat könne dafür sorgen, daß der Embryo nur dasjenige lerne, was er später zum Überleben notwendig habe. Lorenz hält also auch hier an seinem Gedanken einer Instinkt-Dressurverschränkung im wesentlichen fest.

Die Idee eines angeborenen „Lehrapparats" bekräftigt Lorenz auch gegenüber der Anschauung „moderner englisch publizierender Ethologen" (womit u.a. Tinbergen gemeint ist), die lautete, man müsse zwischen völlig Angeborenem und völlig Erlerntem als Extremen eine stufenlose Mischung beider Komponenten annehmen, Lernen finde sich auch im kleinsten phylogenetisch angepaßten Verhalten. Lernvorgänge – so dagegen Lorenz – würden nur an „bestimmten, präformierten Stellen" eingebaut; ein beliebiges Eingreifen von Lernprozessen sei theoretisch-stammesgeschichtlich gesehen schon deshalb unwahrscheinlich, weil dadurch die „komplizierten physiologischen Mechanismen phylogenetisch angepaßter Verhaltenssysteme" nicht adaptiv verbessert, sondern nur gestört werden könnten. Dem weiteren Argument englischer Ethologen, man müsse den Begriffen „angeboren" und „erlernt", sofern sie als solche theoretisch zu trennen seien, aus praktisch-experimentellen Erwägungen heraus jeden Wert absprechen, denn bei Experimenten mit Aufzucht unter Erfahrungsentzug könnten nie alle denkbaren relevanten Umweltfaktoren und Lernmöglichkeiten ausgeschaltet werden, antwortet Lorenz: ein solches Ausschließen aller denkbaren Lernfaktoren und -mechanismen sei gar nicht nötig, um mit Recht ein Verhaltensmerkmal als „angeboren" bezeichnen zu können. Das bestimmte Umweltmerkmal *allein,* auf das der Organismus selektiv anspreche, habe die „Planskizze eines selektiven rezeptorischen Apparats" als Ganzen durch das Zusammenspiel von Mutation und Selektion im Erbgut verankert. Wenn diese Reaktion auch ohne vorhergehende Möglichkeit von Erfahrungserwerb gegenüber dem bestimmten Merkmal erfolge, so sei sie „angeboren", auch wenn eine Vielzahl von Umweltfaktoren wie Futter, Sauerstoff usw. zur Ausbildung (Reifung) der Reaktion nötig sei. Diese Faktoren, so unentbehrlich sie als „Lieferanten unstrukturierter Bausteine für die ontogenetische Verwirklichung der ererbten Planskizze" sein möchten, könnten unmöglich zusätzliche Information über die adaptive Strukturierung der Planskizze enthalten.

Lehrman und Tinbergen haben in ihren im vorliegenden Band unter den Titeln „Semantische und begriffliche Fragen beim Natur-Dressur-Problem" und „Ethologie" abgedruckten Aufsätzen wiederum zu dieser Lorenzschen Arbeit Stellung genommen. So entsteht von den frühen instinkttheoretischen Werken von Lorenz aus den Jahren 1937 und 1938 über Lehrmans Aufsatz „Eine Kritik an Konrad Lorenz' Theorie des instinktiven Verhaltens" von 1953 und der Lorenzschen Arbeit „Phylogenetische Anpassung und adaptive Modifikation des Verhaltens" von 1961/65 bis hin zu den beiden soeben genannten Aufsätzen von Lehrman und Tinbergen ein anschauliches Bild einer sich über mehrere Jahrzehnte hinziehenden, oft sehr scharf, aber immer sachgerecht geführten Auseinandersetzung, die eine überaus große Bedeutung für die Weiterentwicklung der Verhaltensforschung hatte und noch hat. Dies erkennt auch I. Eibl-Eibesfeldt als einer der Hauptvertreter der Lorenzschule an, wenn er 1972 schreibt, es sei das „unbestreitbare Verdienst unserer Kritiker (insbesondere D. Lehrmans)" gewesen, „Klarstellungen in der Begriffsbildung der Ethologen erzwungen zu haben", und fortfährt, es sei dabei zu einem „überaus fruchtbaren Gespräch und zu einer Annäherung der Standpunkte" gekommen.

Die im vorliegenden Band enthaltenen Beiträge, die drei schon genannten Aufsätze von Lehrman und Tinbergen sowie die Aufsätze von G. Roth „Kritik der verhaltensphysiologischen Grundlagen der Lorenzschen Instinkttheorie" und von K. Horn „Die humanwissenschaftliche Relevanz der Ethologie im Lichte einer sozialwissenschaftlich verstandenen Psychoanalyse", wurden in der Absicht ausgewählt bzw. geschrieben, um die Vielfalt und Verschiedenartigkeit der kritischen Auseinandersetzung mit der „Vergleichenden Verhaltensforschung" sichtbar zu machen. Deshalb wurden auch weitergehende thematische Überschneidungen nicht vermieden, soweit sie verschiedene wissenschaftliche Standpunkte sichtbar werden lassen.

Der von 1953 stammende Aufsatz Lehrmans wurde an den Anfang des Bandes gestellt, einmal um das Andenken des 1972 viel zu früh verstorbenen bedeutenden Verhaltensforschers zu ehren, zum anderen, weil er am ehesten den ursprünglichen behavioristischen Standpunkt gegenüber Lorenz widerspiegelt, ohne daß er in eine völlige Mißachtung der Bedeutung angeborener Strukturen verfällt. In seinem zwei Jahre vor seinem Tode entstandenen Aufsatz nimmt Lehrman zugleich mit der Kritik an der Lorenzschen Arbeit von 1961/65 eine kritische Überprüfung seines eigenen früheren Standpunkts vor, die ihn, anknüpfend an den Begriff der „experience" (Erfahrung) seines Lehrers T. C. Schneirla, die Vorstellung von der Interaktion von Anlage und Umwelt auf jeder phylogenetischen und ontogenetischen Stufe tierischen und menschlichen Verhaltens weiterentwickeln läßt.

Tinbergens Aufsatz „Ethologie" ist in ähnlicher Weise wie der Lehrmans zugleich eine Auseinandersetzung mit Lorenz wie mit seiner eigenen theoretischen „Vergangenheit". Es wird dabei die Konzeption einer neuen Ethologie sichtbar, die man mit einigem Recht als eine vermittelnde Position zwischen den von Lorenz einerseits und von Lehrman andererseits vertretenen Richtungen bezeichnen kann, wenn dabei die überragende Originalität der Tinbergenschen Arbeiten gewürdigt wird. Eine besondere Bedeutung kommt dem von Tinbergen seit jeher artikulierten Bemühen um eine weitere Integration von Ethologie, Psychologie und Physiologie zu.

Der Aufsatz von G. Roth beschäftigt sich mit den verhaltensphysiologischen Grundlagen der Lorenzschen Instinkttheorie und besonders mit dem sog. „Triebstaumodell", das vor allem innerhalb der Diskussion der Lorenzschen Aggressionstheorie eine wichtige Rolle spielt. An diesem Modell wird zugleich der dogmatische und im wissenschaftstheoretischen Sinn fragwürdige Charakter der Lorenzschen Theorie instinktiven Verhaltens deutlich sichtbar.

In K. Horns Aufsatz, der auch thematisch den vorliegenden Band abschließt, werden die von Lorenz und den von ihm beeinflußten Verhaltensforschern unternommenen „Exkursionen“ in soziologische, psychologische und politische Problembereiche kritisch beleuchtet. Es erweist sich, daß das Zweifelhafte dabei nicht so sehr in den Grenzüberschreitungen selbst liegt, ohne die die notwendige Integration der einzelnen Verhaltenswissenschaften nicht möglich ist, sondern in der Vernachlässigung der vielfältigen methodologischen und wissenschaftspraktischen Implikationen des Übergangs von der „ersten“ zur „zweiten“ – gesellschaftlich vermittelten – Natur des Menschen.

Die in den genannten Beiträgen vorgetragene Kritik an der „Vergleichenden Verhaltensforschung“ Konrad Lorenz' und seiner Schule will eine Alternative zu der in unserem Lande weithin vorurteilsbehafteten und wenig sachgerechten Lorenz-Kritik aufzeigen. Daß diese Kritik sich kaum über eine solche Form hinausentwikkelte, daran sind gewiß zu einem guten Teil die zahlreichen populär gehaltenen Schriften von Lorenz und einigen seiner Mitarbeiter schuld, die bei einem breiten Publikum den Eindruck aufkommen ließen, die Verhaltensforschung könne Patentrezepte zur Lösung gesellschaftlicher und individueller Probleme liefern, was wiederum den Anschein wissenschaftlicher Unredlichkeit notwendig erweckte. Diese doppelte Fehleinschätzung der Verhaltensforschung zu beseitigen, ist ein wesentliches Ziel des vorliegenden Bandes.

Es sei an dieser Stelle den Herren N. Tinbergen, J.S. Rosenblatt, der die Aufsätze von D. S. Lehrman zur Verfügung stellte, und K. Horn für ihre Mitarbeit an diesem Buch gedankt, ebenso dem Ehepaar J. und Chr. Ahrendts für ihre sorgfältige Übersetzung der englischsprachigen Beiträge.

Gerhard Roth

Daniel S. Lehrman

Eine Kritik an Konrad Lorenz' Theorie des instinktiven Verhaltens

Seit etwa 1931 hat Konrad Lorenz zusammen mit seinen Schülern und Mitarbeitern (besonders N. Tinbergen) zahlreiche Verhaltensstudien und theoretische Arbeiten über Probleme des Instinkts und des angeborenen Verhaltens veröffentlicht, die einen weitreichenden Einfluß auf viele Wissenschaftlergruppen hatten (Lorenz 1931, 1932, 1935, 1937a; Lorenz und Tinbergen 1938; Lorenz 1939; Tinbergen 1939; Lorenz 1940, 1941; Tinbergen 1942, 1948a, 1950; Lorenz 1950; Tinbergen 1951).* Lorenz' Einfluß wird deutlich durch die Gründung der *Zeitschrift für Tierpsychologie* im Jahre 1937 und ihre spätere Entwicklung wie durch die Zeitschrift *Behaviour,* die 1948 von einem internationalen Gremium ins Leben gerufen wurde, an dessen Spitze Tinbergen stand.

Lorenz' Theorie des instinktiven und angeborenen Verhaltens hat das Interesse vieler Forscher auf sich gezogen; das liegt teilweise an ihrer schematischen Einfachheit, teilweise an ihrem ausführlichen Rückgriff auf neurophysiologische Vorstellungen; schließlich rührt es zum Teil daher, daß Lorenz statt der Laborsituationen, wie sie sehr häufig in der amerikanischen vergleichenden Psychologie anzutreffen sind, Verhaltensmuster behandelt, die dem natürlichen Lebenszyklus der untersuchten Tiere entnommen sind. Diese Faktoren tragen wesentlich zur Erklärung der ungeheuren Aufmerksamkeit bei, die dieser Theorie in Europa geschenkt wird; dort sind die meisten Verhaltensforscher Zoologen, Physiologen, Mitarbeiter an zoologischen Gärten oder Naturforscher, ganz im Gegensatz zu den Psychologen, die in Amerika die Mehrheit der Verhaltensforscher bilden (Schneirla 1945).

* Sämtliche Literaturhinweise in den einzelnen Beiträgen beziehen sich auf das am Ende des Bandes befindliche Literaturverzeichnis.

Neuerdings aber erfreuen sich die Lorenzschen Theorien auch in den Vereinigten Staaten wachsender Aufmerksamkeit, teilweise wegen des zunehmenden Interesses amerikanischer Zoologen und Ökologen an tierischem Verhalten, teilweise aber auch aufgrund eines aufnahmefähigen Publikums, das amerikanische Ornithologen für Lorenz und seinen Mitarbeiter Tinbergen darstellen. Die Ornithologen waren zwar von Anfang an interessiert, insbesondere weil ein großer Teil des Materials, auf das Lorenz sein System aufbaute, aus Untersuchungen über das Verhalten von Vögeln stammte; aber der Interessenbereich hat sich in Amerika inzwischen beträchtlich erweitert. Kürzlich waren Lorenz und seine Theorien Diskussionsgegenstand einer Konferenz in New York, auf der sowohl Zoologen wie vergleichende Psychologen vertreten waren (Riess 1949); sie spielen auch auf dem Symposium der Society of Experimental Biologists über tierisches Verhalten eine hervorragende Rolle, das vor kurzem stattfand (Armstrong 1950; Baerends 1950; Hartley 1950; Koehler 1950; Lorenz 1950; Tinbergen 1950). Schließlich werden sie ausführlich in einigen Kapiteln eines neueren amerikanischen Handbuchs für Experimentalpsychologie behandelt, welches ein Standardnachschlagewerk der nächsten Jahre sein wird (Beach 1951a; Miller 1951; Nissen 1951).

Da die Lorenzschen Ideen große Beachtung gefunden haben und vor allem weil eine kritische Diskussion dieser Materie einen nützlichen Überblick über die Art und Weise gewähren dürfte, in der Lorenz die Grundprobleme der vergleichenden Verhaltensforschung behandelt, scheint eine erneute Überprüfung des Lorenzschen Systems und seiner Schule zu diesem Zeitpunkt sehr wünschenswert.

I. Lorenz' Theorie des Instinkts

Am besten können wir die allgemeinen Merkmale der vorliegenden Theorie an Hand eines Falles darstellen, der von Lorenz und Tinbergen analysiert wurde (1938). Die vielen späteren Verweise auf diesen Fall und die Analyse, die von den beiden Autoren und ihren Mitarbeitern angeboten wurde, lassen keinen Zweifel daran aufkommen, daß dieser Fall ebenso wie seine Behandlung als beispielhaft gelten darf.

1. Die Eirollbewegung der Graugans

Wenn eine auf ihrem Nest sitzende Graugans ein Ei sieht, das aus dem Nest gerollt ist, reagiert sie auf charakteristische Weise. Sie streckt ihren Kopf nach dem Ei aus, steht dann auf, während sie Kopf und Hals auf das Ei richtet und es genau fixiert, und schreitet langsam vorwärts, bis sie auf dem Nestrand stehen bleibt. Als nächstes beugt die Gans ihren Hals nach unten und nach vorn, so daß sich das Ei unter der Unterseite des Schnabels befindet. Dann beginnt die Gans, das Ei ins Nest zurückzurollen, indem sie es durch ihre Beine zurückschiebt, wozu sie ihren Unterschnabel zu Hilfe nimmt. Zugleich mit diesen Bewegungen des Kopfes und des Halses in der sagittalen (d.h. parallel zur Mittelachse liegenden) Ebene vollführt die Gans seitliche Kopfbewegungen, die das Ei an der Unterseite des Schnabels im Gleichgewicht halten sollen.

2. Die Instinkthandlung

Zuerst wollen wir die Eirollbewegung in der sagittalen Ebene betrachten, ohne auf seitliche Bewegungen irgendwelcher Art einzugehen, da diese beiden Bewegungstypen in der Theorie sehr scharf voneinander getrennt werden.

Lorenz und Tinbergen stellten fest, daß die Bereitschaft der Gans zur Ausführung der Sagittalbewegung durch wiederholte Auslösung „erschöpft" werden kann; wie die Beobachtungen zeigten, geschieht das auch dann, wenn die beteiligten Muskeln selber offensichtlich nicht ermüdet waren. Die Autoren schlossen daraus, daß hier die Erschöpfung eines zentralnervösen Mechanismus vorliegen muß.

Die Form der Sagittalbewegung ist immer annähernd gleich, unabhängig von Abwandlungen in der Form des Eies oder von Unregelmäßigkeiten auf der Bahn, auf der das Ei gerollt wird. Wenn das Ei vom Schnabel wegrollt, hält die Gans ferner nicht etwa in der Sagittalbewegung inne, um nach dem Ei zu langen, sondern sie setzt häufig die Sagittalbewegung bis zum Ende so fort, als sei ein Ei vorhanden. Je länger man nach der „Erschöpfung“ wartet, desto leichter läßt sich die Handlung wieder auslösen.

Im Zusammenhang mit gewissen anderen Verhaltensmustern stellte Lorenz (1937 b) fest, daß das Tier nach langer Untätigkeit eine vollständige Handlung ohne jeglichen Außenreiz ausführen kann. Diese Ausführung „ins Leere hinein“ gilt für Lorenz als der Extremfall der Reizschwellenerniedrigung, nachdem die Handlung lange nicht ausgeführt wurde. Er nennt sie „Leerlaufreaktion“ oder „Ablauf ins Leere hinein“.

Die Sagittalbewegung hat somit folgende Merkmale: (1) sie läßt eine reaktionsspezifische Ermüdbarkeit erkennen; (2) obgleich sie durch Reize ausgelöst wird, die vom Ei ausgehen, bleibt sie in ihrer Form konstant, sobald sie einmal ausgelöst ist, gleichgültig, ob sich die Umweltreize verändern oder ob sogar der ursprüngliche auslösende Reiz vorhanden ist oder nicht; und (3) die Reizschwelle sinkt kontinuierlich während der Zeit, in der die Handlung nicht ausgeführt wird.

Die Bewegung in der sagittalen Ebene ist im Unterschied zu den seitlichen Bewegungen im Lorenzschen System eine typische „Instinkthandlung“ (Erbkoordination). Diese „Instinkthandlung“ ist natürlich nur ein Teil des gesamten Verhaltensmusters der Eirollbewegung. Lorenz behauptet jedoch, daß jedes „instinktive“ Verhaltensmuster als Brennpunkt solch eine „Instinkthandlung“ oder „consummatory act“ (Craig 1918) aufweist, deren Vollzug der Zweck des überwiegenden Teils des Verhaltensmusters ist.

Für Lorenz ist *die* Instinkthandlung eine streng stereotype angeborene Bewegung bzw. ein Bewegungsmuster, das auf der Tätigkeit eines spezifischen Koordinationszentrums im Zentralnervensystem (ZNS) basiert. In diesem Koordinationszentrum vollzieht sich eine kontinuierliche Akkumulation von Erregung bzw. von aktionsspezifischer Energie. Wenn nun ein Tier in eine Situation kommt, die für die Ausführung der Handlung geeignet ist, lösen die Reize, die durch diese Situation bereitgestellt werden, die Energie aus, die Instinkthandlung läuft ab, und die Erregung wird ganz oder teilweise verbraucht. Das aktionsspezifische Zentrum ist auf diese Weise in der Lage, die Instinkthandlung vollkommen unabhängig von den Rezeptoren zu koordinieren: wenn die Handlung erst einmal ausgelöst (d.h. durch einen Reiz hervorgerufen) ist, läuft sie in ihrer vollständigen Form ohne irgendein Kennzeichen eines Kettenreflexes ab, wobei sie durch Impulse vom Zentrum aus gesteuert wird. Die Funktion des Reizes ist es, die Handlung auszulösen bzw. hervorzurufen. Sobald die Handlung einmal ausgelöst ist, ist sie, was ihre Form betrifft, nicht mehr von einer Instanz außerhalb des Zentralnervensystems abhängig. Wenn sich das Tier *nicht* in der geeigneten Reizsituation befindet, wird diese reaktionsspezifische Energie vermutlich akkumuliert bzw. aufgestaut. Je größer die Menge der akkumulierten reaktionsspezifischen Energie ist, desto leichter kann die Handlung ausgelöst werden und desto vollständiger läuft sie ab.

Für Lorenz ist dies eine Darstellung der neurophysiologischen Grundlage der oben beschriebenen Funktionsmerkmale der Instinkthandlung. Insbesondere soll bezüglich der Energieakkumulation in einem Nervenzentrum, das Form und Abfolge der Ausführung verschiedener Bewegungen der Handlung unabhängig von den Rezeptoren (mit Ausnahme einer reinen Auslösung) bestimmen kann, folgendes gelten: sie soll die reaktionsspezifische Ermüdbarkeit (Verbrauch der spezifischen Energie), die mutmaßliche Unabhängigkeit der Form der Handlung von gleichzeitigen Außenreizen (Reaktionsspezifität der Energie) und die Schwellerniedrigung während einer Ruhepause (d.h. wenn vermutlich eine Akkumulation reaktionsspezifischer Erregung stattfindet) erklären können.

3. Der angeborene Auslösemechanismus

Wenn die für die Instinkthandlung spezifische Energie kontinuierlich in dem Nervenzentrum, das für diese Handlung spezifisch ist, akkumuliert wird, warum wird dann die Handlung nicht auch kontinuierlich ausgeführt? Tinbergen (1948 a) war der Meinung, daß normalerweise jedes Koordinationszentrum von einem anderen Zentrum gehemmt werde, dessen Tätigkeit in der Blockierung von Reizen des Koordinationszentrums bestehe und nur unter spezifischen Bedingungen äußerer Reizung aufgehoben werde. Dieses hypothetische Hemmungszentrum wird „angeborener Auslösemechanismus" genannt. Die Wirkung eines äußeren Reizes, der eine

Instinkthandlung auslöst, besteht darin, das Instinktzentrum von dieser Hemmung zu befreien.

Zum Beispiel wird die sagittale Komponente der Eirollbewegung der Gans nicht kontinuierlich ausgeführt, obwohl die für sie spezifische Energie kontinuierlich im ZNS produziert wird. Die Bewegung wird nur in einer besonderen Reizsituation vollführt: z.B. wenn sich ein hartes Objekt mit glatten Konturen in der Nähe des Nestes befindet. (In natürlichen Situationen wird ein solches Objekt an einem solchen Platz beinahe immer ein Ei sein, das aus dem Nest gerollt ist.) Diese Reizkombination, die imstande sein soll, die besondere Instinkthandlung von der Hemmung durch den angeborenen Auslösemechanismus zu befreien, wird „angeborenes auslösendes Schema“ genannt. Nach Lorenz und Tinbergen (1938) ist „das angeborene auslösende Schema ... die erbmäßig festgelegte Bereitschaft eines Tieres, auf eine bestimmte Kombination von Umweltreizen mit einer bestimmten Handlung zu antworten. Es besteht da ein angeborenes rezeptorisches Korrelat zu einer Reizkombination, das trotz seiner verhältnismäßigen Einfachheit eine bestimmte, biologisch bedeutsame Situation mit genügender Eindeutigkeit kennzeichnet, so daß das Tier normalerweise die geeignete Reaktion nicht außer in dieser Situation ausführen wird“.

Der angeborene Auslösemechanismus soll also die Instinkthandlung solange hemmen, bis ein spezifisches angeborenes auslösendes Reizschema erscheint, das imstande ist, die Hemmung zu beseitigen und eine Impulsfolge aus dem Instinktzentrum zu den peripheren Effektoren auszulösen.

Je höher ferner die Schwelle ist, welche die Akkumulation der reaktionsspezifischen Energie im Zentrum erreicht, desto schwieriger soll jede Art von Hemmung der Handlung durch den Auslösemechanismus sein. Um so weniger vollständig braucht folglich die Reizkombination dem angeborenen auslösenden Schema als Ganzes zu genügen, um die Handlung auszulösen. Lorenz bietet dies als Erklärung für die Tatsache an, daß die Instinkthandlung um so leichter ausgelöst werden kann, je mehr Zeit seit ihrer letzten Ausführung verstrichen ist. Die Leerlaufreaktion besteht folglich in einem Durchbrechen des Hemm-Mechanismus, wenn die reaktionsspezifische Energie ein sehr hohes Niveau erreicht hat.

4. Die Taxis

Im Unterschied zur sagittalen Bewegung fehlt den seitlichen Bewegungen des Kopfes, durch die die Gans das Ei gegen die Unterseite des Schnabels im Gleichgewicht hält, die Eigenart der zentral präformierten Bewegungsmuster. Die seitlichen Bewegungen sollen angeblich unmittelbar durch Berührungsreize am Unterschnabel durch das gerollte Ei ausgelöst werden. Jedesmal, wenn das Ei aus der Mittelbahn rollt, lenkt es eine Schnabelbewegung zur Bahn zurück. Wenn das Ei zufällig entgleitet und der Vogel die sagittale Bewegung ohne ein Ei fortführt, fehlen die begleitenden seitlichen Bewegungen. Sie fehlen gewöhnlich auch dann, wenn man dem Vogel einen Zylinder zu rollen gibt, da ein Zylinder wohl kaum auf seiner Bahn von einer Seite zur anderen rollt.

So wird die seitliche Bewegung nicht nur wie die sagittale Bewegung durch Außenreize *ausgelöst*, sondern auch während der Ausführung kontinuierlich von ihnen *gesteuert*. In dieser Beziehung unterscheiden sich seitliche Bewegungen grundsätzlich von der Instinkthandlung, deren Form ja zentral bestimmt wird, so daß der Außenreiz nur als *trigger* (Auslöser) dient.

Lorenz nennt Bewegungen von der Art der seitlichen Bewegungen, die während ihrer Ausführung kontinuierlich von Außenreizen gesteuert werden, Orientierungsbewegungen oder *Taxien*. Eine Taxis kann gleichzeitig mit einer Instinkthandlung auftreten (wie im Falle der Eirollbewegung der Gans); sie kann aber auch von Instinkthaftem in einer Handlungskette durchsetzt sein.

Nach Tinbergen (Tinbergen und Kuenen 1939; Tinbergen 1942) sind die Reize, welche die Handlung auslösen (das angeborene auslösende Schema für die Instinkthandlung), nicht notwendigerweise dieselben wie die, die sie auch steuern (d.h. das angeborene Rezeptorschema für die Taxis). Zum Beispiel wird im Falle der Eirollbewegung die Instinkthandlung von einer Kombination visueller und taktiler Reize ausgelöst, die in Beziehung zur Ei-Härte stehen, wie sie von der Schnabelspitze beim Beklopfen gefühlt wird. Die (seitliche) Taxis andererseits wird von taktilen Reizen an der Unterseite des Schnabels ausgelöst.

5. *Appetenzverhalten*

Der erste Teil der Reaktion der Gans auf das Ei außerhalb des Nestes besteht darin, daß der Hals nach vorne und nach unten in Richtung auf das Ei ausgestreckt wird. Nach Lorenz unterscheidet sich diese Handlung wesentlich von der eigentlichen Instinkthandlung. Ihr Zweck ist es, das Tier in die besondere Situation zu bringen, in der eine spezifische Instinkthandlung ausgelöst werden kann. Diese Handlung ist somit nach Ansicht von Lorenz wirklich zielgerichtet; er nennt sie „Appetenzverhalten". Lorenz betrachtet *jedes* zielgerichtete Verhalten als appetent in dem Sinne, daß solche Handlungen darauf gerichtet sind, das Tier in eine Situation zu bringen, in der eine bestimmte Instinkthandlung ausgelöst werden kann. Für ihn kann Appetenzverhalten außerordentlich komplex sein: es kann Instinkte, Taxien und erlerntes Verhalten verschiedenster Art umfassen. Normalerweise tritt solches Verhalten dann auf, wenn der Grad der Erregung für irgendeine Instinkthandlung im ZNS hoch genug ist. Dadurch wird das Tier ruhelos und aktiv. Welche spezifische Art der Aktivität dann auftritt, hängt von der Art des Tieres und dem Instinkt ab, der jeweils die Ursache der appetenten Unruhe ist. Wenn zum Beispiel eine Ratte durch einen hohen Grad an Energie, die für die Instinkthandlung des Fressens spezifisch ist (d.h. sie will fressen), in Aktivität versetzt wird, wird sie sich vielleicht einer Käfigecke zuwenden, auf sie zulaufen, ein Stück Nahrung mit ihren Pfoten aufheben, daran nagen und kauen. Lorenz würde nun die ganze Verhaltensfolge in diesem hypothetischen Beispiel als auf die Instinkthandlung des Kauens ausgerichtet ansehen. Für ihn wäre die Wendung zur Ecke eine Taxis, das Laufen eine Instinkthandlung, das Aufheben der Nahrung ein Instinkt, das Drehen des Kopfes zu der in den Pfoten gehaltenen Nahrung eine Taxis, und das Kauen wieder ein Instinkt. Von der früheren Erfahrung der Ratte hängt es ab, welcher Ecke sie sich zuwendet; die Taxis ist folglich teilweise erlernt. Das Drehen des Kopfes zu der Nahrung in den Pfoten könnte jedoch angeboren sein.

(Tinbergen (1942) weist darauf hin, daß einige Taxien erlernt, andere angeboren sein können. Entsprechend dem Lorenzschen

System sind aber alle Instinkthandlungen – im Unterschied zu den Taxien – angeboren.)

Für Lorenz ist in diesem Beispiel der Kern des gesamten Verhaltenskomplexes, der ja Instinkte und Taxien, erlernte und angeborene Elemente umfaßt, die Kauhandlung; er wird durch die Erregung vom Nervenzentrum her motiviert, das für das Kauen zuständig ist. Das Appetenzverhalten bleibt solange bestehen, bis die Instinkthandlung ausgeführt und die spezifische Energie somit aufgebraucht ist. Es muß dabei erwähnt werden, daß für Lorenz das Ziel des Appetenzverhaltens die *Ausführung* der Handlung ist, nicht etwa ihr biologisches Ergebnis. Das hieße in unserem hypothetischen Fall, daß das Bedürfnis, das durch die appetente Unruhe ausgedrückt wird, nicht etwa durch die Nahrungsaufnahme im Magen reduziert würde, sondern durch die Handlung des Kauens. Das zeigt sich noch deutlicher im Fall solcher Instinkthandlungen wie dem Balzverhalten von Vögeln, die selber das Ziel des Appetenzverhaltens darstellen (Bewegung in Richtung auf das Weibchen, Orientierung zum Weibchen hin usw.); nach Lorenz sind sie ebenfalls Gegenstand von Leerlaufreaktionen, auch wenn sie nicht (wie Kauen und Schlucken) aus der Befriedigung eines *offensichtlichen* physiologischen Bedürfnisses resultieren.

II. Probleme der Instinkttheorien

Schon diese kurze Zusammenfassung wirft einige Fragen auf, die hinsichtlich der Theorie kritisch geprüft werden sollten. Überdies handelt es sich dabei um Fragen, die für Instinkttheorien ganz allgemein gelten. Zu ihnen zählen folgende Punkte: (1) das Problem des „Angeborenseins" und der Reifung des Verhaltens; (2) das Problem der Organisationsstufen in einem Organismus; (3) die Natur der Entwicklungsstufen der Verhaltensorganisation und der Nutzen der vergleichenden Methode bei ihrer Untersuchung; und (4) die Art, in der physiologische Vorstellungen bei der Verhaltensanalyse angemessen angewandt werden können. Es folgt eine Bewertung der Lorenzschen Theorie entsprechend dieser allgemeinen Probleme.

1. *„Angeborensein" von Verhalten*

a) Das Problem

Durchweg bezeichnen Lorenz und Tinbergen das Verhalten als „angeboren" oder „ererbt", als ob sich diese Worte unbezweifelbar auf eine definierbare, bestimmte und abgegrenzte Verhaltenskategorie bezögen. Unmöglich kann der heuristische Wert, den sie den Vorstellungen von „angeboren" und „nicht angeboren" zumessen, überschätzt werden. Vielleicht läßt sich das „Instinkt"-Problem am wirkungsvollsten beleuchten, wenn man sorgfältig bedenkt, was die Aussage bedeutet, eine Verhaltensweise sei angeboren, und wieviel Einblick in den Ursprung und die Eigenart von Verhalten eine solche Feststellung gewährt.

In engem Anschluß an Lorenz bezeichnet Tinbergen (1942) Instinkthandlungen als „stark stereotype, koordinierte Bewegungen, deren neuromotorischer Apparat in seiner vollständigen Form zur ererbten Konstitution des Tieres gehört". Lorenz (1939) spricht von Verhaltensmerkmalen, die „erblich, individuell invariant und damit stammesgeschichtlicher Betrachtung zugänglich" seien. Er erwähnt (1935) auch Wahrnehmungsmuster („Auslöser"), die angeboren sein sollen, weil sie „instinktives" Verhalten schon *beim ersten Mal* auslösen, wenn sie dem Tier gezeigt werden. Er bezeichnet auch solche Bewegungsmuster als angeboren, die zum ersten Male dann auftreten, wenn die entsprechenden Reize erscheinen. Auch Lorenz' Schüler Grohmann (1938) glaubt ebenso wie Tinbergen und Kuenen (1939), daß Verhalten etwas Angeborenes, Determiniertes sei, weil es reife, anstatt sich durch Lernen zu entwickeln.

Es ist also offensichtlich, daß Lorenz und Tinbergen unter „angeborenem" Verhalten ein Verhalten verstehen, das erblich determiniert ist, das der ursprünglichen Anlage des Tieres zugehört, das ganz unabhängig von der Erfahrung und der Umwelt des Tieres erscheint und das sich von erworbenem bzw. erlerntem Verhalten unterscheidet.

Explizit oder implizit wird ferner ersichtlich, daß Lorenz und Tinbergen als die Haupt*kriterien* des Angeborenseins dies betrachten: (1) das Verhalten ist stereotyp und konstant in seiner Form;

(2) es ist artspezifisch; (3) es erscheint bei Tieren, die isoliert von anderen aufgezogen worden sind; und (4) es entwickelt sich voll ausgeformt bei Tieren, die an seiner Einübung gehindert waren.

Zweifellos gibt es Verhaltensmuster, die diesen Kriterien entsprechen. Jedoch bedeutet das nicht notwendig, daß die Lorenzsche *Interpretation* dieser Verhaltensmuster als „angeboren" eine echte Hilfe bietet, um ihren Ursprung und die ihnen zugrundeliegenden Mechanismen wissenschaftlich zu verstehen.

Um zu prüfen, ob die Vorstellung des „Angeborenseins" bei der Verhaltensanalyse stichhaltig ist, ist es lehrreich, mit der Betrachtung von ein oder zwei Verhaltensmustern zu beginnen, die schon in gewissem Ausmaß untersucht worden sind.

b) Das Picken bei Küken

Es ist charakteristisch für Haushühner, daß sie schon bald nach dem Schlüpfen anfangen, auf Gegenstände einschließlich Nahrungskörner zu picken (Shepard und Breed 1913; Bird 1925; Cruze 1935; und andere). Das Pickverhalten besteht aus mindestens drei streng stereotypen Komponenten: dem Vorstrecken des Kopfes, dem Öffnen und Schließen des Schnabels und dem Schlucken. Gewöhnlich werden sie zu einer einzigen Handlung koordiniert: das Strecken zum Korn hin geschieht, während der Schnabel geöffnet wird, worauf das Schlucken folgt, wenn das Korn aufgepickt ist. Diese Koordination ist bis zu einem gewissen Grade schon kurz nach dem Schlüpfen vorhanden; sie wird später verbessert (selbst dann noch etwas, wenn das Huhn am Üben gehindert wird).

Dieses Picken ist stereotyp und artcharakteristisch; es tritt bei isolierten Hühnern auf, ist zur Zeit des Schlüpfens bereits da und läßt eine gewisse Verbesserung erkennen, auch wenn spezifische Übung fehlt. Ganz offensichtlich qualifiziert es sich als ein „angeborenes" Verhalten in dem Sinne, in dem Lorenz und Tinbergen diesen Begriff gebrauchen.

Kuo (1932 a–d) hat die embryonale Entwicklung des Huhns in einer Weise untersucht, die ein klares Licht auf den Ursprung dieses „angeborenen" Verhaltens wirft. Schon am dritten Tag der Embryonalphase wird der Hals passiv gebeugt, wenn der Herzschlag den Kopf (der auf dem Brustkorb ruht) sich heben und senken läßt. Der Kopf wird durch den Dottersack taktil gereizt, der selber durch Amnion-(Fruchtwassersack-)Kontraktionen mechanisch bewegt wird; diese sind synchron mit den Herzschlägen, durch die die Kopfbewegung verursacht wird. Ungefähr einen Tag später beginnt der Kopf sich zum erstenmal *aktiv* als Reaktion auf taktile Reizung zu beugen. Etwa zu diesem Zeitpunkt fängt auch der Schnabel an, sich zu öffnen und zu schließen, wenn der Vogel nickt; nach Kuo geschieht dies offenbar durch nervliche Erregung, die durch die Kopfbewegungen vermittels Irradiation in dem noch unvollständigen Nervensystem bewerkstelligt wird. Erst etwas später wird das Öffnen und Schließen des Schnabels von der Tätigkeit des Kopfes unabhängig. Nach ungefähr acht oder neun Tagen verursacht Flüssigkeit, die durch die Schnabel- und Kopfbewegungen in die Kehle gelangt, das Schlucken. Am zwölften Tag folgt das Schnabelöffnen immer der Kopfbewegung.

Im Licht der Untersuchungen Kuos erhält das „Angeborensein" des Pickens beim Huhn eine ganz andere Bedeutung, als sie von der Vorstellung von einem einheitlichen Angeborensein des Verhaltens nahegelegt wird. Kuos Beobachtungen empfehlen vielmehr ganz entschieden mehrere Interpretationen der *Entwicklung* des Pickens (die natürlich Gegenstand weiterer Klärung sind). Zum Beispiel entsteht das Vorstrecken des Kopfes aufgrund des passiven Beugens des Kopfes, das zusammen mit taktiler Reizung des Kopfes auftritt, während sich die nervöse Kontrolle über die Muskeln ausbildet. Zum Zeitpunkt des Schlüpfens ist das Vorstrecken des Kopfes als Reaktion auf taktile Reizung fest eingefahren (es spielt in der Tat beim Schlüpfen selber eine wichtige Rolle).

Die Genese des Kopfvorstreckens beim Küken aufgrund visueller Reizung ist noch nicht analysiert worden. Bei *Amblystoma* hat Coghill (1929) jedoch gezeigt, daß ein genau analoger Wechsel von taktiler zu visueller Kontrolle aus der Ausbildung bestimmter anatomischer Beziehungen zwischen dem Sehnerv und derjenigen Gehirnregion folgt, die zuvor das Vorstrecken als Reaktion auf taktile Reizung steuerte; daher können visuelle Reize Reaktionen auslösen, die sich während einer Phase rein taktiler Sensibilität herausbildeten. Wenn Ähnliches für das Küken zuträfe, hätten wir es mit einem Fall intersensorischer Äquivalenz zu tun; aufgrund der anatomischen Beziehungen zwischen den visuellen und taktilen

Hirnregionen würden visuelle Reize äquivalent mit taktilen. Diese wiederum würden durch einen bereits analysierten Entwicklungsprozeß verursacht, der eine Konditionierung in einem sehr frühen Alter mit einschlösse (Maier und Schneirla 1935).

Die ursprünglich diffuse Verbindung zwischen dem Vorstrecken des Kopfes und dem Öffnen des Schnabels scheint dadurch verstärkt zu werden, daß Vorstrecken und Öffnen mittels taktiler Reizung durch den Dottersack wiederholt ausgelöst werden. Daß der Druck der Amnion-Flüssigkeit nach dem Schnabelöffnen wiederholt das Schlucken auslöst, ist wahrscheinlich wichtig für die Integration von Schnabelöffnen und Schlucken nach dem Schlüpfen.

c) Mutterverhalten bei Ratten

Ein anderes Beispiel für ein Verhalten, das den Kriterien für „Angeborensein" zu entsprechen scheint, bietet das Mutterverhalten der Ratte.

Trächtige Ratten bauen Nester, indem sie Papierstreifen oder anderes Material aufeinanderhäufen. Rattenmütter „apportieren" ihre Jungen zum Nest, indem sie sie mit der Schnauze packen und zum Nest zurücktragen. Alle normalen Ratten zeigen ein solches Nestbau- und Apportierverhalten; es tritt auch bei solchen Ratten auf, die in der Isolierung aufgezogen wurden, und es kommt offenbar ohne jede frühere Übung vor, da es auch exakt von Ratten ausgeführt wird, die zum ersten Mal geworfen haben (das Apportieren kann erstmalig bereits wenige Minuten nach dem ersten Wurf einer Ratte stattfinden, die in der Isolierung aufgezogen wurde). Beide Verhaltensmuster scheinen folglich den Kriterien für das „Angeborensein" zu genügen (Wiesner und Sheard 1933).

Riess (persönliche Mitteilung) zog Ratten in der Isolierung auf; gleichzeitig jedoch hinderte er sie daran, Gegenstände zu berühren oder zu tragen. Der Boden des Käfigs bestand aus Maschendraht, so daß der Kot außer Reichweite hindurchfiel. Alle Nahrung war pulverisiert, so daß die Ratten niemals Nahrungsbrocken tragen konnten. Als diese Ratten erwachsen waren, wurden sie in normale Zuchtkäfige gesteckt. Sie vermehrten sich, bauten aber keine normalen Nester und apportierten auch nicht ihre Jungen in der üblichen Weise. Sie verstreuten das Nistmaterial überall auf dem Boden und transportierten in ähnlicher Weise ihre Jungen von einem Ort zum anderen, ohne sie jedoch zu einem Nistplatz zu tragen.

Weibliche Ratten lecken sehr häufig ihre eigenen Genitalien, besonders während der Tragzeit (Wiesner und Sheard 1933). Dieses verstärkte Lecken während der Tragzeit hat verschiedene mutmaßliche Grundlagen, deren relative Bedeutung bis jetzt noch nicht bekannt ist. Das gesteigerte Bedürfnis der trächtigen Ratte nach Kalisalzen (Heppel und Schmidt 1938) ist wahrscheinlich zum Teil für das verstärkte Lecken der salzigen Körperflüssigkeiten mitverantwortlich, ebenso wie die erhöhte Reizbarkeit der Genitalorgane selber. Birch (persönliche Mitteilung) hat darauf hingewiesen, daß dieses Lecken der Genitalien eine wichtige Rolle in der Entwicklung des Leckens und Apportierens der Jungen spielen könnte. Er züchtete weibliche Ratten, denen von einem frühen Alter an Kragen aus Gummischeiben in der Weise angepaßt wurden, daß sie wirkungsvoll am Lecken ihrer Genitalien gehindert wurden. Vorliegende Ergebnisse, die allerdings auf begrenzten Daten basieren, deuten darauf hin, daß Ratten, die auf diese Weise aufgezogen wurden, einen hohen Prozentsatz ihrer Jungen fressen. Die Jungen findet man überall unter dem Muttertier, anstatt nur am hinteren Körperende wie bei normalen Rattenmüttern; ein Apportieren tritt nicht auf.

Diese Überlegungen werfen einige Fragen auf, einmal im Hinblick auf die Interpretation des Nestbaus und des Apportierens bei Ratten als angeborenes Verhalten, zum anderen bezüglich der Bedeutung der Kriterien für „Angeborensein". Als erstes ist offensichtlich, daß für die Entwicklung des Nestbau- und Apportierverhaltens eine gewisse Übung im Tragen von Nahrungsbrocken teilweise gleichwertig ist mit der Übung im Tragen von Nistmaterial und von Jungen. Kinder (1927) hat gezeigt, daß das Nestbauverhalten im umgekehrten Verhältnis zur Temperatur der Umgebung steht und daß man es durch entsprechende Temperaturerhöhung beenden kann. In Verbindung mit dem Experiment von Riess legt dieser Befund die Annahme nahe, daß das Nestbauverhalten aus der normalen Handhabung und Sammlung von Nahrung (und anderen Gegenständen) entspringt, und zwar unter Bedingungen, bei denen die Anhäufung bestimmter Arten des ergriffenen Materials zur unmittelbaren Befriedigung eines tierischen Bedürfnisses (Wärme) führt. Die Tatsache, daß die Ratte im allgemeinen bei niedrigeren Temperaturen aktiver ist (Browman 1943; Morgan 1947), macht es nur wahrscheinlicher, daß sich das Nestbauverhalten entwickelt. Hinzu kommt, daß die Ratte normalerweise dazu neigt, sich in der Nähe der Wände ihres Käfigs aufzuhalten und somit viel Zeit in Ecken zu verbringen. Dies erleichtert das Sammeln von Nistmaterial in einer Ecke des Käfigs und auch das spätere Apportieren der Jungen zu dieser Ecke hin. Patrick und Laughlin (1934) haben gezeigt, daß Ratten, die in einer Umgebung mit durchsichtigen Wänden aufgezogen wurden, nicht diese „universale" Neigung der Ratten entwikkeln, dicht an der Wand zu laufen. Das Experiment von Birch läßt vermuten, daß die Erfahrung, die die Ratte beim Lecken ihrer eigenen Genitalien macht, ebenso dazu beiträgt, mit Apportieren als einer Reaktion auf die Jungen einzusetzen, wie ihre Erfahrung mit dem Tragen von Nahrung und Nistmaterial.

d) Reifung contra Lernen – oder Entwicklung? Das Isolationsexperiment

Diese Untersuchungen führen auf einige weitere Gedanken über die Eigenart des „Isolationsexperiments". Offensichtlich sind nach den Kriterien, die Lorenz und andere Instinkttheoretiker anwenden, das Picken bei Hühnern ebenso wie Nestbau- und Apportierverhalten bei Ratten nicht „erlerntes" Verhalten. Sie erfüllen alle Kriterien des „Angeborenseins", d.h. Kriterien eines Verhaltens, das sich ohne Gelegenheit zu Übung oder Nachahmung entwickelt. In jedem Fall zeigt jedoch die Analyse des damit verbundenen Entwicklungsprozesses, daß die betreffenden Verhaltensmuster sich nicht einheitlich und autonom entwickeln, sondern daß sie ontogenetisch auf komplexe Weise aus der zuvor entwickelten Organisation des Organismus in einer gegebenen Umwelt hervorgehen.

Was also stimmt dann nicht mit der Schlußfolgerung aus dem „Isolationsexperiment", daß nämlich ein Verhalten, das sich in der Isolierung entwickelt, als „angeboren" angesehen werden darf, wenn das Tier es nicht spezifisch übte?

Wiederholt bezeichnet Lorenz ein Verhalten als angeboren, weil es von Tieren gezeigt wird, die in Isolation aufgezogen wurden. Typisch für Isolationsexperimente ist es, wenn Ratten in der Isolation aufgezogen und dann auf ihr Nestbauverhalten getestet werden. Die Entwicklung des Hühnchens innerhalb des Eies kann als das ideale Isolationsexperiment betrachtet werden.

Man muß sich klarmachen, daß ein Tier, das isoliert von anderen Artgenossen aufgezogen wird, *nicht auch notwendig von der Wirkung solcher Prozesse und Ereignisse isoliert ist, die zur Entwicklung eines bestimmten Verhaltensmusters beitragen*. Die entscheidende Frage ist nicht: „Ist das Tier isoliert?“, sondern: „*Wovon* ist das Tier isoliert?“. Selbst wenn die Bedingungen gut analysiert werden, liefert das Isolationsexperiment bestenfalls einen negativen Hinweis darauf, daß bestimmte spezifizierte Umweltfaktoren wahrscheinlich nicht direkt in die Genese eines bestimmten Verhaltens verwickelt sind. Gerade aufgrund seiner besonderen Eigenart gibt das Isolationsexperiment jedoch keinen positiven Hinweis darauf, daß Verhalten „angeboren“ sei, oder überhaupt irgendwelche Aufklärung darüber, woraus der Entwicklungsprozeß des Verhaltens wirklich bestand. Das Beispiel des Nestbaus und des Apportierens bei Ratten, die zwar von anderen Ratten, nicht aber von Nahrungsbrocken oder ihren eigenen Genitalien isoliert sind, zeigt die Gefahr auf, die darin besteht, „Angeborensein“ zu vermuten, bloß weil eine *besondere* Hypothese des Lernens als widerlegt erscheint. Dies wird durchgängig von Tinbergen getan, wenn er zum Beispiel (1942) von bestimmten Verhaltensmustern des dreistachligen Stichlings sagt: „Die Auslösemechanismen dieser Reaktionen sind alle angeboren. Ein Männchen, das isoliert aufgezogen wurde ..., wurde mit Attrappen getestet, bevor es jemals einen anderen Stichling gesehen hatte. Die ... [Reize] ... hatten dieselben Auslösefunktionen wie in den Versuchen mit normalen Männchen.“ Solche Isolierung stellt keineswegs eine endgültige oder vollständige Kontrolle über die möglichen Wirkungen der Erfahrung dar. Wird zum Beispiel der „isolierte“ Fisch nicht durch seine eigene Spiegelung in einem Wasserfilm oder einer Glaswand beeinflußt? Ist die Erfahrung des Tieres mit Menschen, die es handhaben, mit Nahrung usw. wirklich irrelevant?

In ähnlicher Weise haben Howells und Vine (1940) berichtet, daß Küken, die in aus zwei Rassen gemischten Gruppen aufwuchsen und dann in einem Y-Labyrinth getestet wurden, es eher lernten, zu Küken ihrer eigenen Art zu gehen, als zu denen der anderen

Art. Die beiden Autoren folgerten daraus, daß das „Lernen ... wegen des gerichteten Einflusses angeborener Faktoren beschleunigt oder verlangsamt wird". Für diesen Fall gibt Schneirla (1946) zu bedenken, daß die Wirkung der Erfahrung, die das Küken während des Fütterns mit seinem eigenen Piepsen macht, nicht angemessen als eine Quelle differenzierenden Lernens in der Zeit vor dem Versuch berücksichtigt wurde. Diese Kritik kann auch für eine ähnliche Untersuchung gelten, bei der Schoolland (1942) Küken und Entchen benutzte.

Noch viel grundsätzlicher ist die Frage nach dem, was mit „Reifung" gemeint ist. Wir müssen fragen, ob die Experimente, die auf der Vermutung einer absoluten Dichotomie zwischen Reifung und Lernen basieren, uns wirklich sagen, *was* reift oder wie es reift. Prüft man die Frage im Sinne von *Entwicklungs*prozessen und -beziehungen statt im Sinne von vorgefaßten Kategorien, dann löst sich das Problem, das als „Reifung contra Lernen" formuliert wird, mehr oder weniger auf. Zum Beispiel reift bei Ratten das Nestbauen wahrscheinlich nicht autonom – und es ist auch *nicht* erlernt. Es ist auf jeden Fall nicht das „Nestbauen", was gelernt wird. Das Nestbauen entwickelt sich in bestimmten Situationen durch einen Entwicklungsprozeß, in dem es in jedem Stadium eine identifizierbare Wechselwirkung zwischen Umwelt und organischen Prozessen einerseits und innerhalb des Organismus andererseits gibt; diese Wechselwirkung basiert auf dem voraufgegangenen Entwicklungsstadium und führt das folgende Stadium herbei. Sie existiert von dem frühesten Zygoten-Stadium an (Zygote: befruchtete Eizelle). Lernen kann als ein Faktor im Verhalten des Tieres sogar in frühen Stadien des Embryos auftreten, wie Carmichael (1936) gezeigt hat.

Das Picken bei Küken ist ebenfalls ein Produkt – eine Integration von Komponenten des Kopfes, des Schnabels und der Kehle, von denen jede einzelne ihre eigene Entwicklungsgeschichte hat. Diese Integration ist zum Teil schon zum Zeitpunkt des Schlüpfens festgelegt; damit liefert sie ein deutliches Beispiel für „angeborenes" Verhalten, bei dem die Aussage: „es ist angeboren" nicht im geringsten zu einem Verständnis des damit verbundenen Entwicklungsprozesses beiträgt. Die Feststellung, das Picken sei „angeboren" oder es „reife", führt uns geradezu von jedem Bemühen *fort*, seine besonderen Ursprünge zu analysieren. Die Annahme, Picken wachse *als* ein Pick-*Schema,* hält davon ab, die embryonalen Vorgänge zu untersuchen, die zum Picken führen. Die Elemente, aus deren Wechselwirkung das Picken entsteht, sind nicht ursprünglich ein einheitliches Schema; erst als eine Folge ihrer Positionen in der Organisation des Kükenembryos treten sie in Beziehung zueinander. Das Verständnis, das durch Kuos Beobachtungen gewonnen wird, verdankt nichts der Entgegensetzung von Reifung und Lernen.

Beobachtungen wie diese werfen viele neue Probleme auf, deren Bedeutung nicht ersichtlich ist, wenn die Schemata als angeboren interpretiert werden. Was ist zum Beispiel die Eigenart der Temperaturempfindlichkeit der Ratte, die es ihr ermöglicht, das Nestbauen entsprechend der Temperatur zu verändern? Wie entwickelt das Tier seine Fähigkeit, mit Nahrung auf spezifische Weisen umzugehen? Welche physiologischen Bedingungen begünstigen das Lecken der Genitalien, usw.? Wir möchten noch viel mehr über die Art und Weise wissen, in der die Verbindungen zwischen dem Vorstrekken des Kopfes und dem Schnabelöffnen, zwischen dem Schnabelöffnen und dem Schlucken beim Küken festgelegt werden. Das heißt aber *nicht*, daß wir Klarheit darüber erwarten, welche der Komponenten erlernt sind und welche reiften, oder „wie sehr" jede Komponente erlernt ist und wie sehr sie reifte. Die Wirkungen des Lernens und der strukturellen Faktoren fallen verschieden aus, nicht nur von einer Komponente des Schemas zur anderen, sondern auch von einem Entwicklungsstadium zum anderen. Es ist aber auf jeden Fall erforderlich, die sorgfältige Analyse der Merkmale eines jeden Entwicklungsstadiums und des Übergangs von einem Stadium zum anderen fortzusetzen.

Die Skepsis, die wir gegenüber dem heuristischen Wert der Vorstellung von der „Reifung" hegen, sollte nicht etwa als Unkenntnis oder Leugnen der Tatsache verstanden werden, daß das Wachstum gemischter Strukturen eine wichtige Rolle in der Entwicklung der meisten Arten derjenigen Verhaltensmuster spielt, die in dieser Abhandlung diskutiert werden. Unser Einwand richtet sich gegen die *Interpretation* der Rolle dieses Wachstums, wie sie von der Vorstellung angedeutet wird, daß das *Verhalten* (oder ein *spezifisches* physiologisches Substrat dafür) „reife". Zum Beispiel ist die Vervollkommnung in der Pickfähigkeit der Küken nach dem Schlüpfen sehr wahrscheinlich zum Teil eine Folge der Tatsache, daß sich die Kraft der Beinmuskeln ebenso steigert wie die Balance und Standfestigkeit des Kükens; diese Steigerung ergibt sich teilweise aus der Kräftigung der Beine und teilweise aus der Entwicklung der Gleichgewichtsreaktionen (Cruze 1935). Nun würden Versuche, bei denen Tiere von ihren Artgenossen isoliert und an der Übung von bestimmten Fähigkeiten gehindert werden, zu dem Schluß führen, daß dieser Teil der Vervollkommnung eine Folge von „Reifung" sei. Natürlich ergibt er sich teilweise aus Wachstumsprozessen, *aber das, was wächst, ist nicht die Pickfähigkeit;* wenn sich die Hauttemperaturrezeptoren der Ratte entwickeln, wächst ja auch genauso wenig die Nestbautätigkeit *oder irgendetwas, das mit ihr isomorph ist.* Wendet man die Kategorien „Reifung contra Lernen" als Erklärungshilfen an, so vermittelt man gewöhnlich einen falschen Eindruck von der Einheit und Zielgerichtetheit beim Wachstum des Verhaltensmusters; denn tatsächlich ist ja das Verhaltensmuster in erster Linie nicht einheitlich, und auch die Entwicklung schreitet ja nicht in gerader Linie in Richtung auf die Vervollständigung des Musters vorwärts.

Wenn Lorenz und Tinbergen wie auch viele andere Forscher die Vorstellung der „Reifung" verwenden, so beziehen sie sich damit ganz offensichtlich und dem ersten Anschein zum Trotz nicht auf einen Entwicklungsprozeß; vielmehr deuten sie damit geradezu an, daß sie ihn nicht zur Kenntnis nehmen. Sagt man von einem Verhalten, es entwickle sich durch Reifung, so ist das gleichbedeutend mit der Aussage, daß die augenfälligen Formen des Lernens es nicht beeinflussen und daß man es daher nicht für notwendig hält, seine Ontogenese weiter zu erforschen.

e) Anlage contra Umwelt – oder Entwicklung?

Ein sehr ähnliches Problem taucht auf, wenn wir über die Frage nach dem, was „ererbt" ist, nachdenken. Für Lorenz wie für Instinkttheoretiker ganz allgemein ist es charakteristisch, daß er „Instinkthandlungen" für „ererbt" hält. Darüber hinaus gilt ihm ererbtes Verhalten als deutlich unterschieden von einem Verhalten, das durch „Erfahrung" erworben wurde. Lorenz (1937a) bezieht sich auf ein Verhalten, das sich „völlig unabhängig von aller Erfahrung" entwickelt.

In jüngeren Diskussionen über das „Anlage-Umwelt"-Problem ist die Feststellung üblich geworden, daß die Wirkung von „Anlage" und „Umwelt" gleichermaßen für die Entwicklung des Organismus wesentlich seien, daß sich der Organismus beim Fehlen einer der beiden nicht entwickeln könne, und daß die Dichotomie mehr oder weniger künstlich sei. (Diese Formulierung dient jedoch häufig als Einleitung zu ausgedehnten Versuchen, den Teil oder sogar den Prozentsatz des Verhaltens zu berechnen, der genetisch determiniert ist, und den Teil, der erworben wurde (Howells 1945; Beach 1947a; Carmichael 1947; Stone 1947).) Lorenz macht noch nicht einmal dieses Zugeständnis an die Notwendigkeit einer Entwicklungsanalyse. Er stellt ganz einfach fest, einige Verhaltensmuster seien „ererbt", andere dagegen „durch individuelle Erfahrung erworben". Weder von Lorenz noch von Tinbergen kenne ich auch nur eine einzige Aussage, die es dem Leser erlaubte zu folgern, daß die beiden Autoren irgendeinen Zweifel an der Richtigkeit der Bezeichnung des Verhaltens als einfach „ererbt" oder als „genetisch bedingt" hätten.

Was meint nun die Feststellung genau, ein Verhaltensmuster sei „ererbt" oder „genetisch bedingt"? Zweifelsohne glaubt Lorenz nicht, daß die Zygote die Instinkthandlung im Kleinformat enthalte oder daß das Gen das Äquivalent einer Entelechie sei, die planmäßig und kontinuierlich versuche, die Entwicklung des Organismus in eine bestimmte Richtung zu treiben. Es müssen jedoch eine oder auch beide dieser Präformationskonzeptionen der Vorstellung zugrundeliegen, daß einige Verhaltensmuster als solche „ererbt" seien.

Der „Instinkt" ist augenscheinlich in der Zygote nicht vorhanden. Genauso offensichtlich ist er aber in dem Verhalten des Tieres nach dem entsprechenden Alter da. Für den Forscher, der eine Kausalanalyse des Verhaltens vornehmen möchte, lautet das Problem: Wie entstand dieses Verhalten? Die Verwendung von erklärenden Kategorien wie „angeboren" und „genetisch fixiert" verdunkelt die Notwendigkeit, Entwicklungs*prozesse* zu erforschen, um einen Einblick in die tatsächlichen Mechanismen des Verhaltens und ihre Wechselbeziehungen zu gewinnen. Das Problem der Entwicklung ist das Problem, wie sich neue Strukturen und Handlungsmuster aus der Auflösung der Wechselwirkung *bestehender* Strukturen und

Muster heraus innerhalb des Organismus und seiner inneren Umwelt und zwischen dem Organismus und seiner äußeren Umwelt entwickeln. In jedem Entwicklungsstadium entstehen die neuen Merkmale aus den Wechselwirkungen innerhalb des *augenblicklichen* Stadiums und zwischen dem *augenblicklichen* Stadium und der Umwelt. Die Wechselwirkung, aus der sich der Organismus entwickelt, ist *nicht* etwa, wie so oft gesagt wird, eine Wechselwirkung zwischen Anlage und Umwelt. Es ist eine Wechselwirkung zwischen *Organismus* und Umwelt! Und der Organismus ist in jedem verschiedenen Stadium seiner Entwicklung unterschiedlich.

Die moderne physiologische und biochemische Genetik zerstört sehr schnell die Vorstellung von einer unmittelbaren Beziehung zwischen Gen und Körper. Zum Beispiel enthalten bestimmte Mäusearten eine Genmutante namens „Zwerg". Mäuse, die homozygot (reinerbig) für „Zwerg" sind, sind kleiner als normale Mäuse. Wie gezeigt werden konnte (Smith und McDowell 1930; Keeler 1931), ist die Ursache dieses Zwergwuchses ein Mangel an Produktion des Wachstumshormons der Hypophyse. Was sollen wir nun als „ererbt" ansehen? Sollen wir den Namen der Mutation von „Zwerg" in „Hypophysen-Dysfunktion" umändern und sagen, daß Zwergwuchs als solcher nicht ererbt sei – sondern daß das, was ererbt wird, eine Minderaktivität der Hypophyse sei? Das würde das Problem bloß zu einem früheren Entwicklungsstadium zurückverlagern. Wir können jetzt die Ursache des Zwergwuchses besser verstehen als zu der Zeit, als wir nur sagen konnten, er sei „genetisch determiniert". Jedoch entwickelte sich die Hypophysenfunktion kontinuierlich aufgrund der Bedingungen der Maus, die zur Zeit der Entwicklung der Drüse bestanden. Das Problem ist: Was waren diese Bedingungen und wie entwickelte sich dementsprechend die Drüse?

Was also wird dann ererbt? Aufgrund eines in etwa ähnlichen Beweises kamen Jennings (1930) und Chein (1936) zu dem Schluß, daß nur die Zygote genetisch determiniert bzw. daß Vererbung nur ein Entwicklungsstadium sei. Es wäre sinnlos, wenn wir uns hier auf tautologische Erörterungen bezüglich der Definition von Vererbung einließen. Es ist jedoch klar, daß die Aussage, ein Verhaltensmuster sei „ererbt", nichts über seine *Entwicklung* mitteilt, sieht man von der ausschließlich negativen Implikation ab, daß *be-*

stimmte Arten des Lernens nicht unmittelbar in Frage kommen. Der Zwergwuchs bei der Maus, der Nestbau bei der Ratte, das Picken beim Küken und der „Zickzacktanz" im Balzverhalten des Stichlings (Tinbergen 1942) werden alle „ererbt" im Sinne und gemäß den Kriterien, die Lorenz gebraucht. Keineswegs aber sind sie Erscheinungen ein und desselben Typs; sie entstehen auch nicht durch dieselben Typen von Entwicklungsprozessen. Wirft man sie einfach unter der Rubrik der „ererbten" oder „angeborenen" Merkmale in einen Topf, so trägt man dazu bei, daß die Erforschung ihres Ursprungs gerade an dem Punkt blockiert wird, wo sie einen bedeutenden Schritt vorwärts machen sollte. (Anastasi und Foley (1948), die Daten aus dem Bereich der Differentialpsychologie des Menschen untersuchten, gelangten zu einer in gewisser Hinsicht gleichen Formulierung des Problems „Anlage-Umwelt", wie es hier dargestellt wird.)

2. *Taxonomie und Ontogenese*

Lorenz (1939) hat sehr geschickt auf die mögliche Bedeutung hingewiesen, die Verhaltenselemente als taxonomische Merkmale haben könnten. Er hat die Tatsache hervorgehoben, daß evolutive Beziehungen genauso deutlich (und in vielen Fällen sogar noch deutlicher) durch Ähnlichkeiten und Unterschiede im Verhalten ausgedrückt werden wie durch die häufiger verwendeten physischen Merkmale. Lorenz selber hat in diesen Begriffen die taxonomische Analyse einer Vogelfamilie vorgenommen (Lorenz 1941); andere Untersuchungen wurden von Forschern angestellt, die von ihm beeinflußt wurden (Delacour und Mayr 1945; Adriaanse 1947; Baerends und Baerends-van Roon 1950). Diese Art Analyse leitet sich von früheren Arbeiten über die taxonomischen Beziehungen von Verhaltensmustern her, die von Whitman (1898, 1919), Heinroth (1910, 1930), Petrunkevitsch (1926) und anderen stammen.

Lorenz' genialer Ansatz einer taxonomischen Analyse von Verhaltensmerkmalen ist von großer Wirkung gewesen; er liefert nämlich einen sehr brauchbaren Rahmen, innerhalb dessen die Artunterschiede und die besonderen Verhaltensmerkmale untersucht werden können. Jedoch folgt nicht notwendig aus der Tatsache, daß Verhaltensmuster artspezifisch sind, daß sie auch als Muster „angeboren" sind. Wir müssen wieder betonen, daß die systematische Stabilität eines Merkmals nichts über die Art seiner Entwicklung aussagt. Die Tatsache, daß ein Merkmal ein gutes taxonomisches Kennzeichen ist, bedeutet ja nicht, daß es sich autonom entwickelte. Die Form der Schädelknochen bei Nagetieren, die ein gutes taxonomisches Merkmal ist (Romer 1945), hängt zum Teil von dem Vorhandensein der ansetzenden Muskeln ab (Washburn 1947). Wir können nicht den Schluß ziehen, daß sich ein Verhaltensmuster, nur weil es taxonomisch stabil ist, deswegen in einer einheitlichen unabhängigen Art und Weise entwickeln muß.

Außerdem ist es nützlich, im Auge zu behalten, daß die arttypische Eigenschaft vieler Verhaltensmuster teilweise von der Tatsache herrührt, daß alle Mitglieder der Art in derselben Umwelt aufwachsen. Smith und Guthrie (1921) nennen solche Verhaltenselemente „coenotrop". Ferner ist es keineswegs notwendig, daß diese gemeinsamen Merkmale der Umwelt gerade diejenigen sein sollen, die a priori für das untersuchte Verhaltensmuster relevant zu sein scheinen. Wenn Lorenz häufig vermutet (z.B. 1935), daß die Wirksamkeit eines gegebenen Reizes bei seiner ersten Darbietung einen angeborenen sensorischen Mechanismus beweist, der spezifisch für diesen Reiz sei, so stützt er sich dabei nicht auf eine Analyse des Ursprungs der Wirksamkeit dieses Reizes, sondern bloß auf die Tatsache, daß er die Hauptalternative beseitigt hat, die gerade *er* selber zu der nativistischen Erklärung sieht.

Thorpe und Jones (1937) haben gezeigt, daß die anscheinend angeborene Entscheidung der Ichneumon-Fliege *Nemerites* für die Larven der Mehlmotte als Objekt, in dem sie ihre Eier ablegen kann, tatsächlich eine Folge davon ist, daß die Fliegenlarve mit den Larven der Mehlmotte *ernährt* wurde, während sie sich entwickelte. Indem Thorpe und Jones die Nemeriteslarven mit den Larven *anderer* Mottenarten fütterten, veranlaßten sie diese, als sie erwachsen waren, überwiegend diese anderen Motten zum Ablegen der Eier auszuwählen. In der Natur ist die Entscheidung von *Nemerites* für die Mehlmottenraupen zum Eierlegen ganz typisch. Angesichts der Arbeit von Thorpe und Jones wäre es aber offensichtlich unzulässig, aus dieser Tatsache zu folgern, daß die Wahl auf angeboren-determinierten Reizen basiere. Jedoch wäre vor der Veröffentlichung ihrer Arbeit der artspezifische Charakter des Verhaltens ein genauso eindrucksvoller Beweis für das „Angeborensein" gewesen wie das Artspezifische es überhaupt *jemals* ist.

So ungeheuer wichtig die taxonomische Analyse auch sein mag, so kann sie dennoch kein Ersatz für die konkrete Analyse der Ontogenese des gegebenen Verhaltens als einer Quelle der Information über seinen Ursprung und seine Organisation sein.

3. Organisationsstufen

a) Stufen des „Angeborenseins"

Tiere, die sich auf einer unterschiedlichen Entwicklungsstufe befinden, weisen typische Unterschiede in Ausmaß und Art des Lernens auf. Außerdem können innerhalb des Verhaltens ein und desselben Tieres unterschiedliche Aktivitäten mehr oder weniger empfänglich für den Einfluß des Lernens sein; sie können auch auf verschiedene Weise durch Lernen beeinflußt werden (Schneirla 1948, 1949a).

Lorenz erklärt diese Tatsachen mit dem Reichtum der instinktiven Ausstattung des Tieres. Wie oben beschrieben wurde, ist seiner Auffassung nach instinktives Verhalten scharf von allem Verhalten, das zur Instinkthandlung führt, unterschieden. Dieses „Appetenzverhalten" wird als die einzige Ursache alles erlernten und vernünftigen Verhaltens begriffen. So sagt er: Wir müssen „uns darüber klar sein, daß Appetenzverhalten als alleinige Wurzel alles ‚variablen' Verhaltens nicht nur physiologisch etwas grundsätzlich anderes ist als der Automatismus der Instinkthandlung, sondern daß die beiden verschiedenen Vorgänge auch vikariierend auftreten, indem die höhere (phylogenetische) Entwicklung des einen die des anderen unnötig macht und ausschließt. Das Erreichen einer höheren Leistung geht in einer Handlungsfolge gleicher Funktion stets mit einer *Reduktion* der beteiligten Automatismen einher" (Lorenz 1939). Weiterhin:

„Es ist eine Eigentümlichkeit sehr vieler Verhaltensweisen höherer Tiere, daß in einer funktionell einheitlichen, d. h. auf ein einheitliches, arterhaltendes Ziel gerichteten Handlungskette *instinktmäßig angeborene und individuell erworbene Glieder unvermittelt aufeinanderfolgen.* Ich habe diese Erscheinung als Instinkt-Dressurverschränkung bezeichnet und betont, daß ähnliche Verschränkungen zwischen Instinkthandlung und einsichtigem Verhalten vorkommen. ... Das Wesen einer solchen Verschränkung liegt darin, daß in dem Ablauf einer im übrigen instinktmäßig angeborenen Handlungskette an einer bestimmten, ebenfalls ererbtermaßen festliegenden Stelle eine Dressurhandlung eingeschaltet ist, die von jedem Individuum im Laufe seiner ontogenetischen Entwicklung erworben werden muß. Die angeborene Handlungskette besitzt in einem solchen Falle eine *Lücke,* in die statt einer angeborenen Instinkthandlung eine ‚Fähigkeit zum Erwerben' eingeschaltet ist" (Lorenz 1937b). [Alle Hervorhebungen stammen von Lorenz.]

Offenbar meint Lorenz, daß Unterschiede in dem Ausmaß, in dem Lernen geschieht, Unterschiede in der Größe der Lükken in der Kette des angeborenen Verhaltens darstellen. Er betrachtet jede gegebene „Komponente" des Verhaltens als entweder „angeboren" oder „nicht angeboren". Das stimmt völlig damit überein, daß er „angeboren" mit „sich autonom entwickelnd" genau identifiziert.

Wir haben jedoch schon klarzustellen versucht, daß Verhaltensmuster, die nach *einem bestimmten* Kriterium als „angeboren" klassifiziert werden, nicht alle unter die gleiche Kategorie fallen, was Ursprung des Embryos, Entwicklungsgeschichte und Organisationsstufe betrifft. Lorenz bemerkt, daß ein größerer oder kleinerer Teil der Verhaltenskomponenten „angeboren" sein könne. Aber nirgendwo nimmt er zur Kenntnis, daß *eine* Komponente mehr oder weniger „angeboren" sein kann oder „angeboren" in der einen oder der anderen *Weise.* Beachten wir einen bedeutenden Unterschied zwischen dem Picken des Hühnchens und dem Nestbau der Ratte, zweier Verhaltensmuster, die sich ohne spezifische Übung der Muster entwickeln: das Lernen, das dem Auftreten des Pickens beim Hühnchen vorauszugehen scheint, geschieht zu einem größeren Teil vor dem Schlüpfen, während sich das Lernen, das dem Auftreten des Nestbaus bei der Ratte vorausgeht, hauptsächlich nach der Geburt ereignet.

Sollen wir solche Verhaltensmuster, die sich vor der Geburt entwickeln, „angeboren" nennen, nicht aber solche, die sich danach entwickeln? Das wäre angesichts der erwiesenen Existenz pränataler Konditionierung (Ray 1932; Gos 1933; Spelt 1948; Hunt 1949) fruchtlos und außerdem angesichts des Problems der sogenannten postnatalen „Reifung“ verschiedener „angeborener“ Verhaltensmuster (Grohmann 1938) unbefriedigend. Wir müssen aber erkennen, daß verschiedene Verhaltensmuster Lernen auf verschiedenen ontogenetischen Niveaus in verschiedenem Maße und auf verschiedene Weise enthalten können. Zum Beispiel ist ein viel geringerer Anteil des Verhaltens der Ratte *direkt* eine Folge ihrer spezifischen Strukturen als im Falle des Regenwurms (Maier und Schneirla 1935). Die Einbeziehung des Lernens unterscheidet sich innerhalb der Entwicklung des Rattenverhaltens von der des Kükens und geschieht auch in unterschiedlichen Entwicklungsmomenten. Ferner unterliegen einige Reaktionen der Ratte (wie etwa das Lecken einer schmerzenden Körperstelle) viel weniger einer Veränderung durch Lernen als andere, wie etwa die Sorge für die Jungen (Sperry 1945; Uyldert 1946). Dies sind nicht Unterschiede in der *Zahl* der Verhaltenselemente, die „angeboren“ sind, sondern vielmehr in der *Weise*, in der die Strukturen bei der Entwicklung des Verhaltens auf verschiedenen Entwicklungsniveaus und für verschiedene Verhaltensmuster einbezogen sind.

Lorenz macht von der Idee der Organisationsstufen des Verhaltens keinen vollen Gebrauch, offenbar deshalb, weil seine Vorstellung vom „Angeborensein“ nicht das Ergebnis einer Analyse der Verhaltensentwicklung ist; sie ist zum Teil das Ergebnis der vorgefaßten Meinung, daß „angeboren“ und „nicht angeboren“ die beiden Kategorien seien, unter die das Verhalten logischerweise fallen müsse. Folglich klassifizieren Lorenz und seine Schule Verhalten als „angeboren“ und „nicht angeboren“ auf der Grundlage von Kriterien, die bei sorgfältiger Prüfung als willkürlich erscheinen. Ihre Kategorie „angeboren“ umfaßt daher sehr verschiedene Arten von Verhalten, die Lernen auf sehr verschiedene Weise enthalten. Lorenz’ Vorstellung vom „angeborenen“ Verhalten stellt ein Konglomerat verschiedener Arten und Stufen des Verhaltens dar; es basiert auf einer im wesentlichen phänotypischen Klassifizierung und auf dem Überstülpen vorgefaßter Kategorien über diese Klassifizierung.

b) Entwicklungsstufen

Da Lorenz nicht die Existenz qualitativer Unterschiede bei den Entwicklungsarten innerhalb seiner Kategorie des „angeborenen" Verhaltens erörtert, ist es nicht überraschend, daß seiner Auffassung von der Entwicklung des Verhaltens jede Vorstellung einer qualitativen Veränderung fehlt. Auf allen Stufen beharrt Lorenz auf einer scharfen Trennung zwischen „Instinkthandlungen" und „Appetenzverhalten" (was alle orientierten, zielgerichteten und variablen Verhaltenstypen auf allen Stufen umfaßt). Er sagt:

„Bei Betrachtung der ununterbrochenen Formenreihe entsprechender Verhaltensweisen, die sich in stufenloser Folge von Protozoen bis zum Menschen erstreckt, müssen wir feststellen, daß wir zwischen Taxis und einem durch einfachste Einsicht geleiteten Verhalten nicht unterscheiden können, wobei sich die Einsicht im Falle unseres Frosches, vermenschlichend gesprochen, auf die Erkenntnis beschränken würde: ‚Dort sitzt die Fliege'" (Lorenz 1937b). Oder anders (Lorenz 1937a): Es „läßt sich keine scharfe Grenze zwischen ... (den) einfachsten Orientierungsreaktionen und den höchsten ‚einsichtigen' Lösungen ... ziehen".

Man könnte darauf hinweisen, daß unsere Fähigkeit, verschiedene Stufen einer Verhaltensorganisation zu unterscheiden, zum Teil von unserer Hartnäckigkeit bei dem *Versuch* der Differenzierung abhängt. Vorgefaßte Meinungen über die Zahl und die Art der Kategorien, unter die Verhalten fallen sollte, haben natürlich eine erhebliche Wirkung auf die Weise, in der wir Verhaltensmuster untersuchen, und auf die Art der Unterschiede, die wir zwischen ihnen festzustellen in der Lage sind.

In dem obigen Zitat haben wir Lorenz' Wort „stufenlos" mit „smooth" (progression) übersetzt; wörtlicher könnte es mit „without steps" oder „without levels" wiedergegeben werden. Von seiten Lorenz' ist die Vorstellung einer „stufenlosen Folge" eine unberechtigte und sehr irreführende Vereinfachung. Der Übergang von den Einzellern zum Menschen ist *nicht* „stufenlos". Es gibt *charakteristische* strukturelle Unterschiede zwischen phylogenetischen Stufen, und diese Unterschiede sind für *charakteristische* Unterschiede in der Organisation des Verhaltens verantwortlich. Ein Einzeller ist nicht wie ein etwas einfacherer Mensch. Er ist eine unterschiedliche Art von Organismus mit einem Verhalten, das auf unterschiedliche *Weise* von seiner Struktur abhängt. Die Analyse von Verhaltensmechanismen auf verschiedenen Stufen (Schneirla 1946) zeigt, daß es häufig irreführend ist, dann von *Verhaltens*mustern oder -elementen als homolog zu sprechen, wenn sie ähnlichen (oder „denselben") Funktionen zu dienen scheinen und oberflächlich gesehen ähnliche Merkmale haben. Eine Analyse der strukturellen Organisationen, aus denen die spezifischen Verhaltensmuster entstehen, zeigt, daß ähnliches Verhalten auf unterschiedlichen phylogenetischen Stufen oft das Endprodukt einer stammesgeschichtlichen Auslese ist; sie führt zwar zu ähnlichem Verhalten, stammt aber von unterschiedlichen Strukturen her, so daß die zugrundeliegenden Prozesse und Mechanismen nicht dieselben sind.

Lorenz verwendet die Vorstellung einer stammesgeschichtlichen Veränderung nicht in dem Sinne, daß er etwa die unterschiedlichen Arten, in denen Verhaltensmuster auf verschiedenen Entwicklungsstufen von der Struktur und dem Leben des Organismus abhängen, untersucht. Vielmehr verwendet er sie dahingehend, daß er Aspekte des Verhaltens abstrahiert, sie als besondere autonome Mechanismen konkretisiert und dann als Beweise für „Entwicklung" in einem rein beschreibenden taxonomischen Sinn anführt. Taxonomisch betrachtet ist dies Verfahren oft außerordentlich wertvoll; durch die stillschweigende Annahme aber, daß „Elemente" des Verhaltens ihre Eigenart beibehalten ohne Rücksicht auf einen Wandel in der Organisation, in der sie eingebettet sind (oder besser sollten wir sagen: aus der sie erwachsen), behindert es eher eine Analyse der Verhaltensmuster selber, als daß es sie fördert.

c) Stufen der neuralen Organisation

Lorenz charakterisiert jede Instinkthandlung als abhängig von einem besonderen Zentrum im ZNS, das kontinuierlich einen Typ von Erregung erzeugt, der für die Handlung spezifisch ist und der teilweise „verbraucht" wird, sobald die Handlung ausgeführt ist. Er verwendet den Begriff „verbraucht" ganz wörtlich und deutet sogar die Existenz von handlungsspezifischen *Substanzen* an (Lorenz und Tinbergen 1938). Einer der Hauptbeweise, die Lorenz zur Untermauerung dieser Auffassung anführt, ist die Erniedrigung der einer Handlungsauslösung zugeordneten Reizschwelle als eine Funktion der Zeit, die seit der letzten Ausführung der Handlung verstrichen ist. Das heißt, je länger das Tier die Handlung nicht ausgeführt hat, desto leichter kann sie ausgelöst werden. Dies faßt Lorenz als Beweis für die Akkumulation der reaktionsspezifischen Energie im ZNS auf. Die Tatsache, daß die Intensität der Ausführung nach wiederholter Ausführung sinkt, ist für ihn ein weiterer Beweis, da dies bedeuten kann, daß die Erregung schneller verbraucht wird, als sie erzeugt werden kann.

Diesen Leitlinien gemäß stellen Lorenz und Tinbergen Beobachtungen an Säugetieren, Vögeln, Fischen und Insekten dar. Das Jagdverhalten des Hundes (Tinbergen 1942), das Betteln nach Nahrung bei einem jungen Vogel (Tinbergen und Kuenen 1939), das Kämpfen bei Fischen (Tinbergen 1942), Balzflüge eines Schmetterlings (Tinbergen, Meeuse, Boerema und Varossieau 1942) – alle werden als Beispiele für Instinkthandlungen angeführt, die diese Art physiologischer Grundlage haben.

Als physiologischen Beweis für diese Interpretation nennen Lorenz und Tinbergen eine Reihe von Untersuchungen, die von Holst (1935-1937) über die Mechanismen der Lokomotion bei Fischen anstellte. Von Holst beobachtete, daß fast vollständig deafferentierte Fische (d. h. Fische, bei denen zum ZNS leitende Nerven durchtrennt wurden) einige der normalen Bewegungskoordinationen zeigen. Er schloß daraus, daß die grundlegenden Bewegungsmuster der Lokomotion das Resultat der Akkumulation von lokomotionsspezifischer Energie im ZNS seien, unabhängig von peripherer Aktivität, und daß sie das Ergebnis einer zentralen Koordination (nicht einer Reflexkette) darstellten.

In seiner ersten Beurteilung der von Holstschen Arbeit stellte Lorenz fest (1937a), es sei noch verfrüht, positive Aussagen über ihre unmittelbare Bedeutung für die eigene Instinkttheorie zu machen. Etwa gleichzeitig erklärten Lorenz und Tinbergen (1938), die Vorstellung von der Lokomotion als Beispiel für instinktive Koordination im Lorenzschen Sinne könne eine sehr grobe Vereinfachung der Tatsachen darstellen.

In den folgenden Jahren scheint jedoch das Gewicht dieser Art von Beweis in ihren Schriften zugenommen zu haben, obgleich einiger Zweifel an der Gültigkeit der von Holstschen Schlußfolgerungen aufgetaucht ist. Man könnte etwa in Frage stellen, daß neurale Bewegungsmechanismen bei Fischen und Amphibien für die Erklärung der Ursprünge von komplexem „instinktivem" Verhalten bei Vögeln und Säugetieren eine unmittelbare Bedeutung haben. Tinbergen ist sich der Gefahren bewußt, die dem Verfahren innewohnen, eine physiologische Argumentation, die niedere stammesgeschichtliche Stufen, niedere Stufen neuraler Organisation und einfachere Verhaltensformen betrifft, analog zur Bekräftigung physiologischer Theorien über Verhaltensmechanismen auf höheren und komplexeren Stufen zu verwenden. Nach einer Beschreibung dieses Aspektes der Lorenzschen Theorie sagt Tinbergen (1948a) zum Beispiel: „Diese Vorstellung wird gestützt durch die ganz unabhängigen Untersuchungen, die in den letzten zehn Jahren über den zentralnervösen Mechanismus der Lokomotion durchgeführt worden sind. Hier, *auf einer allerdings niedrigeren Integrationsstufe* [meine Hervorhebung – D. S. L.], sind wir durch die Untersuchungen von v. Holst, Weiss, Gray, Lissmann und anderen zu einer grundsätzlich ähnlichen Vorstellung gelangt".

In diesem Fall ist Tinbergens Hinweis auf die Tatsache, daß die physiologische Beweisführung einer niederen Integrationsstufe entstamme, in einen *extensiven* Gebrauch eben dieser Daten eingebettet, da sie solche Theorien unterstützen sollen, denen Beobachtungen auf höheren Stufen zugrundeliegen. Dies ist bloß eine äußerliche Reverenz vor dem Stufenkonzept, die zwar die Form des Argumentes zu stärken scheint, seinen Inhalt in Wirklichkeit aber vermindert.

Tatsächlich ist es nunmehr zweifelhaft, ob selbst ein so einfaches Verhaltensmuster wie die Lokomotion in einem so einfachen Wirbeltier wie einem Fisch wirklich in der Weise organisiert ist, wie es Lorenz' Instinkttheorie verlangt. Gray und Lissmann (1940, 1946a, 1946b; Gray 1939, 1950; Lissmann 1946a, 1946b) haben die Wirkung der Deafferentation auf die Lokomotion von Fischen und Amphibien untersucht. Beide sehen ihren Befund als Beweis gegen die Wahrscheinlichkeit einer automatisch-rhythmischen Produktion von Koordinationen im ZNS an, sowohl was die Organisationsstufe der Fische als auch was die Lokomotion betrifft. In der Tat plante Lissmann seine Experimente ganz spezifisch im Blick auf die von Holstschen Beobachtungen und ganz ausdrücklich im

Blick auf den Gebrauch, den Lorenz von ihnen machte. Auf der Grundlage einer *vollständigen* afferenten Isolierung des ZNS gelangte er zu dem Schluß, daß es keine zentrale automatische Produktion von Erregung gäbe. Es muß darauf hingewiesen werden, daß die Experimente von Weiss (1936, 1937a–d, 1941, 1950) die Auffassung unterstützen, die Rückenmarkszentren seien bei Amphibien so organisiert, daß die Koordination von Bewegungsmustern von Eigenschaften der Zentren abhängt. Grays und Lissmanns Versuche zeigen jedoch, daß die Propriozeption (Wahrnehmung von körpereigenen Reizen) tatsächlich eine größere Rolle bei den normalen Fortbewegungsrhythmen spielt, selbst bei diesen Tieren.

Tinbergen (1942) hat Lorenz' Vorstellung von der neuralen Organisation erweitert, um höhere Stufen der physiologischen und Verhaltensorganisation als die stereotype „Instinkthandlung" oder die Endhandlung mit einzuschließen. Er versteht instinktives Verhalten im allgemeinen als etwas, das hierarchisch im Individuum organisiert ist. Zum Beispiel sieht er in dem Fortpflanzungsverhalten des Stichlings drei Hauptstufen der Organisation, die hierarchisch angeordnet sind. Die höchste Stufe stellt der Fortpflanzungstrieb ganz allgemein dar. Er entspricht einem Zentrum auf einer hohen Stufe im Nervensystem; sobald es aktiviert wird (durch äußere Bedingungen, Hormone oder autonome Zyklen), sendet es Impulse zu einer ganzen Gruppe von Zwischenzentren aus und befähigt diese zur Aktion. Jedes dieser Zwischenzentren entspricht einem Verhaltensmuster, das bei Fortpflanzungstätigkeiten beteiligt ist: Kampf, Nestbau, Balz, Elternverhalten usw. Jedes dieser Zwischenzentren aktiviert wiederum eine Gruppe niederer Zentren (oder trägt zu deren Enthemmung bei), von denen jedes einzelne eine besondere Handlung koordiniert, die von einem angeborenen Auslösemechanismus ausgelöst wird. Wenn zum Beispiel das Kampfzentrum durch einen äußeren Reiz aktiviert wird (der nur erscheinen kann, wenn seine Schwelle durch die Tätigkeit in dem übergeordneten Zentrum für den Fortpflanzungstrieb im allgemeinen erniedrigt ist), dann versetzt es das Tier in „Kampfstimmung"; sie ermöglicht unter den geeigneten Reizbedingungen die Ausführung jeder der Handlungen, die zum Kämpfen gehören: Beißen, Jagen, Bedrohen usw. Die letzteren sind Lorenz' „Endhandlungen" oder „Instinkthandlungen". (N.B. Die leichten Unterschiede, die gelegentlich in der Terminologie zwischen Tinbergen und Lorenz auftauchen, spiegeln gewöhnlich nicht theoretische oder begriffliche Meinungsverschiedenheiten wider.)

Tinbergen führt die Arbeiten von Hess (1943, 1949) als Beweis für die Realität dieser autonomen zentral koordinierten Handlungszentren an. Indem Hess verschiedene Punkte im Hypothalamus von Katzen elektrisch reizte, konnte er die Tiere zum Schlafen, Fressen und zu anderem Verhalten veranlassen, das nicht zu einem besonderen äußeren Reiz in Beziehung stand und das mit der Beendigung des Reizes aufhörte. Zusammen mit den Beobachtungen von Holsts betrachtet Tinbergen diese Feststellungen als Beweis für die Realität der Vorstellung, die Lorenz von den Zentren automatisch-rhythmischer Produktion handlungsspezifischer Erregung hat.

Hess konstatierte indes, daß die Reaktionen auf wiederholte Reizung einer spezifischen Stelle im Hypothalamus beträchtlich variierten. In Abhängigkeit von den Bedingungen der afferenten Information konnte die Reizung ein und desselben Punktes ganz unterschiedliche Reaktionen auslösen. Dies ließ Hess den Schluß ziehen, daß es keine strenge Lokalisierung der Funktion im Hypothalamus gäbe, wie sie (nach seiner Annahme) etwa in der Großhirnrinde existiere. (Man könnte darauf hinweisen, daß neuere Diskussionen über die Funktion der Großhirnrinde beträchtlichen Zweifel an der Realität lokalisierter Funktionen andeuten, die mit ihren Verhaltensäußerungen isomorph seien, und dies selbst in den motorischen Zentren der Großhirnrinde (Lashley 1923; Hines 1947; Clark und Ward 1948; Clark 1948).)

Nun ist ja eine streng punktuelle Lokalisierung der Funktion weder in der Großhirnrinde noch im Hypothalamus notwendig dafür, daß diese Bereiche organisierende und koordinierende Funktionen ausüben können. Angesichts der Arbeiten von Hess besteht kein Zweifel daran, daß die untergeordneten Details und Komponenten vieler Verhaltensmuster im Hypothalamus koordiniert und integriert werden. Aber es ist schwierig zu sehen, wie der veränderliche Ort dieser Integration mit der Vorstellung von einem *Zentrum* in Einklang gebracht werden kann, *das eine Erregung produziert*, die für die betroffenen Verhaltensmuster spezifisch ist. Gleichermaßen ist es schwierig, die Tatsache, daß die Funktion eines „Zentrums" zum Teil von der Art der gerade bestehenden afferenten Information abhängt, mit der Auffassung abzustimmen, daß das Zentrum ein Ort sei, in dem die Erregung für eine besondere Art von Aktion produziert wird.

Weder die Ergebnisse von Hess noch die von Gray und Lissmann rechtfertigen die Ansicht, daß rhythmisches oder zyklisches Verhalten eine Funktion periodischen Erreichens eines Schwellenwerts an Energie sei, die in solchen Zentren produziert wird. Wie Gray und Lissmann nahelegen, kann der rhythmische Charakter des Verhaltens viel einfacher im Sinne einer periodischen Gleichgewichtsverschiebung zwischen zentralen und peripheren Vorgängen bzw. einer Wechselwirkung zwischen unterschiedlichen zentralen Vorgängen erklärt werden als im Sinne einer Produktion periodischer Impulse durch ein einziges „Zentrum", das im Lorenzschen Verständnis den Charakter eines „Dings an sich" hat.

Recht detailliert beschreibt Lorenz (1950) ein hydraulisches Modell als Analogie des Instinktmechanismus, das einen Behälter voll von Erregung enthält sowie Vorrichtungen, die die Erregung aufstauen (angeborener Auslösemechanismus), bis entsprechende Schlüssel die Schleusen öffnen. Hydraulische Analogien erschienen so regelmäßig immer wieder in Lorenz' Arbeiten seit 1937, daß der Eindruck zu Recht besteht, sie seien nicht eigentlich Analogien – sondern sie stellten tatsächlich Lorenz' Vorstellung von dem Ursprung und der Kanalisierung der „instinktiven Energie" dar. (Die grundsätzlichen Annahmen – daß es nämlich ein besonderes Zentrum gäbe, das ein Energiereservoir produziert, welches spezifisch für jeden Instinkt sei, und daß außerdem Vorrichtungen vorhanden wären, die die Energie verteilen – ähneln sehr den Vorstellungen von McDougall (1923, 1930).)

Es gibt keinen neurophysiologischen Beweis für solch eine Hydraulik im Gehirn. Sieht man einmal von den umstrittenen Aspekten der Annahme einer automatisch-rhythmischen Erregungsproduktion ab, so stimmen solche hydraulischen Entwürfe ganz einfach nicht mit dem überein, was wir tatsächlich über die Verflechtungen der Gehirnfunktion wissen (vgl. Fulton 1949).

Die realen physiologischen Beziehungen, die den Verhaltensmustern zugrundeliegen, müssen für die jeweils betroffenen unterschiedlichen Verhaltensmuster *untersucht* werden. Lorenz stützt sich bei seiner Auffassung von der neurophysiologischen Grundlage des Verhaltens auf die Annahme, daß die neuralen Abläufe, die den Verhaltensmustern zugrundeliegen, in irgendeiner Weise mit dem Verhalten selbst isomorph sein müssen. So gelangt er zu der Vermutung, daß Verhaltensmuster, die ähnliche Funktionsmerkmale haben, von identischen Nervenmechanismen verursacht sein müssen. Lashley (1942) hat auf die Irrigkeit einer solchen Argumentation aufmerksam gemacht. Gerade dadurch, daß Lorenz phänotypische Ähnlichkeiten im Verhalten auf verschiedenen Stufen abstrahiert und dadurch, daß er physiologische Erklärungsmodelle willkürlich von einer Stufe zur anderen überträgt, erweckt er den Eindruck, als ob „Instinkthandlungen" in einem gemeinsamen Mechanismustyp wurzeln, der auf verschiedenen Entwicklungsstufen der gleiche ist.

d) *Stufen der Verhaltensfunktion*

Alle Verhaltensforscher sehen sich mit einem ernsten Problem konfrontiert, wie bereits angedeutet: es ist das Ausmaß, in dem verschiedene Mechanismen wegen der offensichtlichen Ähnlichkeiten in den Verhaltensmustern, denen sie zugrundeliegen, für identisch gehalten werden dürfen. Ich möchte damit nicht sagen, die Ähnlichkeiten seien unwichtig, sondern nur, daß funktionell ähnliche Verhaltensmuster durch sehr unterschiedliche Kausalmechanismen bewirkt sein können. Wenn nun die Kausalmechanismen, die im Falle eines der Verhaltensmuster angenommen werden, begrifflich konkretisiert und auf andere Muster oder andere Tiere angewandt werden, und zwar aufgrund der Tatsache, daß ähnliche Verhaltensmuster unter demselben Begriff subsumiert oder in dieselbe Kategorie oder Vorstellung eingebracht werden, dann wird die Analyse derjenigen Mechanismen, die tatsächlich in unterschiedlichen Fällen wirksam sind, ernsthaft behindert. Anstatt daß eine Analyse derjenigen Prozesse vorgenommen würde, die konkret jedem Verhaltensmuster zugrundeliegen, besteht die vorherrschende Tendenz darin, kurze Untersuchungen über eine Vielzahl *ausgewählter* Beispiele anzustellen, von denen angenommen wird, daß sie die Gültigkeit des „Prinzips" a priori oder die Existenz der angenommenen Struktur oder des „Zentrums" erweisen.

Dieses Verfahren kann sehr trügerische Ergebnisse zeitigen. Zum Beispiel bewegt sich die Amöbe ebenso wie das neugeborene Kind hin zu einem schwachen Reiz und fort von einem starken Reiz (die Amöbe als ganzes, das Kind nur partiell). Bei beiden Lebewesen dient dies der biologischen Funktion, den Organismus mit Nahrung (und beim Kind auch mit Schutz) in Berührung zu bringen und von der Berührung mit schädlichen Reizen zu entfernen. Dieser ähnliche biologische Nutzen genügt als Erklärungsgrundlage für die Evolution ähnlicher Verhaltensweisen bei beiden Organismen.

Aber die *Mechanismen,* die der Reaktion der beiden Lebewesen zugrundeliegen, müssen offenkundig sehr unterschiedlich sein. Bei der Amöbe wird die charakteristische Reaktion auf schwache und starke Reize durch die besonderen Wirkungen der schwachen und starken Reize auf die Sol-Gel-Relation im Protoplasma der einzelnen Zelle verursacht (Mast 1926). Beim neugeborenen Kind ist die Grundlage der Reaktion viel unklarer. Schneirla (1939) hat vorgeschlagen, daß sie anfänglich das Ergebnis der unterschiedlichen Reizschwelle bei den Beuge- und Streckmuskeln der Gliedmaßen sei, so daß diese auf unterschiedliche Impulsfrequenzen der afferenten Signale je nach der unterschiedlichen Intensität der Reizung optimal reagieren.

Diese beiden Verhaltensmuster scheinen funktionell ganz analog zu sein. Können wir deshalb aber sagen, sie seien homolog? Dies wäre offensichtlich absurd. Sie stellen zwei vollkommen unterschiedliche Arten von Anpassung dar, die beide (im evolutionären Sinne) ausgewählt wurden, weil sie derselben Funktionsart dienen. Auch gibt es keine „stufenlose Folge" von der Reaktion des Einzellers zu der des Menschen. Auf jeder Stufe rühren die *Mechanismen,* die dieser charakteristischen und weitverbreiteten Reaktion zugrundeliegen (Maier und Schneirla 1935), von der spezifischen Struktur des betreffenden Organismus her. Die Verhaltensmuster sind nicht homolog, obgleich sie in einigen Fällen in unterschiedlichem Ausmaß und auf unterschiedliche Art und Weise auf mehr oder weniger homologen Strukturen basieren *können.* Auf jeder Stufe muß das Verhalten hinsichtlich seines Hervortretens aus der Struktur der Organismen auf eben dieser Stufe *analysiert* werden, wie es in den Beispielen von der Amöbe und dem neugeborenen Kind angedeutet wird; diese Analyse darf sich *nicht* auf oberflächliche Vergleiche dieses Verhaltens mit ähnlichen Verhaltensmustern auf anderen Stufen stützen.

Meiner Meinung nach stellt Lorenz' Vorstellung von dem „Instinkt" aber genau diese Art unerwünschter Konkretisierung eines hypothetischen Mechanismus dar. Der „Instinkt"-Begriff in Lorenz' Gebrauch bezeichnet nicht bloß eine Gruppe von Verhaltensmustern, die durch gewisse gemeinsame funktionelle Merkmale charakterisiert sind; er bezeichnet eine bestimmte Klasse von Dingen – eine spezifische Gruppe homologer Strukturen, die denjenigen Handlungen zugrundeliegen, *deren Merkmale mit denen der Strukturen isomorph sind.* Das Wesen der Strukturen aber wird von den Verhaltensmerkmalen erschlossen und durch physiologische Beweise gestützt, auf deren Unangemessenheit bereits aufmerksam gemacht wurde.

Diese Konkretisierung der „Instinkt"-Vorstellung führt zu einer „vergleichenden" Psychologie, die darin besteht, daß Stufen im Hinblick auf ihre *Ähnlichkeiten* verglichen werden; dabei werden jedoch weder die *Unterschiede* in der Organisation sorgfältig berücksichtigt, wie es für ein Verständnis des Entwicklungswandels wesentlich wäre, noch das historische Hervortreten neuer Gehalte. So gilt im Falle bestimmter sexueller Aktivitäten sowohl bei einer Schmetterlingsart (Tinbergen, Meeuse, Boerema und Varossieau 1942) als auch bei einer Fischart (Tinbergen 1942) das Absinken der Reaktionsintensität infolge wiederholter Auslösung beide Male als Beweis für Lorenz' Entwurf der Eigenart des Zentrums, das die Instinkthandlung organisiert. Die Tatsache, daß einige Verhaltensmuster eines Schmetterlings funktionelle Ähnlichkeiten mit einigen Verhaltensmustern eines Fisches aufweisen, ist interessant als Fingerzeig darauf, daß ähnliche Reaktionsmerkmale in beiden Fällen arterhaltend sein können. Angesichts der sehr unterschiedlichen Organisationstypen, die in der Struktur und in dem Verhalten der beiden betroffenen Tiere enthalten sind, ist es aber nicht sehr klug, sondern eigentlich sogar sehr vorschnell, anzunehmen, daß die Mechanismen, die den beiden ähnlichen Reaktionsmerkmalen zugrundeliegen, auf irgendeine Weise identisch, homolog oder zumindest ähnlich seien, oder daß es irgendeine historische (stammesgeschichtliche) Kontinuität zwischen ihnen *als solchen* gäbe. Doch genau dies ist die Grundlage der ganzen Lorenzschen Behandlung von „Instinkt" und Evolution.

Abgesehen davon, daß diese Konkretisierung des „Instinkts" vergleichende Studien und die Erforschung des stammesgeschichtlichen Wandels verzerrt, hat sie verhängnisvolle Auswirkungen auf die Erforschung der Ontogenese. Für Lorenz scheint die Entwicklung einer „Instinkt"-Handlung unumgänglich die Ausdifferenzierung eines präformierten autonomen Wesens zu sein. Folglich stellt das sich entwickelnde Verhalten des Tieres für ihn eher ein Fortschreiten *in Richtung auf* den voll entwickelten „Instinkt" dar als eine Entwicklung *aus* den Wechselwirkungen zwischen den Prozessen *heraus*, die in jenem Stadium vorhanden sind. Dies ist eine Teleologie, die dem Lorenzschen Ansatz eigen ist und die auch nicht dadurch beseitigt werden kann, daß Lorenz formal versucht, teleologische und zweckbetonte Vorgänge zu leugnen und eine solche Terminologie auszuschließen.

Zum Beispiel erwähnt Lorenz die Entwicklung des Kampfverhaltens bei Enten. Wenn ein erwachsener Erpel mit einem anderen Erpel kämpft, faßt er mit seinem Schnabel den Hals seines Gegners und schlägt nach ihm mit einem Flügel. Lorenz stellte fest, daß Entchen, deren Flügel noch nicht befiedert waren, dieselben Bewegungen ausführten, auch wenn der kurze und dicke, unbefiederte Flügel noch nicht lang genug war, um den Gegner zu schlagen. Lorenz deutet dies (1937a) in der Weise, daß die Instinkthandlung vor der vollen Reifung der von ihr gebrauchten Struktur ausgereift sei. Diese Interpretation erklärt nicht, was das *Entchen* tut; vielmehr hindert sie den Forscher geradezu daran, das Problem zu erkennen, nämlich was genau bei dem Entchen und seiner Situation (und ihrer ontogenetischen Geschichte) diese Art von Verhalten bewirkt. Ganz offensichtlich verleitet eine solche Theorie den Forscher dazu, den Entwicklungsprozeß in einer Weise zu sehen, daß er das Problem des *Ursprungs* dieses Verhaltens und seine Ursache und Rolle im *Entchen* überhaupt nicht bedenkt. Im Lichte unserer vorangegangenen Diskussion müßte es jedoch deutlich geworden sein, daß gerade dies das kritische Problem ist und daß eine Theorie, die es als relativ irrelevant für die Erklärung der Entwicklung des Kampfverhaltens erscheinen läßt, ernstlich unvollständig sein muß.

Dieses begriffliche Verschmelzen verschiedener Stufen auf der Grundlage oberflächlicher Ähnlichkeiten durchzieht das ganze System. Zum Beispiel scheint auch die Vorstellung von der „Taxis“ als einer sinnvollen Klasse von Verhaltenselementen auf solch einem Verfahren zu basieren. Lorenz definiert eine Taxis als eine Bewegung, die kontinuierlich reizorientiert sei (er unterscheidet sie damit streng von einer Instinkthandlung, die zentral und unabhängig von den Rezeptoren koordiniert wird, wenn sie einmal begonnen hat).

Tinbergen (1942) klassifiziert die Taxien noch weiter in verschiedenen Kategorien, die zum Teil auf Kühns Untersuchung (1919) beruhen: (1) Tropotaxis, die gleichbedeutend ist mit Loebs Tropismen und bei der sich das Tier solange dreht, bis der entsprechende Reiz auf beiden Seiten gleich intensiv ist; (2) Telotaxis, eine visuelle Orientierung, die auf Fixierungsbewegungen basiert, so daß jedes Auge als alleiniger Rezeptor dienen kann; und (3) Menotaxis, die der Telotaxis entspricht, außer daß die Orientierung nicht in Richtung auf den Reiz hin, sondern in einem konstanten Winkel von ihm weg geschieht. Diesen Kategorien Kühns fügt Tinbergen eine vierte hinzu: Pharotaxis, bei der das Tier zu einem Teil des visuellen Feldes orientiert ist, der hinsichtlich seiner Beziehung zum übrigen Feld und unabhängig von der Orientierung des Tieres zum Feld definiert wird.

Wenn die „Taxien“ allein entsprechend einer stark eingeschränkten Definition der rezeptorischen Abläufe klassifiziert werden, dann wirft man unausweichlich sehr viele unterschiedliche Prozesse in einen Topf. Zum Beispiel zeigen die Amöbe und das neugeborene Kind beide eine Reaktion „hin zu“ in Richtung auf sanfte Reizung. Welche mögliche Kategorie, die auf den Merkmalen der Wendung basiert, könnte beide dieser Bewegungen als Beispiele einer einzigen Art von Prozeß angemessen enthalten? Sagt man, die Bewegung des Kindes und die der Amöbe seien beide eine Taxis, dann gibt man zu, daß das Wort „Taxis“ nicht eine Gruppe von Verhaltensmustern, die gemeinsame Mechanismen haben, definiert.

Dies macht Tinbergen (1942) deutlich, wenn er sagt: „ ... in dem Begriff der Pharotaxis wird die Rolle, die mnemische Prozesse spielen, nicht als Kriterium genommen, weil bei der Tropo-, Meno- und Telotaxis das Kriterium, auf dem die ‚Unterscheidung‘ beruht, ebenfalls diesen Aspekt nicht berücksichtigt. ... Menotaxis kann zum Beispiel angeboren oder erlernt sein".

Was bleibt dann von Tinbergens Klassifizierung übrig? Tinbergen selber ist sich dessen bewußt, daß sich die Glieder jeder seiner Taxis-Kategorien bezüglich ihres ontogenetischen Ursprungs und ihres zentralen Mechanismus wahrscheinlich stark unterscheiden. Wie kann man die Klassifizierung dann rechtfertigen? Eine vorläufige Klassifizierung hat nur dann heuristischen Wert, wenn man die Glieder einer bestimmten Klasse als repräsentativ für ähnliche dynamische Prozesse ansieht, die erforscht werden können. In der Tat ist dies der Zweck, den Tinbergens Klassifizierungen in seinen Augen haben sollen. Aber im Falle der Taxien enthalten die Klassifizierungen bekanntlich unterschiedliche Organisationsstufen und unterschiedliche Prozesse. In diesem Fall basiert also die Klassifizierung auf dem Analogieverfahren, das für den Lorenzschen Ansatz grundlegend zu sein scheint.

Lorenz (1939) und Tinbergen (1942) haben beide darauf hingewiesen, daß stark divergierende Arten unter dem Einfluß der natürlichen Auslese ähnliche Merkmale entwickeln können, die nicht für homolog gehalten werden sollten. Tinbergen (1948) führt ein Beispiel für diese „konvergierende Entwicklung" an: „Das schlagendste Beispiel dafür, wie weit Konvergenzen in diesen Phänomenen reichen können, wird von N. Tinbergen (1939) in seiner Untersuchung über das Paarungsverhalten des Tintenfisches *Sepia officinalis* beigebracht. Parallel zur Entwicklung der Augen bei den Kopffüßlern (die mit denen der Fische konvergiert) hat sich das Balzen des Tintenfisches zu einem typisch visuellen Verhalten entwickelt, das sehr stark dem Balzen von Fischen, Eidechsen und Vögeln mit ausgeprägtem Sexualdimorphismus ähnelt. ... Diese Sachlage kommt derjenigen sehr nahe, die Noble und Bradley (1933) bei [der Eidechse] *Sceloporus* feststellten. Bei beiden Arten sind bestimmte Teile des männlichen Balzverhaltens in erster Linie ein Mittel, um anderen Männchen zu drohen ..."

Besondere Beachtung verdient Tinbergens ausdrücklicher Hinweis darauf, daß die Ähnlichkeit eher durch Konvergenz als durch Homologie verursacht wird. Jedoch schließt seine Behandlung der Verhaltensmuster die stillschweigende Annahme mit ein, daß die Konvergenz eine Konvergenz der *Mechanismen* sei. Soweit wir wissen, ist es aber tatsächlich nur eine Konvergenz der *Ergebnisse*. Die Annahme, daß die Mechanismen, die diesen ähnlichen Ergebnissen zugrundeliegen, gleichfalls ähnlich seien, ist sowohl typisch als auch haltlos.

e) Die menschliche Stufe

Ganz offenkundig oberflächlich wird das Analogisieren und Durcheinanderwerfen von Entwicklungsstufen, wenn Lorenz und Tinbergen menschliches Verhalten diskutieren.

Zum Beispiel sagt Tinbergen (1942): „Auch die Aktivierung anderer Triebe führt zu einem Suchverhalten. Klassische Beispiele sind die Suche nach einem Nistplatz bei Vögeln, nach einem Haus beim Menschen, usw." Es ist schwierig einzusehen, welchem einwandfrei erklärenden Zweck mit einer solch unangemessenen Nebeneinanderstellung gedient ist, die lediglich auf der Tatsache beruht, daß die *Resultate vom menschlichen Standpunkt aus gesehen* sich ähneln.

Im Zusammenhang mit dem Hinweis auf „Instinkt"-Handlungen, die ohne Außenreize als Resultat extremer Schwellerniedrigung aufgrund einer langen Auslösungspause auftreten, sagt Tinbergen (1942): „Lorenz ... entdeckte, daß verschiedene Handlungen selbst in solchen Fällen geschehen können, in denen möglicherweise weder propriozeptive Reize noch Hormone als zwingende Ursachen in Frage kommen. Der einfachste Fall dieser Art von Leerlaufreaktion ist das Jagdverhalten des wohlgenährten Hundes. Wie jeder Hundebesitzer weiß, kann man einen Hund keinesfalls einfach dadurch von Jagdunternehmungen abhalten, daß man ihn mit genügend Nahrung versorgt. Andere Fälle einer ähnlichen Art sind uns vertraut, wenn wir nur in uns selber schauen. Sport, Wissenschaft und zahlreiche andere Tätigkeiten sind gewiß mit inneren Faktoren dieser Art verbunden."

Hier scheint stillschweigend dies gefolgert zu werden: weil beide Handlungen „spontan" seien und keine in der Hauptsache durch propriozeptive Reize oder Hormone verursacht werde (was an sich schon eine haltlose Annahme ist), daher seien die Ursachen der Jagdtätigkeit des Hundes dieselben (oder derselben Klasse angehörig) wie die der wissenschaftlichen Tätigkeit der Menschen! Es ist klar, daß sich dieses Argument auf einen reichlich nachlässigen und unanalytischen Vergleich stützt und daß es ohne jede Beachtung der spezifischen Ursprünge der betreffenden Verhaltensmuster zustandegekommen ist.

Im Zusammenhang mit der Erwähnung der evolutiven Beziehung zwischen Instinkt- und Lernverhalten sagt Lorenz (1937b): „Auch scheint das Vorhandensein einer Instinkthandlung der Entwicklung einer Lern- und Verstandesleistung gleicher Funktion hinderlich zu sein. Zum mindesten beim Menschen ist das so. Man betrachte das Verhalten von hochstehenden und sonst mit guter Fähigkeit zur Selbstkritik begabten Menschen bei der sicher instinktmäßigen Reaktion der Gattenwahl durch das ‚Sich-Verlieben', und man wird von der Richtigkeit dieser Behauptung überzeugt sein. Das früher erwähnte Beispiel von Dohle und Kolkrabe zeigt ... daß auch ohne Reduktion der instinktmäßig angeborenen Glieder einer Handlungsfolge ... eine geistige Höherentwicklung möglich ist ..."

Ich zitiere den letzten Satz mit, um zu zeigen, wie außerordentlich leichtfertig Lorenz vom Menschen zum Vogel überwechselt, ganz offensichtlich ohne sich im geringsten dessen bewußt zu sein, daß er Phänomene diskutiert, die sehr unterschiedlich sein können. Der springende Punkt der Lorenzschen Aussage scheint folgender zu sein: Menschen verlieben sich irrational, weil das „Sich-Verlieben" eine instinktmäßige Reaktion ist, die von einer angeboren-determinierten Situation ausgelöst wird. In diesem Fall ist die Unwirklichkeit der verwendeten Vorstellungen jedem Erforscher *menschlichen* Verhaltens einleuchtend, auch wenn das für einen Erforscher des Vogelverhaltens nicht unbedingt gelten muß; doch diese Tatsache selber deutet an, daß die Quelle der Unwirklichkeit teilweise darin liegt, daß Lorenz verschiedene Stufen auf der Basis oberflächlicher Ähnlichkeiten vermengt.

Es ließen sich noch viele andere Beispiele für die Art anführen, in der Lorenz menschliches Verhalten erklärt. Er interpretiert etwa (Lorenz 1940) die Anziehung, die einige Hunderassen in gewisser Weise auf Frauen ausüben, als Funktion des Grades, in dem diese Rassen den angeborenen Wahrnehmungsmustern entsprechen, die das instinktmäßige mütterliche Verhalten beim menschlichen Individuum auslösen! Erneut leitet sich diese Deutung ganz und gar von einer zu leichtfertigen Analogie mit weniger komplizierten Arten von Lebewesen her. Neuere Untersuchungen mit Schimpansen, die in Dunkelheit aufwuchsen (Riesen 1947), und mit von Geburt an blinden Menschen, deren Sehvermögen operativ wiederhergestellt wurde (Senden 1932), lassen ermessen, daß zumindest auf diesen phylogenetischen Stufen jede Reaktion auf visuelle Formen, Proportionen, Größen und Beziehungen wie auch deren Wahrnehmung nur als Resultat eines langen und komplizierten Lernvorgangs eintreten kann. Unter diesen Umständen ist es außerordentlich schwierig, der Lorenzschen Behauptung irgendwelche Bedeutung zuzuschreiben, daß diese Reaktionen angeborenermaßen auf Wahrnehmungsmerkmalen der Form und Proportion basieren (Hebb 1949). (Bei niederen Säugetieren ist anscheinend weniger Lernen für die Festlegung einiger ihrer typischen Arten der Reaktion auf den visuellen Bereich nötig (Hebb 1937a, 1937b; Lashley und Russell 1934).)

Diese Interpretation menschlichen Verhaltens gemäß einer physiologischen Theorie, die von niederen evolutiven Stufen abgeleitet ist, führt Lorenz noch einen Schritt weiter, wenn er (1940) die Wirkungen der Zivilisation bei den Menschen mit den Wirkungen der Domestikation bei den Tieren gleichsetzt. Als eine Hauptwirkung konstatiert er, daß sich artspezifische Verhaltensmuster und Auslösemechanismen vermengten und degenerierten, und zwar als Folge degenerierter Mutationen, die unter den Bedingungen der Domestikation oder Zivilisation nicht durch natürliche Auslese eliminiert würden. Er stellt dies als wissenschaftlichen Grund dafür dar, daß Gesellschaften soziale Verbote aufrichten, die den Platz jener degenerierten Auslösemechanismen einnähmen, die ursprünglich die Rassen an einer Kreuzung hinderten. Lorenz legt dies im Zusammenhang mit einer Diskussion über die wissenschaftliche Rechtfertigung der damals (1940) in Deutschland herrschenden gesetzlichen Beschränkungen von Ehen zwischen Deutschen und Nicht-Deutschen dar.

Wie direkt Lorenz die Vorstellung der angeborenen Auslöser für menschliche Sozialbeziehungen anwendet, läßt sich an folgendem Zitat ermessen (1940): „Das Gesicht eines Asiaten ist uns deshalb rätselvoll, weil die physiognomischen Leistungsmerkmale, auf welche unsere angeborene Schemata einschnappen, nicht mit den gleichen Verhaltenseigenschaften verbunden sind, wie bei unserer Rasse. ... Allem Anschein nach kann man in solchen Fällen die ausfallende Funktion angeborener Schemata nicht oder nur zu sehr geringem Teil durch Erworbenes ersetzen, wie von vielen Kennern fremder Menschenrassen versichert wird."

Sozialpsychologen werden sämtlich darin übereinstimmen, daß der unterschiedliche Grad der Schwierigkeit, die verschiedene Menschen haben, wenn sie es lernen, Gesichtsausdrücke in einer ihnen fremden Kultur zu erkennen und auf sie zu reagieren, zumindest teilweise von der Einstellung abhängt, mit der sie sich anfangs der fremden Kultur nähern.

4. Die Quellen der Motivation

Lorenz gibt an, daß das Tier in Aktivität versetzt wird, wenn der Grad der aktionsspezifischen Energie im ZNS ansteigt. Er sagt (1937a): „Es ist eine der wichtigsten und merkwürdigsten Eigenheiten der Instinkthandlung, daß der Organismus nicht passiv auf Reize wartet, die zu ihrer Auslösung führen, sondern *aktiv nach diesen Reizen sucht.*" Dieses aktive Suchen wird „Appetenzverhalten" (appetitive behavior) genannt (Craig 1918). Es kann von einfachen Wendebewegungen („Taxien") bis zu den kompliziertesten Arten intelligenten Verhaltens reichen. Wie schon gezeigt wurde, glaubt Lorenz, daß diese einander fortsetzen, da beide (in verschiedenen Stadien der Stammesgeschichte) die Mittel sind, die das Tier in eine Situation bringen, welche die zur Auslösung der Instinkthandlung (z.B. Fressen, Paarung usw.) nötigen Reize enthält.

Lorenz erkennt einige wenige Beispiele einer Motivation an, deren Quelle peripher sei (z.B. Hunger, Defäkation). Aber er macht sich das typische Verfahren zu eigen, alles „zweckgerichtete" (d.h. adaptive) Verhalten, das nicht eine unmittelbar offenkundige periphere Motivation besitzt, unter der Rubrik des „Appetenzverhaltens" zu vereinnahmen. Praktisch ist seine Vorstellung von „peripheren Motivationsquellen" auf die soeben angeführten Beispiele beschränkt. Ich kann mich nicht daran erinnern, daß Lorenz oder Tinbergen in einer ihrer Schriften etwa auf folgende Aspekte als Quellen der Motivation Bezug nähmen: das autonome Nervensystem, die Möglichkeit qualitativ unterschiedlicher Rollen des autonomen Nervensystems auf verschiedenen phylogenetischen Stufen, oder die Möglichkeit komplexer peripherer Veränderungen, die durch Hormone verursacht werden (vgl. Beach 1948). Hieraus ergibt sich zumindest dies: wenn die Motivation den aktionsspezifischen „Zentren" im ZNS zugeordnet wird, so ist das wie die Vorstellung des „angeborenen Verhaltens" selber oft ganz einfach ein Ersatz für die tatsächliche Analyse der Biologie des spezifischen Falles. Zum Beispiel sagt Tinbergen (1951), die Injektion von Prolactin in eine Taube habe zwei Wirkungen: (1) sie verursache die Entwicklung der Schilddrüse und (2) sie verursache das Brutverhalten. So wird mehr oder weniger als erwiesen angesehen, daß eine irgendwie spezifische Wirkung des Hormons auf das Verhalten vorliege. Eine Entwicklungsanalyse der Beziehungen zwischen dem Brutverhalten und der Schilddrüse bzw. der Reizung des Brutflecks wird durch die Eigenart der Instinkttheorie und der daraus resultierenden Motivationstheorie ausgeschlossen. Im Fall des „Dominanz"-Verhaltens bei Schimpansen haben Birch und Clark (1950) gezeigt, daß die Wirkungen von Hormonen auf das Verhalten tatsächlich durch periphere Strukturen in solchen Situationen vermittelt werden können, in denen es keineswegs a priori klar ist, daß „propriozeptive Reize" eine Rolle spielen können.

Lorenz nimmt an, alles zielgerichtete (adaptive) Verhalten sei auf die Ausführung von Instinkthandlungen gerichtet. So ist für ihn die *Ausführung der Instinkthandlung selber* schon das, was dem Zweck des Tieres dient. Er sagt folglich (1939):

„Bei einem nur mit der Motivation des Broterwerbes arbeitenden Menschen ... schließt das nach diesem Zweck gerichtete Verhalten so ziemlich alle höheren psychischen Leistungen ein, deren er fähig ist; das Motiv, die als Ziel angestrebte Instinkthandlung des ‚Brokkens und Beißens', hat sich sehr weit an das Ende der Handlungsreihe zurückgezogen, ohne dabei aber ihre grundsätzliche Instinktnatur irgendwie zu verleugnen."

So ist für Lorenz die Behauptung: „Der Mensch arbeitet, um in der Lage zu sein, [durch Nahrung] die Instinkthandlung des Brokkens und Beißens auszulösen", *dieselbe* Art von Aussage wie: „Der Frosch wendet sich nach rechts, um [durch den Anblick einer Fliege vor ihm] die Instinkthandlung des Hervorschnellens seiner Zunge auslösen zu können." Seiner Meinung nach setzen diese beiden Verhaltensmuster einander (im stammesgeschichtlichen Sinne) fort und stehen beide in gleichartiger Beziehung zu der Instinkthandlung, die das Endglied der Verhaltenskette ist. Eine solche Formulierung ist aber irreführend und von nur geringem heuristischen Wert. Die tatsächliche Komplexität und Vielfalt sowie die situationsbedingte Relevanz der Quellen menschlicher Motivation lassen solche Aussagen zur Bedeutungslosigkeit herabsinken, nicht bloß weil die menschliche Motivation viel komplizierter ist als die des Frosches, sondern auch weil sie sich qualitativ in ihrer Organisation und Entwicklung unterscheidet.

Wenn Tinbergen die Ursachen sportlicher und wissenschaftlicher Aktivität mit denen des Jagens beim Hund gleichsetzt, weil beide innerlich und „selbsterregend" zu sein scheinen, so ist das wohl ein extremes Beispiel für das Resultat der analogisierenden Ansatzmethoden wie für den Glauben, jedes Verhalten müsse ein ihm isomorph entsprechendes Zentrum im Nervensystem haben.

III. Hypothese und Beobachtung

1. *Der „angeborene Auslösemechanismus"*

Es mag lehrreich sein, einige Verfahren zu überprüfen, in denen sich Lorenz' theoretischer Ansatz bei einer Verhaltensuntersuchung äußert.

Tinbergen und Kuenen (1939) untersuchten die Reizsituationen, die das Sperren (um Futter Betteln) junger Drosseln auslösen und steuern. Das Sperren besteht zuerst darin, daß der Hals in vertikaler Richtung ausgestreckt und der Schnabel geöffnet wird. Beim Schlüpfen sind die Vögel blind; erst wenn sie neun oder zehn Tage alt sind, öffnen sich ihre Augen. Während dieser ersten blinden Phase kann man das Sperren am leichtesten auslösen, indem man die Unterlage beklopft oder rüttelt. Wenn sich die Augen zum erstenmal öffnen können, bleibt der Vogel normalerweise mit geschlossenen Augen liegen und öffnet sie nur, wenn er sperrt. Tinbergen und Kuenen stellen fest, daß der Vogel als Reaktion auf einen beweglichen visuellen Reiz sperrt, sobald seine Augen geöffnet sind, und daß folglich das angeborene Auslöseschema für das Sperren visuelle Reizung mit einschließt. Etwa einen Tag nach dem Öffnen der Augen ist das Sperren nicht auf einen visuellen Reiz hin *gerichtet;* auch wenn der Reiz das Sperren auslöst, ist das Sperren immer noch vertikal nach oben gerichtet. Ungefähr einen Tag später beginnt jedoch das Sperren auf bestimmte festgelegte Komponenten des visuellen Reizes hin gerichtet zu sein (das Höchste, das Nächste, einen Knick der Konturen usw.).

Tinbergen und Kuenen ziehen daraus den Schluß, daß die „zentral-koordinierte“ Instinkthandlung und die (kontinuierlich-gerichtete) Taxis in unterschiedlichem Tempo reifen; die Taxis reife nicht, bevor der Vogel nicht etwa zehn Tage alt sei, während der Instinkt beim Schlüpfen bereits voll ausgereift sei. Weiterhin folgern sie, daß die Reizsituationen, die für das Auslösen und Richtunggeben der Handlung adäquat seien, sich voneinander unterschieden, aber beide angeboren seien.

Zunächst ein Wort zur „Reifung der Taxis“. Es ist nicht klar, warum die Erfahrung, die das Tier während des ersten Tages nach dem Öffnen der Augen macht, nicht ein zureichender Grund dafür sein soll, daß es eine Orientierung zu dem visuellen Reiz hin entwikkelt. In ihrer Diskussion behaupten Tinbergen und Kuenen, daß einige der spezifischen Reizmerkmale, zu denen hin die Orientierung geschieht, nicht durch direkte Erfahrung erlernt seien. Es ist indes nicht deutlich, warum gerade die *Orientierung* zu dem visuellen Reiz hin nicht ein Resultat der Erfahrung sein soll. Selbst ihre beschränkte Diskussion über mögliches Lernen beruht auf Schlüssen aus Zufallsbeobachtungen; das zeigt, daß die Ausrichtung an Lorenz' Theorie Tinbergen und Kuenen dazu verleitete, die ernstliche Möglichkeit, daß Lernen mit im Spiel sei, außer Betracht zu lassen.

Das „Angeborensein“ der Reaktion auf bewegliche visuelle Reize ist ziemlich zweideutig. Wir erinnern uns daran, daß die Vögel die meiste Zeit, nachdem sie ihre Augen zum erstenmal geöffnet haben, mit geschlossenen Augen liegen. Ich zitiere aus den Protokollen von Tinbergen und Kuenen:

„26. 5. 36. Amseln, 9-10 Tage. Abheben und Hin- und Herbewegen des Holzdeckels ruft keine Reaktion hervor. Auf Stoß gegen Nestrand sperren sie gleich. Wenn das Sperren etwas nachläßt, bewegen wir die Hand über dem Nest hin und her, und sofort wird wieder kräftig gebettelt.

Später am selben Tag: Stoß gegen geschlossene Schachtel löst Sperren aus, nachheriges Abheben des Deckels nicht, die Augen sind geschlossen. Stoß verursacht Sperren. Nach Aufhören der Reaktion bleiben die Tiere mit geöffneten Augen liegen. Wir halten nacheinander eine weiße kreisförmige Pappscheibe ..., eine ebensolche schwarze Scheibe, ein weißes Holzstäbchen ... und ein ... schwarzes Stäbchen über das Nest. Auf sämtliche Gegenstände wird mit starkem Sperren reagiert.

10. 5. 36. Singdrossel, 10 Tage. Vorsichtiges Abheben des Deckels gibt keine Reaktion, leichtes Anstoßen wohl. Nach eingetretener Beruhigung löst ein über dem Nest gezeigter Finger sofort Sperren aus."

Es ist offensichtlich, daß sich die jungen Drosseln normalerweise, *wenn sie erstmalig visuelle Reize sehen, schon in einem Zustand der Sperr-Erregung befinden,* da ihre Augen die ersten Male nur dann offen sind, wenn sie sperren.

Ich habe diese Befunde an jungen Rotschulterstärlingen (*Agelaius phoeniceus*) überprüft, an denen ich alle Beobachtungen von Tinbergen und Kuenen wiederholen konnte. Indem ich jedoch die Vögel mehrere Stunden hintereinander beobachtete, konnte ich feststellen, daß bei verschiedenen Gelegenheiten der eine oder andere Vogel ganz ruhig mit *geöffneten* Augen dalag, wenn er nicht kurz zuvor gesperrt hatte. Solche Vögel sperrten auch *nicht* als Reaktion auf einen Finger, der sich über ihrem Kopfe bewegte, selbst wenn sie ihre Köpfe bewegen mochten, um den Finger zu fixieren. Wenn ich an das Nest klopfte, so das Sperren verursachte und dann meinen Finger über den Vögeln bewegte, sobald das Sperren nachließ oder auch kurz danach, dann sperrte der Vogel erneut sofort und kräftig. Was bedeutet dann also die Aussage, daß die Vögel auf visuelle Reizung hin „angeboren" sperren? Es wäre ein leichtes, ad hoc-Annahmen darüber zu machen, daß sich die Reizschwelle des angeborenen Auslösemechanismus als ein Resultat taktiler Reizung vorübergehend verändere. Aber sie müßten auch als ad hoc-Annahmen kenntlich sein. Man sollte die Möglichkeit eingestehen, daß jede Reizung, für die der Vogel empfänglich ist, seine Aktivität verstärkt, wenn er bereits sperrt; sie kann sich dem Sperren assoziieren, so daß die später sichtbare Spezifität der Reaktion auf visuelle Reize eine Folge nicht etwa angeborener Verbindungen, sondern der Bedingungen sein kann, unter denen die visuelle Empfindungsfähigkeit normalerweise zuerst möglich wird. Hinzu kommt, daß diese Vögel nahezu stündlich gefüttert werden müssen: man sollte die mögliche Relevanz nicht übersehen, die die Assoziation von visueller Reizung mit Fütterung hat. In diesem Zusammenhang können wir die Versuche von Padilla (1930) anführen. An Küken, die während der ersten zwölf Tage ihres Lebens im Dunkeln gehalten und zwangsweise gefüttert wurden, so daß sie keine Gelegenheit hatten, das Pickverhalten mit visuellen Reizen oder mit Nahrung zu assoziieren, stellte er fest, daß sie verhungerten, sobald sie sich in einer normalen Fütterungssituation befanden, ohne auch nur irgendein Zeichen des angeblich „angeborenen" Pickverhaltens abgegeben zu haben.

Beachtenswert ist, daß Tinbergens und Kuenens eigene Protokolle andeuten, wie bedingt die Wirksamkeit visueller Reize ist; aber offensichtlich haben die beiden Autoren diese Tatsachen nicht eigentlich in Betracht gezogen. Meiner Meinung nach rührt das daher, daß sie a priori davon überzeugt waren, daß der Entwicklungsprozeß ein Reifungsvorgang sei und daß sie folglich seine Bedingungen nicht zu untersuchen brauchten. Lorenz' theoretischer Ansatz neigt dazu, das Erkennen bedeutsamer Einzelheiten einzuschränken und möglicherweise wichtige Merkmale von Entwicklungsprozessen zu verdunkeln.

Viele Fälle der „angeborenen Auslösemechanismen" scheinen unter einem ähnlichen Ansatz zu leiden. Wie man sich erinnern wird, gilt der angeborene Auslösemechanismus als ein für die Auslösung der Instinkthandlung „präformierter neuraler Mechanismus" (Lorenz und Tinbergen 1938). Tinbergen nennt die auslösenden Reize „Zeichenreize", weil sie das biologisch geeignete Objekt der Instinkthandlung „darstellen". Man könnte fragen: „Zeichen wovon? Zeichen für wen?" Mit der Vorstellung der angeborenen Auslösemechanismen ist ein ganz subtiler Anthropomorphismus verbunden, der zunächst nicht sichtbar ist. In der Diskussion über die Eirollbewegung der Graugans sprechen Lorenz und Tinbergen (1938) zum Beispiel von einem angeborenen auslösenden Schema, das der Situation „Ei außerhalb des Nestes" entspreche. Nun ist aber die Situation „Ei außerhalb des Nestes" *nicht* die Wahrnehmungssituation für den Vogel – sondern die Merksituation für den menschlichen Beobachter. Wenn Lorenz und Tinbergen die Wirkungsmerkmale der Situation erforschen, suchen sie nach einem Reizschema, das einem „Schema" entspricht, dessen Existenz sie im ZNS vermuten. Folglich analysieren sie niemals irgendwelche möglichen *spezifischen* Beziehungen zwischen wirksamen Reizen und der Struktur bzw. der Physiologie des betreffenden Organismus. Die beschriebenen Reizsituationen werden so mit Begriffen aus dem menschlichen Bereich strukturiert (Raubvogel, Vegetation, Kopf des Elternteils usw.) anstatt mit solchen Begriffen, die die Probleme der spezifischen Beziehungen zwischen der Struktur und Funktion des untersuchten Tieres andeuten. Dieser Ansatz leitet sich wiederum von der Tatsache her, daß Lorenz jedes Verhaltensmuster mit einem spezifischen hypothetischen „Zentrum" identifiziert, nicht aber mit dem Einsetzen spezifischer strukturell-funktioneller Beziehungen, die bei unterschiedlichen Arten von Organismen und für unterschiedliche Verhaltensmuster sehr verschieden sein können.

Zum Beispiel sagt Tinbergen (1948b): „Die Fluchtreaktionen vieler Vögel vor vorüberfliegenden Raubvögeln sind eine Antwort auf einen Bewegungstyp und auf ein besonderes Gestaltmerkmal, nämlich den ‚kurzen Hals'". Nun stimmt es sicherlich, daß viele Vögel „Flucht"-Bewegungen beim Anblick „kurzhalsiger", über ihnen fliegender Vögel ausführen (Krätzig 1940). Aber Tinbergen sagt „kurzhalsig" anstatt zum Beispiel: „sie haben eine kurze und lange Vorwölbung an entgegengesetzten Enden und bewegen sich so, daß die kurze Vorwölbung vorne ist". Sein Sprachgebrauch ist, wie er klar macht, natürlich bequemer. Aber zusätzlich leitet er sich von der Lorenzschen Vorstellung her, die er wiederum auch bekräftigt, daß die „Kurzhalsigkeit" ein Merk-„Zeichen" oder „Zeichenreiz" (Tinbergen 1939) sei, der angeborenermaßen einem präformierten neuralen „Auslöse"-Mechanismus entspreche. Tinbergens Terminologie führt nicht zu einer Analyse der spezifischen Erregungsschemata derjenigen Empfindungselemente im Auge des Vogels, die für die Auslösung der Reaktion erforderlich sind, und sie veranlaßt auch nicht eine weitere Betrachtung der Wirkung, die ein solches Schematisieren auf die zentrale Nerventätigkeit im Nervensystem dieser Vögel hat; statt dessen verlangt sie, daß die Bereitschaft des Vogels, „Fluchtbewegungen" auszuführen, mit einer präformierten „Vorstellung" von dem kurzhalsigen Charakter von Habichten identifiziert wird. „Das Rebhuhn läuft, um vor einem über ihm befindlichen Objekt mit einem kurzen Hals Schutz zu suchen", und „die Gans rollt ein Objekt zu ihrem Nest zurück, das in der Nähe des Nestes liegt und glatte Umrißlinien und eine harte Oberfläche hat", diese Aussagen werden nicht zu *Definitionen* des Problems, wie die Struktur der verschiedenen Vögel es ihnen ermöglicht, auf ihre Umwelt zu reagieren, sondern vielmehr zu *Lösungen* der Frage: „Was sind die Kennzeichen dieser beiden Glieder aus der Klasse der angeborenen Auslösemechanismen?" Die wesentliche Annahme des Lorenzschen Ansatzes ist die, daß diese beiden Verhaltenstypen zu Umweltreizen aufgrund von Mechanismen in Beziehung stehen, die mit Ausnahme der Wahrnehmungsdetails selber grundsätzlich identisch sind. Dehnt man diesen Ansatz (wie es getan wird) auf das ganze Tierreich aus, dann wird er zutiefst anti-evolutionär, trotz des Lorenzschen Interesses an „vergleichenden" Untersuchungen.

Mit gewisser Zustimmung nahm Lashley (1949) von Lorenz' Forschungen über Auslöseschemata Kenntnis. Zum Beispiel sagte er: „Eine Untersuchung komplexer Instinkte erfordert eine detaillierte Analyse des eigentlichen Reizes oder der Reizkombination, die das Verhalten hervorruft; sie muß mit Beschreibungen des ausgelösten Verhaltens verbunden sein. Dies wurde unter kontrollierten Bedingungen nur für ein bestimmtes Instinktverhalten von Vögeln versucht (Lorenz 1935)."

Eine genauere Prüfung der Vorstellungen von Lashley und von Lorenz zeigt indes, daß die spätere Entwicklung des Lorenzschen Ansatzes keineswegs in der Richtung verlief, die Lashley erwartete. Lashley (1949) sagt: „Die nistende Seeschwalbe scheint keinen Unterschied festzustellen, wenn ihre Eier gefärbt sind ... aber sie ist ... verstört, wenn deren ... Kontur dadurch geändert wird, daß man ein Stück Lehm oder Kitt anklebt ... Glätte des Umrisses ist das wesentliche Merkmal des Eies. Diese Eigentümlichkeit kann am leichtesten vermittels der ihr innewohnenden Tendenzen zu funktioneller Organisation im Nervennetz interpretiert werden.

... Ich will damit nicht andeuten, daß die Geometrie der Spinnwebe genau im Gehirn der Spinne abgebildet ist ... Der Winkel der Fäden kann durch den Winkel bestimmt sein, in dem die Beine gehalten werden (Peters 1937); die Vollständigkeit oder Unvollständigkeit des Ganzen kann von der Bereitschaft abhängen, mit der bestimmte Stellungen im Verhältnis zur Schwerkraft eingenommen werden. ... Das einfache Rattennest wird aufgehäuft und zurechtgestoßen, bis es bestimmten Daten entspricht, die die Reduktion des Wärmeverlustes anzeigen. Die Spinnwebe ist vielleicht eine Zusammensetzung aus solchen Sinnesmechanismen, verbunden mit einigen spezialisierten geometrischen Wahrnehmungen, wie sie etwa durch die Tatsache veranschaulicht werden, daß eine Ratte eher einen ... Kreis als unregelmäßige Tintenflecke wiedererkennt."

Im Gegensatz zu diesem Ansatz gebrauchte Lorenz (1935) die Analogie eines Schlüssels, der ein Schloß aufschließt, um die Funktion zu beschreiben, die das Auslöseschema bei der Auslösung einer Instinkthandlung hat. Setzte man diese Analogie weiter fort, dann würde es Lashley als die Aufgabe des Schlosser-Erforschers ansehen, alle Merkmale der Schloßöffnungsvorrichtungen zu untersuchen, einschließlich der Schlüssel, Nachschlüssel und anderen Mittel zum Schloßöffnen; auch müßte er diese Merkmale zusammen mit dem betrachten, was er von der Struktur der Schlösser, den Bedingungen ihres Gebrauchs, ihrer Geschichte usw. weiß, um Verständnis dafür zu gewinnen, wie die Funktionen der verschiedenen Schloßarten mit ihrer Struktur in Beziehung stehen. Für Lorenz hingegen sind alle Schlösser im Grunde gleich; Untersuchungen über die Merkmale der Schlüssel, die zum Öffnen notwendig sind, offenbaren daher nichts über innere Unterschiede zwischen den Schloßmechanismen, sondern nur über die spezifische Anordnung der Zuhaltungen in jedem Schloß.

Aus all dem sollte nicht geschlossen werden, daß wir nicht anerkennen, daß relativ einfache Reize manchmal zum Auftreten eines ganz komplexen Verhaltens führen können. Tatsächlich stammen auch einige der besten Untersuchungen über die Reizbedingungen, die verschiedene Arten von tierischem Verhalten auslösen, von Lorenz und Tinbergen und ihren Kollegen (z.B. Tinbergen und Perdeck 1950). Der springende Punkt ist aber nicht, daß die Existenz einfacher Reize, die unter einigen Bedingungen zu einem komplexen Verhalten führen, geleugnet würde. Vielmehr geht es darum, daß der Ort der Aktivität einem hypothetischen Zentrum im Gehirn zugeschrieben wird, das Merkmale besitzt, die auf vorherbestimmte und isomorphe Weise den Merkmalen der Reizsituation entsprechen; diese Auffassung stellt eine unphysiologische Art des Denkens dar, die nur hinter physiologischen Termini verborgen wird.

2. *„Leerlaufreaktionen“*

Lorenz und Tinbergen verstehen die sogenannten Leerlaufreaktionen als Beweis für die Akkumulation reaktionsspezifischer Energie im Instinktzentrum, bis sie sich einen Weg durch die hemmenden angeborenen Auslösemechanismen „erzwingt“ und ohne erkennbaren Außenreiz „losgeht“.

Lees (1949) führte das Beispiel der zyklischen Kolonie-Aktivitäten der Ameise *Eciton hamatum* (Schneirla 1938) als Beispiel für etwas an, das „der ‚Leerlaufreaktion‘ verwandt“ sei. Kolonien dieser Treiberameise durchlaufen regelmäßig *stationäre* und *nomadische* Phasen, die jeweils ungefähr zwanzig Tage dauern. So stellt Lees fest (basierend auf Schneirlas Beschreibung (1944)):

„Während der stationären Phase bleibt der Biwak, an den die einzelne Königin gebunden ist, *in situ,* und Beutezüge sind minimal. Während der nomadischen Phase wird die Lage des Biwaks jeden Abend geändert und starke Stoßtrupps brechen aus der Kolonie aus. Diese Aktivität steht in keiner Beziehung zum Nahrungsüberfluß oder -mangel in der Nachbarschaft ...“

Für Lees scheint dieses zyklische Verhalten deswegen die Eigenart einer „Leerlaufreaktion“ zu besitzen, weil es periodisch und ohne feststellbare Veränderung in den äußerlichen Reizbedingungen vorkommt. Dies ist sehr irreführend, denn Schneirlas Analyse dieses Verhaltens (1938, 1944) hat gezeigt, daß der Wechsel vom stationären zum nomadischen Verhalten eine Folge des Heranwachsens einer großen neuen Ameisenbrut ist. Wenn die unerfahrenen Arbeiterinnen aus ihren Puppen schlüpfen, regen ihre Bewegungen die erwachsenen Arbeiterinnen zu großer Aktivität an. Wenn die unerfahrenen Ameisen allmählich reifen und aufhören, von den Erwachsenen abhängig zu sein, verringert sich ihre anregende Wirkung. Zu diesem Zeitpunkt ergänzt das Schlüpfen neu hervorkriechender Larven aus den Eiern das Nachlassen der aktivierenden Wirkung der unerfahrenen Ameisen auf die Alten. Wenn sich die Larven verpuppen und untätig werden, sind die Erwachsenen nicht länger trophallaktischer[1] Reizung (Wheeler 1928) unterworfen, und die Kolonie geht in ihre stationäre Periode über. (Trophallaxis: wechselseitiger Futteraustausch bei bestimmten Insekten.)

Für unsere Diskussion ist der Gesichtspunkt von Bedeutung, daß Schneirlas Analyse zu einer Auffassung führt, die das genaue *Gegenteil* derjenigen ist, die in der Vorstellung der „Leerlaufreaktion" impliziert ist. Die periodische Wiederkehr ist *nicht* das Resultat eines Energieaufbaus im Nervensystem irgendeines Tieres. Sie ist das Resultat der periodischen Wiederkehr interindividueller Reizwirkungen. In *keinem* der Tiere der Kolonie ist das Verhalten „im voraus" stellvertretend vorhanden; es entsteht im Laufe der Beziehungen, die die Ameisen untereinander und mit der Umwelt haben. Es wird keine „reaktionsspezifische Energie" aufgebaut. Die Periodizität ist Ausfluß der Periodizität des Eilegens der Königin, das *nicht* ein „Zentrum" ist, das *irgendwelche* Merkmale besitzt, die dem Verhalten entsprechen. Und selbst dies ist keine *direkte* Beziehung. Wenn die Zahl der Larven in einer Kolonie versuchsweise um 50 Prozent verringert und damit auch ihre gesamte Reizwirkung reduziert wird, kann eine normale nomadische Phase nicht stattfinden. Neuere Befunde (Schneirla und Brown 1950) haben in der Tat die Hypothese bestätigt, daß jede der regelmäßigen massierten Eiablage-Episoden in der Funktion der Königin, die für den Zyklus grundlegend ist, ein spezifisches Ergebnis ihrer Überfütterung infolge der größtmöglichen Reizung der Kolonie durch die Brut ist. Dieses Ereignis, das unweigerlich am Ende jeder nomadischen Phase stattfindet, ist eine Art „Rückkopplungs"-Funktion, die überhaupt nichts mit den Implikationen der „Leerlaufreaktion" zu tun hat.

Lees' Bemerkungen über *Eciton* beleuchten vorzüglich die Beschränktheit solch kategorialer Theorien wie der von Lorenz. Die eigentlichen Entwicklungsprozesse, die zu den periodischen Aktivitäten dieser Ameise führen, liegen vollkommen klar: es ist *bekannt*, daß sie keine wesentliche Beziehung zu irgendeiner „reaktionsspezifischen Energie" in irgendeinem Nervensystem haben; ferner ist *bekannt*, daß sie als solche nicht „angeboren" sind (Schneirla 1938). Die Prozesse, die zu diesem Verhalten führen, haben mit Sicherheit nichts mit den Prozessen zu tun, die zu „Leerlaufreaktionen“ bei einem Fisch führen. Doch allein die oberflächliche Ähnlichkeit reicht aus, um Lees zu veranlassen, das Ameisenverhalten als Beispiel eines Verhaltenstyps beizubringen, der für Wirbeltiere beschrieben wurde. Dies ist ein Musterfall für die Tendenz, die durch solche Theorien ermutigt wird: man hält nach solchen Fällen Ausschau, die den theoretischen Kategorien bei vielen Verhaltenstypen entsprechen, anstatt die Prozesse selbst zu analysieren, die bei der Entwicklung eines Verhaltensmusters eine Rolle spielen.

IV. Schluß

Wir haben die Hauptpunkte der Lorenzschen Instinkttheorie zusammengefaßt und sie einer kritischen Prüfung unterzogen. Wir stellen dabei folgende erhebliche Fehler fest:

1. Sie wird starr kanalisiert dadurch, daß sehr unterschiedliche Organisationsarten unter ungeeigneten und unhaltbaren Kategorien verschmolzen werden.

2. Sie beinhaltet vorgefaßte und starre Vorstellungen über das Angeborensein und die Eigenart des Reifungsprozesses.

3. Sie ist durchgehend von der Übertragung gewisser Vorstellungen von einer stammesgeschichtlichen Stufe zur anderen abhängig, und zwar ganz allein auf der Grundlage von Analogieschlüssen.

4. Sie ist durch vorgefaßte Meinungen über isomorphe Relationen zwischen neuralen Phänomenen und denen des Verhaltens eingeschränkt.

5. Sie hängt von finalistischen, präformationistischen Vorstellungen über die Entwicklung des Verhaltens selbst ab.

6. Wie ihre Anwendung auf die menschliche Psychologie und Soziologie erkennen läßt, führt sie zu einer starren, präformationistischen, kategorischen Vorstellung von Entwicklung und Organisation, bzw. sie hängt von dieser Vorstellung ab (oder auch beides).

Jede Instinkttheorie, die den „Instinkt“ als immanent, präformiert, ererbt oder auf spezifischen neuralen Strukturen basierend ansieht, muß notwendigerweise die Erforschung der Verhaltensentwicklung von der grundsätzlichen Analyse und der Untersuchung der Entwicklungsprobleme ablenken. Jede derartige Theorie des „Instinkts" führt zu einem Kurzschluß in der wissenschaftlichen Erforschung der Beziehungen innerhalb der Organismen und der Entwicklungsbeziehungen zwischen Organismus und Umwelt, die alle der Entwicklung des „instinktiven" Verhaltens zugrundeliegen.

Zuerst erschienen unter dem Titel ‚A critique of Konrad Lorenz's theory of instinctive behavior' in „Quarterly Review of Biology" 28 (1953) H. 4, S. 337–363. Übersetzt von Christine und Jürgen Ahrendts.

Daniel S. Lehrman

Semantische und begriffliche Fragen beim Natur-Dressur-Problem

Die Frage nach dem, was beim Verhalten von Tieren, einschließlich dem des Menschen, als „angeboren" und was als „erworben" bezeichnet wird, ergibt sich als Problem und als Quelle der Auseinandersetzung regelmäßig und beharrlich bei Erforschern des tierischen Verhaltens und der Tierpsychologie. Das gilt für alle Bereiche, die von Verhaltensforschern untersucht werden. Die Frage, wie die Rollen von „Anlage" und „Umwelt" bei der Bestimmung von Verhaltensmerkmalen darzulegen seien, hat Erforscher der menschlichen Intelligenz (Anastasi und Foley 1948), der Fähigkeiten visueller Wahrnehmung bei höheren Lebewesen (Hochberg 1963), des arttypischen („instinktiven") Verhaltens bei Tieren (Schneirla 1956) und praktisch eines jeden anderen Bereichs bewegt, der für solche Forscher von Interesse ist.

In der vorliegenden Arbeit möchte ich die Rolle erörtern, die die Begriffe von „angeboren" und „erworben" in einer Reihe von Diskussionen über tierisches Verhalten in jüngster Zeit gespielt haben.

Seit Beginn der dreißiger Jahre entwickelten Konrad Lorenz, seine Schüler und Kollegen den Begriff eines Mechanismus des „instinktiven" Verhaltens, der sehr einflußreich war und ist und der über eine beträchtliche Zeitspanne eine große Zahl interessanter und einfallsreicher Untersuchungen anregte. Die Lorenzschen Theorien (1937, 1950), die aus zoologischen Arbeiten über das Verhalten niederer Tiere (zumeist Vögel, Fische und Insekten) hervorgingen, bildeten die Grundlage für eine neue und blühende Schule der Untersuchung tierischen Verhaltens, für die sich der Name „Ethologie" einbürgerte.

Der Begriff „Ethologe" läßt sich nur schwer definieren. Insoweit ihm eine formale Definition eignet, bedeutet er in etwa einen Wissenschaftler, der die arttypischen Verhaltensmuster untersucht, die einen Teil der biologischen Anpassung des Tieres an seine Umwelt bilden. In den vierziger und fünfziger Jahren ging die Tendenz des Begriffes hin zu der zusätzlichen nicht-formalen Nebenbedeutung, daß eine Person, auf die er angewandt wurde, bei ihrer Arbeit vor allem von den Lorenzschen Verhaltenstheorien geleitet würde. In jüngerer Zeit wurde jedoch klar, daß die Wissenschaftler, die über Probleme und mit Methoden arbeiten, die beide als „ethologisch" gekennzeichnet werden, keineswegs den monolithischen Meinungsblock bilden, der durch seine Treue zu einer bestimmten Gruppe von Theorien zusammengehalten wird. Der Begriff „Ethologe" muß sich folglich auf eine Gruppe von Menschen beziehen, die durch ihr gemeinsames Interesse daran charakterisiert sind, das Verhalten von Tieren in Beziehung zu ihrer natürlichen Umwelt (einschließlich den eigenen Artgenossen) zu verstehen.

Von Anfang an wurde das Lorenzsche Denken sehr stark von der Vorstellung bestimmt, daß es immer möglich und auch nützlich sei, „angeborene" und „erworbene" Verhaltenselemente auseinanderzuhalten. Entsprechend erklärt Lorenz (1965), daß „die Bedeutung, die die Ethologen der Unterscheidung zwischen angeboren und erlernt beimessen, schwerlich überschätzt werden könne". Vor fünfzehn Jahren etwa veröffentlichten drei nordamerikanische Psychologen (Hebb 1953; Lehrman 1953; Schneirla 1956) Abhandlungen, die jede auf ihre Weise zum einen Skepsis gegenüber dem heuristischen Wert der traditionellen Unterscheidung zwischen „angeboren" und „erworben" anmeldeten und zum anderen an der Realität dieser beiden Begriffe als Klassen zweifelten, in die jedes gegebene Verhaltenselement unzweideutig eingeordnet werden könnte. In den Jahren seither ergab sich eine Diskussion beträchtlichen Ausmaßes, deren Mittelpunkt diese Kritik bildete (Eibl-Eibesfeldt 1961; Lorenz 1961; Thorpe 1963a, 1963b; Tinbergen 1963; Schneirla 1966) und die in Lorenz' jüngstem Buch *Evolution and Modification of Behavior* (1965) ihren Höhepunkt erreichte.

Da ich der Autor einer der Arbeiten war, die diese Diskussionsserie einleiteten (Lehrman 1953), und da ich in den dazwischenliegenden fünfzehn Jahren keinen weiteren direkten Diskussionsbeitrag veröffentlicht habe (obgleich ich natürlich meine Arbeit während dieser Zeit als Illustration meines Standpunktes ansehe), möchte ich die Gelegenheit, die mir diese Gedenkschrift für den verstorbenen T. C. Schneirla bietet, dazu nutzen, den gegenwärtigen Stand der Diskussion unter besonderer Berücksichtigung des jüngsten Lorenzschen Versuchs einer abschließenden Lösung (1965) zu kommentieren. Dies ist besonders deswegen angemessen, da ich Schneirla, der mein Lehrer war, für den schöpferischsten, pointiertesten und konsequentesten modernen Vertreter der Anschauung halte, daß der Gebrauch von Dichotomien wie „angeboren" und „erworben" sich für die Verhaltensanalyse eher restriktiv als instruktiv auswirkt.

I. Semantik, Begriffe und Tatsachen

Wenn sich gegensätzliche Gruppen intelligenter, hochgebildeter, fähiger Wissenschaftler jahrelang fortwährend über eine Angelegenheit, die sie für wichtig halten, uneins sind und sich sogar erbittert streiten, dann muß früher oder später offenkundig werden, daß es sich dabei nicht um einen tatsächlichen Widerspruch handelt: dieser Widerspruch läßt sich auch nicht einfach dadurch auflösen, daß man die Aufmerksamkeit der Mitglieder der einen Gruppe (oder sogar der anderen!) auf die Existenz neuer Daten lenkt, die ihnen endgültige Klarheit verschaffen werden. Weiterhin wird zunehmend deutlich, daß es keine entscheidenden Experimente geben kann, die die eine der beiden antagonistischen Gruppen dazu bringen könnten, ihren Standpunkt zugunsten der Auffassung der anderen Gruppe aufzugeben. Wenn all dies, wie ich glaube, der Fall ist, dann sollten wir überlegen, welche Rollen in dieser Meinungsverschiedenheit die folgenden Aspekte spielen: zum einen die semantischen Schwierigkeiten, die aus verborgenen Unterschieden in der Art und Weise entstehen, wie verschiedene Menschen mit denselben Worten arbeiten, oder wie dieselben Menschen dieselben Worte zu unterschiedlichen Zeiten gebrauchen, zum anderen die Unterschiede in den Begriffen, die verschiedene Forscher verwenden (d. h. in der Art und Weise, wie sie Tatsachen in Kategorien einteilen), und schließlich die Unterschiede in ihrer Ansicht über das, was ein wichtiges und was ein unwichtiges Problem sei, oder besser noch: was ein interessantes und was ein uninteressantes Problem sei.

1. *Die Kritiken an der Dichotomie von Anlage und Umwelt*

a) Die Wechselwirkung von Anlage und Umwelt

Hebb (1953) machte geltend, es sei irreführend, eine Dichotomie zwischen „angeborenen" und „milieudeterminierten" Verhaltensmustern in der Absicht anzunehmen, jedes Verhaltenselement der einen oder der anderen dieser beiden Klassen zuzuordnen: die Einflüsse von Anlage und Umwelt würden ja nicht auf verschiedene Teile des Verhaltens (oder des Organismus) ausgeübt, sondern sie wären auf unterschiedliche Art und Weise bei der Entwicklung *derselben* Elemente wirksam. Damit ist ziemlich genau der Kern des Begriffs „angeboren" getroffen, wie ihn Lorenz früher gebrauchte; hat er doch immer zu verstehen gegeben, wenn man das Verhalten nur in angemessen definierte Elemente aufteilen könnte, so müßte es unzweideutig möglich sein festzustellen, welche Elemente voll und ganz angeboren und welche durch „Lernen" beeinflußt wären. Tatsächlich bestand ja auch die Methode, mit der Lorenz charakteristischerweise die Rolle des Lernens bei der Verhaltensentwicklung behandelte, darin, eine Verflechtung von angeborenen und erlernten Elementen, die eine Kette bildeten, oder von Situationen anzunehmen, in denen ein klar definierter Aspekt des Verhaltens (z. B. seine Form) angeboren sei, während ein anderer ebenso klar definierter Aspekt (z. B. seine Orientierung zur Umwelt) als erlernt beschrieben werden könne.

Dieses Argument Hebbs bezeichnet Lorenz (1965)[1] als das „erste behavioristische Argument".

[1] Alle weiteren Verweise auf Lorenz beziehen sich auf Lorenz (1965), wenn nicht anders vermerkt.

b) Die Rolle der Umwelt bei der Entwicklung arttypischen Verhaltens

Lehrman (1953) und Schneirla (1956) betonten ein etwas andersartiges Argument, das auch von Hebb erwähnt wurde. Sie weisen darauf hin, daß die Ontogenese der artspezifischen Verhaltensmuster oft von Umwelteinflüssen abhängen kann, die mit Prozessen innerhalb des Organismus in allen Stadien der Entwicklung in Wechselwirkung stehen; dies geschieht auf eine Art und Weise, die es als irreführend erscheinen läßt, wenn diejenigen Verhaltensmuster, die von gewöhnlichem Lernen abhängig zu sein scheinen, als „erlernt", diejenigen Muster aber, die nicht davon abhängig sind, als „angeboren" bezeichnet werden, zumal wenn durch diese Etikettierung mit angedeutet ist, daß beide Verhaltensmuster dichotomisch unterschiedliche Entwicklungsursprünge haben. Besonders Schneirla (1966) hat den Begriff der „Erfahrung" gebraucht, und er hat damit alle Arten stimulierender Wirkungen im Auge, die von der Umwelt ausgehen; diese Wirkungen reichen von biochemischen und biologischen, mit Reizen verbundenen Prozessen (diese haben bestimmte Wirkungen auf das sich entwickelnde Nervensystem) bis hin zu dem, was wir gewöhnlich Konditionierung und Lernen nennen. Er spricht von Reifung als von „den Beiträgen, die Wachstum und Gewebedifferenzierung zur Entwicklung leisten, zusammen mit den organischen und funktionellen Spurenwirkungen, die von einer früheren Entwicklung überlebt haben". Früher hatte ich gesagt (Lehrman 1953):

„Der ‚Instinkt' ist augenscheinlich in der Zygote nicht vorhanden. Genauso offensichtlich ist er aber in dem Verhalten des Tieres nach dem entsprechenden Alter da. Für den Forscher, der eine Kausalanalyse des Verhaltens vornehmen möchte, lautet das Problem: Wie entstand dieses Verhalten? Die Verwendung von erklärenden Kategorien wie ‚angeboren' und ‚genetisch fixiert' verdunkelt die Notwendigkeit, Entwicklungs*prozesse* zu erforschen, um einen Einblick in die tatsächlichen Mechanismen des Verhaltens und ihre Wechselbeziehungen zu gewinnen. Das Problem der Entwicklung ist das Problem, wie sich neue Strukturen und Handlungsmuster aus der Auflösung der Wechselwirkung *bestehender* Strukturen und

Muster heraus innerhalb des Organismus und seiner inneren Umwelt und zwischen dem Organismus und seiner äußeren Umwelt entwickeln. In jedem Entwicklungsstadium entstehen die neuen Merkmale aus den Wechselwirkungen innerhalb des *augenblicklichen* Stadiums und zwischen dem *augenblicklichen* Stadium und der Umwelt. Die Wechselwirkung, aus der sich der Organismus entwickelt, ist *nicht* etwa, wie so oft gesagt wird, eine Wechselwirkung zwischen Anlage und Umwelt. Es ist eine Wechselwirkung zwischen *Organismus* und Umwelt! Und der Organismus ist in jedem verschiedenen Stadium seiner Entwicklung unterschiedlich."

Der Abschnitt meiner Arbeit, in dem ich diese Bemerkungen machte, war „Anlage contra Umwelt – oder Entwicklung?" überschrieben.

Aus diesen Zitaten sollte deutlich sein, daß Schneirla und ich (und Hebb auf etwas andere Art) *nicht* sagen wollten, Lernen wäre allein wichtig, während wir die traditionelle Dichotomie akzeptierten, daß Reifung ein Entfalten genetisch determinierter anatomischer, physiologischer und Verhaltensmuster sei (Schneirla 1966); und *nicht,* daß der Einfluß der Umwelt allein in einer Konditionierung oder im Lernen durch Versuch und Irrtum bestünde: vielmehr stellten wir den Wert der Dichotomie selbst in Frage, *ohne* bei ihr die eine oder andere Seite besonders zu betonen.

Lorenz nennt diesen Diskussionstyp das „zweite behavioristische Argument".

2. Einige Definitionsprobleme

Meine erste wichtige Aufgabe ist es, einige semantische Probleme zu überprüfen: d.h. solche Probleme, die dadurch auftreten, daß Worte als Etikette gebraucht werden. Dies kompliziert die eigentlichen Probleme, welche sich aus den Vorstellungen ergeben, auf die die Worte ursprünglich angewandt werden sollten.

a) Wer ist ein Ethologe?

Was bedeutet die Tatsache, daß Lorenz die Hauptüberlegungen, die von Hebb, Schneirla und mir vorgebracht wurden, als „behavioristische" Argumente bezeichnet? Den Hintergrund dieser Etikettierung bilden die wiederholten Behauptungen von Lorenz und anderen Autoren, diese Kritiken seien aus der Tatsache entstanden, daß ihre Verfasser Psychologen und daher unfähig seien, biologische Probleme zu verstehen. Lorenz bezieht sich auf „amerikanische Psychologen" als die Quelle der Kritik an seinen Ideen und deutet wiederholt an, diese Kritiker schrieben den Biologen Gedanken zu, die diese gar nicht hätten; stillschweigend wird dadurch unterstellt, diese Kritiker seien als Psychologen für Überlegungen, die für Biologen wichtig sind, gar nicht empfänglich.

Aus verschiedenen Gründen ist diese Art der Etikettierung kein besonders konstruktiver Beitrag zu einer Diskussion über die Probleme der Vererbung und Entwicklung. Zum einen ähneln die Ansichten von Biologen wie Hinde (1966) und Tinbergen (1963) sehr den Vorstellungen, die diese „amerikanischen Psychologen" vertreten; die Folgerung, daß sie unzulässigerweise von fremder Einmischung in ihr Arbeitsgebiet beeinflußt worden seien, ist alles andere als respektvoll.

Zum anderen tendiert diese Art der Etikettierung dahin, ein Vorurteil gegen die bezeichnete Person zu erwecken (oder auch zu offenbaren), das (beabsichtigt oder nicht) eine volle Würdigung ihres Diskussionsbeitrags verhindert. Es ist nur allzu leicht, sich gegen ein Argument zu verschließen, indem man ganz einfach feststellt, es komme von einem Außenseiter.

Schließlich ist der Begriff „Behaviorist" auch ein Affront gegen T.C. Schneirla. Seine lebenslange Arbeit bestand darin, überlegt, durchdringend und wohlfundiert die Rolle physiologischer, sozialer und ökologischer Prozesse und der Integrierungen zwischen ihnen zu analysieren, die bei der Entwicklung und Regulierung der Verhaltensmuster auftreten, durch die die Treiberameisen (*Eciton*) ihrer Umwelt angepaßt werden; in gleicher Weise untersuchte er, wie sich verschiedene Arten dieser Ameisen voneinander unterscheiden, ferner die Mechanismen, die diese Artunterschiede bewirken, und schließlich die Evolution dieser Gruppe. Seine Arbeit war nicht im entferntesten mit der Tradition amerikanischer „Ratten-Psychologie" verwandt, auf die sich Lorenz mit dem Begriff „Behaviorismus" bezieht. Was mich betrifft, so war der Grund für den Entschluß, zusammen mit Schneirla zu forschen, identisch mit dem Grund für den Entschluß, tierisches Verhalten zu studieren: ich wollte das Verhalten von Vögeln verstehen, wie ich es in meiner Jugend in der Natur beobachtet hatte. Falls Lorenz taktvoll zu sein beabsichtigte, als er darauf hinwies, daß man Schneirla und mich nicht für Biologen halten sollte, dann erreichte seine Absicht nicht ihr Ziel. Ich würde viel lieber als dumm gelten!

Ich sollte jedoch nicht auf irrationale und emotionsgeladene Elemente in der Art, wie Lorenz auf Kritik reagiert, hinweisen, ohne zuzugeben, daß ich bei einer Durchsicht meiner Kritik an seiner Theorie aus dem Jahre 1953 Elemente von Feindseligkeit entdecke, auf die ihr Ziel ja zwangsläufig reagieren mußte. In meinen Augen liest sich meine Kritik jetzt nicht wie eine Analyse eines wissenschaftlichen Problems, verbunden mit einer Würdigung des Beitrags, den ein besonderer Standpunkt dazu leistet; sie erscheint mir eher wie ein Angriff auf einen theoretischen Standpunkt, bei dem der Verfasser des Angriffs gar nicht daran interessiert war, auf die positiven Beiträge hinzuweisen, die dieser Standpunkt geliefert hatte. Der Mangel meiner Kritik ist, daß sie nicht ausdrückt, was ich, selbst damals, als Lorenz' großen Beitrag zur Formulierung der Probleme der Evolution und der Funktion des Verhaltens betrachtete, und daß sie nicht seine Leistung bei der Begründung einer Schule würdigt, die von der grundlegenden Vorstellung ausgeht, daß das artspezifische Verhalten ein Teil der Anpassung des Tieres an seine natürliche Umwelt sei. (Dies ist ein geeigneter Punkt für die Bemerkung, daß ich auch jetzt noch zu allen Ideen meiner damaligen Kritik stehe!)

b) Die Bedeutungen von „angeboren" und die Bedeutungen von „ererbt"

In verschiedenen Zusammenhängen haben die Begriffe „angeboren" und „ererbt" beide wenigstens zwei verschiedene Bedeutungen; diese beziehen sich nicht auf dieselben Prozesse, kommen auch nicht durch dieselben Verfahrensweisen zustande und stehen auf vollkommen unterschiedliche Art zum Problem der Entwicklung in Beziehung: sie werden aber oft miteinander verwechselt.

Wenn ein Genetiker eine Eigenschaft als ererbt bezeichnet, glaubt er in der Lage zu sein, die Verteilung dieser Eigenschaft in einer

Nachkommenschaft aufgrund seiner Kenntnis der Verteilung der Eigenschaft in der Elterngeneration und der Paarungsmuster in dieser Generation vorauszusagen. Er zieht dabei *nicht* unbedingt irgendwelche Schlüsse hinsichtlich der Entwicklungsprozesse, die bei der Ontogenese der Eigenschaft eine Rolle spielen, oder selbst hinsichtlich des Ausmaßes, in dem sie Veränderungen unter Umwelteinfluß unterworfen ist. Anders ausgedrückt: eine Eigenschaft darf „ererbt", „erblich" oder „vererbbar" genannt werden, wenn nachgewiesen werden kann, daß die Variation dieser Eigenschaft von Individuum zu Individuum eher aus Unterschieden in der genetischen Konstitution oder dem Genom der verschiedenen Individuen herrührt als aus Unterschieden in der Art der Umwelt, in der sie aufgezogen wurden, oder in der Art, in der sie behandelt wurden. Die Tatsache nun, daß Zuchtwahl (d.h. wenn die nachfolgenden Generationen nur aus Individuen bestehen sollen, die aus Paarungen solcher Mitglieder der Elterngeneration stammen, die aufgrund des Vorhandenseins oder Fehlens einer spezifischen Eigenschaft oder einiger spezifischer Eigenschaften ausgesucht wurden) auffallende Veränderungen in den Eigenschaften der Gruppe der Organismen zur Folge haben kann, bedeutet sicherlich, daß die Eigenschaft vererbbar ist; es beweist aber keineswegs, daß *dieselbe* Eigenschaft nicht durch die Umwelt beeinflußt werden kann. Ein Genom, das durch Zuchtwahl in einer bestimmten Umwelt entstanden ist, kann ganz unterschiedliche phänotypische Eigenschaften in einer zweiten Umwelt haben, während eine Umweltveränderung, die einen großen Einfluß auf die phänotypische Entwicklung eines bestimmten Genoms hat, keinerlei Wirkung auf die Entwicklung eines anderen zu haben braucht (Haldane 1946).

Genetiker haben dieses Problem in der Weise behandelt, daß sie die Begriffe „Erblichkeit" und „Umwelteinfluß" in bezug auf eine gegebene Eigenschaft auf eine Schätzung des Ausmaßes der tatsächlich beobachteten Variabilität dieser Eigenschaft beschränkten, die Veränderungen in den verschiedenen Genomen zugeschrieben werden kann, die *tatsächlich geprüft* wurden, und auf das Ausmaß, das der Verschiedenartigkeit des Milieus zugeschrieben werden kann, in denen Organismen mit diesen Genomen *tatsächlich aufwuchsen.* Damit schließen sie nicht von vornherein die Möglichkeit aus, daß andere Gene als die, die geprüft wurden, eine Wirkung auf die Eigenschaft haben könnten bzw. daß andere Milieus als die, die untersucht wurden, unvorhersagbare Veränderungen in der phänotypischen Erscheinung eines gegebenen Genoms verursachen können. Vom Standpunkt der Genetik aus gesehen hat folglich die Tatsache, daß eine Eigenschaft in einer gegebenen Umwelt (z. B. der „normalen" Umwelt) auffallend durch Zuchtwahl (wie etwa durch Kreuzungsversuche) beeinflußt sein kann, nicht direkt etwas mit der Frage zu tun, ob Umweltveränderungen während der Entwicklung des Organismus eine Wirkung auf die Art der Entwicklung des adulten Phänotyps haben könnten oder nicht.

Es gibt jedoch noch eine *zweite* Bedeutung, die implizit oder explizit den Worten „angeboren" oder „vererbbar" oder „ererbt" von Verhaltensforschern und ganz allgemein von Nichtgenetikern zugeschrieben wird. Dies ist die Bedeutung der *Entwicklungsstarrheit;* d.h. daß der Organismus während der Entwicklung für Umwelteinwirkungen unzugänglich ist und er so Eigenschaften entwickeln *muß*,die „in den Genen" vorher organisiert waren, unabhängig von der Umwelt, in der er aufwuchs. Nun versuche ich an dieser Stelle *nicht*, die Frage zu diskutieren, ob es so etwas wie Entwicklungsstarrheit gibt, oder ob der Begriff „angeboren", der so viel heißt wie: nicht veränderbar durch Umwelteinflüsse, ein für die Anwendung auf Verhaltenseigenschaften brauchbarer und sinnvoller Begriff ist. Ich versuche lediglich darauf hinzuweisen, daß der Begriff des „Angeborenseins", sofern er sich auf Entwicklungsstarrheit bezieht, ein *anderer* Begriff ist; er existiert in einer Dimension, die von dem Begriff „veränderbar durch Zuchtwahl", was so viel heißt wie „veränderbar durch natürliche Auslese", verschieden und zu ihm nicht parallel ist.

Jedem unbefangenen Beobachter der Literatur über tierisches Verhalten muß aber auffallen, daß diese beiden unterschiedlichen und unvereinbaren Begriffe sehr oft implizit in dem einen Gebrauch des Terminus „angeboren" vermengt werden. Das tut zum Beispiel auch Lorenz, wenn er in einer Erörterung darüber, ob der Gebrauch des Begriffs „angeboren" zulässig ist, zugleich die Tatsache als Beweis anführt, daß der Abkömmling eines Hybriden an den Verhaltenseigenschaften beider Elternarten teilhat, wie auch die Tatsache, daß Lernen die Entwicklung dieser betreffenden Verhaltenseigenschaften nicht beeinflußt.

c) Der Gebrauch des Begriffs „angeboren" bei Lorenz

Lorenz arbeitete weder die im vorigen Abschnitt skizzierte Unterscheidung noch die durch sie aufgeworfenen Probleme heraus, weil seine jüngste Auseinandersetzung damit in etwas andere Begriffe gefaßt war. Er hat jedoch eine sehr interessante Lösung des Problems, so wie er es sieht, vorgeschlagen. Er stellt fest, daß der Begriff „angeboren" „grundsätzlich niemals auf Organe oder Verhaltensmuster angewandt werden sollte, selbst wenn ihre Veränderbarkeit unbedeutend sein sollte". Er hält es indes für richtig, wenn eine besondere *Eigenheit* einer Nervenstruktur als „angeboren" bezeichnet wird, wie etwa ihre Fähigkeit, aus dem Bereich der verfügbaren möglichen Reize denjenigen Reiz auszuwählen, der in spezifischer Weise ihre Aktivität auslöst; damit wird auch die Reaktion, die der Beobachter sieht, „angeboren" genannt. Vermutlich wäre die Eigenheit der Nervenstruktur, die ein besonderes Bewegungsmuster entstehen läßt, auch solch eine Eigenheit von der Art, die Lorenz „Eigenschaft" nennt. Damit unterscheidet er einerseits zwischen Organen, Strukturen und Verhaltensmustern, die seiner Ansicht nach nicht „angeboren" genannt werden sollten, und andererseits zwischen besonderen Eigenheiten dieser Organe, Strukturen und Verhaltensmuster, durch die sie an die entsprechende Umwelt angepaßt sind. Selbst wenn zum Beispiel ein Tier ohne vorhergehende visuelle Erfahrung zur entsprechenden Zeit in seiner Entwicklung nichts sehen kann, könnte es seiner Meinung nach dennoch sein, daß einige der spezifischen Reaktionen des Tieres mit spezifischen visuellen Reizkonfigurationen in Verbindung gebracht werden könnten, wenn es geeignete Erfahrung gehabt hatte (d.h. Erfahrung des Lichtes oder der Konturen usw.); dabei wäre es *nicht* nötig, daß das Tier irgendwelche *spezifische* visuelle Erfahrung gehabt hatte, die seine Reaktion auf diese und nicht etwa auf andere visuelle Reize erklären würde. In diesem Zusammenhang behauptet er, die „Information", daß die Nachfolge-Reaktion einer bestimmten Fischart eher durch die charakteristische Farbe des Mutterfisches dieser Art ausgelöst wird als durch andere Farben, dürfe mit Recht „angeboren" genannt werden, wenn gezeigt werden könne, daß ein Fisch, der sehen kann, auch ohne entsprechende vorhergehende Erfahrung vorzugsweise dieser Farbe folgt, obwohl es sich dabei herausstellen könnte, daß die Entwicklung visueller Fähigkeiten in erster Linie die Erfahrung von Licht erforderte. In dieser Situation würde Lorenz nicht die visuelle Fähigkeit als solche angeboren nennen, sondern nur eine spezifische Eigenheit im visuellen System des Fisches: daß das Tier nämlich fähig sei, selektiv auf die entsprechende Farbe zu reagieren, wenn es in der Nachfolge-Stimmung wäre.

Diese Unterscheidung wird im Interesse einer weit grundsätzlicheren Unterscheidung vollzogen, die das Hauptargument des Lorenzschen Buches und den wesentlichen Grund seines Beharrens darauf bildet, daß der Begriff des „Angeborenseins" ein objektiver und notwendiger sei. Kurz gesagt, stellt Lorenz folgendes fest: Wenn ein Verhaltensmuster einem bestimmten Aspekt seiner Umwelt angepaßt wird, kann die „Information", die die Eigenheiten definiert, durch die das Verhaltensmuster der Umwelt angepaßt wird, in das Verhaltensmuster des Tieres entweder durch „die adaptiven Prozesse der Evolution" oder durch „individuellen Informationsgewinn" eingegangen sein. Mit „adaptiven Prozessen der Evolution" verweist Lorenz auf die Herausbildung des Genoms durch natürliche Auslese, so daß die genetisch-komplexe Eigenschaft eines Individuums das Resultat einer Geschichte der Auswahl solcher Gene sei, die in der natürlichen Umwelt diejenigen Eigenschaften entstehen lassen, die für diese Umwelt adaptiv sind, einschließlich der Verhaltenseigenschaften. Dies ist eine Art historischen Prozesses von „Versuch und Irrtum", bei dem Mutationen, die zu nützlichen (d.h. adaptiven) Resultaten führen, beibehalten werden, während Mutationen, die zu schädlichen (d.h. nicht adaptiven) Resultaten führen, verschwinden. Mit „individuellem Informationsgewinn" meint Lorenz individuelles Lernen.

Lorenz folgert hierbei so: Verhaltenseigenschaften, die für bestimmte Punkte der Umwelt adaptiv sind, müssen als „angeboren" angesehen werden, wenn ihre Quelle oder Herkunft durch die Einbeziehung von Genen in das Genom mittels natürlicher Auslese bestimmt ist; sie müssen aber als „erlernt" gelten, wenn ihre Quelle ein Wandel im Verhalten des Tieres ist, der aus dessen individueller Erfahrung eben dieser Umwelt resultiert.

Bis zu diesem Punkt ist es meine Absicht gewesen, den Verhaltenstyp zu umreißen, über den gegensätzliche Ansichten geäußert wurden, dazu – wenn auch nur kurz – die Natur der Meinungsverschiedenheiten zu skizzieren und auf einige Probleme hinzuweisen, die mit der strittigen Begriffsbestimmung zusammenhängen. Ich möchte mich jetzt der Betrachtung einiger begrifflicher Probleme zuwenden und dabei darauf eingehen, wie verschiedene Forscher in ihrer Beurteilung der Bedeutung verschiedener Fragen uneins sind, selbst wenn sie über die betreffenden Tatsachen einer Meinung sind.

II. Veränderung und Entwicklung

1. *Genetische Veränderung contra Entwicklungsprozeß*

Wenn wir zwei Tiere in derselben Umwelt aufziehen und sie unterschiedliche Verhaltensmuster entwickeln, dann ist es vollkommen klar, daß der Unterschied in den Verhaltensmustern von Unterschieden in der genetischen Konstitution der Tiere und nicht etwa von Unterschieden in der Umwelt abhängt. Man könnte diese *Unterschiede* als „angeboren" bezeichnen, wenn man damit nur sagen will, daß sie von Unterschieden im Genom abhängen. Dieser Gebrauch des Begriffs „angeboren" wäre sinnvoll und nützlich, vorausgesetzt man ließe gelten, daß die Beobachtungen, die den Schluß rechtfertigten, der Unterschied zwischen den beiden Tieren sei ein genetischer Unterschied, nicht notwendig irgendwelche Aussagen – *gleich* welcher Richtung – über das Ausmaß implizierten, in dem die Entwicklung der betreffenden Eigenschaft bei jedem der beiden Tiere durch Umweltveränderungen beeinflußbar sei.

In genau dieser Situation befinden wir uns, wenn wir verschiedene Arten, die in ähnlichen Umgebungen leben und unterschiedliches Verhalten zeigen, miteinander vergleichen. Die Unterschiede zwischen den Arten entstehen offensichtlich aus genetischen Unterschieden; bei der Analyse dieser Unterschiede und ihrer stammesgeschichtlichen Beziehungen sowie der stammesgeschichtlichen Ursprünge einzelner Verhaltensmuster ist es folglich vollkommen zweckmäßig, wenn man genetische Termini und solche Begriffe gebraucht, die aus Überlegungen über evolutive Anpassung stammen.

Keine dieser Überlegungen bezieht sich jedoch wirklich auf die Frage nach dem ontogenetischen Ursprung, die in einem gewissen Grade eine andersartige Frage ist.

Um ein ziemlich einfaches Beispiel heranzuziehen, wollen wir einen Aspekt des Problems betrachten, welche Rolle Verhaltensmuster bei der Artenbildung spielen. Aus einer existenten Art gehen zwei Arten hervor, wenn zwei Teile der ursprünglichen Population geographisch voneinander getrennt werden und wenn sie unter den Bedingungen der geographischen Trennung (d.h. wenn keine Gene zwischen der einen und der anderen Population ausgetauscht werden) genetisch so unterschiedlich voneinander werden, daß sie sich auch dann nicht kreuzten, wenn die geographische Schranke beseitigt würde. Dies kann vorkommen, weil sie sich in der Zeit geographischer Isolation als ein Resultat der Anpassung an leicht unterschiedliche Umgebungen in leicht unterschiedliche Richtungen entwickelten; es könnte aber auch eintreten, weil die Populationen klein genug waren, so daß sich seltene Mutationen zufällig in unterschiedlicher Häufigkeit in den beiden Populationen ereigneten; oder es könnte aus irgendeiner Kombination dieser oder ähnlicher Faktoren resultieren. Was auch immer der Grund sein mag: jede der beiden Populationen kann schließlich mehr oder weniger homogen aus Individuen bestehen, die sich genügend von den Individuen der anderen Population unterscheiden, so daß sie nicht mehr länger in dem Maße bereit sind, sich mit ihnen zu paaren, wie mit Angehörigen ihrer eigenen Population. Dies kann der Fall sein, weil die Angehörigen der beiden Populationen unterschiedliche Biotope vorziehen und sich daher nicht begegnen; es kann zutreffen, weil das Balzverhalten eines Angehörigen der einen Population für einen Angehörigen der anderen Population nicht mehr ausreichend stimulierend ist, oder aber auch aus einer Vielzahl anderer Gründe verhaltensmäßiger, ökologischer oder morphologischer Art. Nun kann es sein, daß diese „reproduktive Isolation" zu dem Zeitpunkt, an dem die geographische Schranke zwischen den beiden Populationen verschwindet, nicht vollständig ist. Es kann sein, daß sich zu dem Zeitpunkt, an dem es den beiden Populationen geographisch möglich wäre, sich noch einmal zu vermischen, nur eine relative Isolation entwickelt hat, die man als eine quantitative Präferenz dafür definieren kann, sich eher mit einem Angehörigen der eigenen

Population des Tieres zu paaren als mit einem Angehörigen der anderen Population. In diesem Fall kann mehreres geschehen, wobei die Extreme durch zwei alternative Resultate gekennzeichnet sein könnten: (a) wenn die beiden Populationen sich genügend ähneln, so daß Hybriden (Bastarde) zwischen ihnen genauso wie Angehörige jeder der beiden Populationen in den gegebenen Biotopen überleben können, dann können die beiden Populationen ganz einfach verschmelzen, wenn die Gene der einen Population durch die andere vermittels der Hybridenpaarungen an den Punkten verbreitet werden, wo die Populationen einander begegnen; und (b) können die beiden Populationen so verschieden voneinander und an so unterschiedliche Biotope angepaßt sein, daß die Hybriden zwischen ihnen zum Überleben in *keinem* der Biotope so gut angepaßt sein werden, wie es jeder Angehörige der beiden Populationen zumindest in *einem* Biotop ist. Im Vergleich zu den Nachkommen der Angehörigen jeder der beiden Populationen werden diese Hybriden in einem selektiven Nachteil sein. In diesem Falle werden die Hybriden durch natürliche Auslese beseitigt werden; das heißt, daß zumindest in der Überlappungszone zwischen den beiden Populationen nur die Genome überleben, die in diesem Biotop eine Präferenz gegen das Paaren mit einem Angehörigen der anderen Population garantieren (Mayr 1942).

Dieser Prozeß kann im Labor experimentell reproduziert werden. Zum Beispiel ließ Koopman (1950) Individuen zweier Arten der Fruchtfliege *Drosophila* sich Partner in einer gemischten Population auswählen. Wie aus den Merkmalen der Larven ersichtlich war (die Tiere besaßen ein Markierungsgen, das die Unterscheidung eines Hybriden von reinrassigen Tieren im Larvenstadium ermöglichte), ergab sich dabei in bescheidenem Maß eine Präferenz für eine Paarung innerhalb der Art. Er entfernte alle hybriden Larven und ließ dann die übriggebliebenen Angehörigen der zweiten Generation sich wiederum Partner aus einer gemischten Population wählen, die jetzt nur aus der Nachkommenschaft solcher Tiere bestand, die Angehörige ihrer eigenen Art zur Fortpflanzung gewählt hatten. Er wiederholte diesen Prozeß über mehrere Generationen mit der Absicht, auf diese Weise solche Gene zu eliminieren, die die Auswahl eines Partners aus der „falschen“ Art ermöglichten. Das Ergebnis war, daß sich das Maß der reproduktiven Isolation (d. h. die Stärke der Tendenz, sich einen Partner innerhalb der eigenen Art auszuwählen) allmählich vergrößerte.

In all diesen Beispielen erreichte man die Eigenschaften, die dafür sorgten, daß sich die Tiere nur mit Angehörigen der eigenen Population paaren, allein durch eine Auslese, die gegen solche Gene gerichtet war, die eine ungünstige Paarungswahl ermöglichten. Das heißt, man erreichte sie durch adaptive Prozesse der Evolution. Dieser Prozeß ist in der Natur durchaus alltäglich; vermutlich hat er in beinahe jedem Fall stattgefunden, in dem sich zwei eng verwandte Arten in demselben Gebiet fortpflanzen. Wächst jedoch ein Tier zusammen mit Angehörigen einer anderen eng verwandten Art auf, dann wird sich bald folgendes herausstellen: in einigen Fällen, wie etwa beim Gelbschnabelkuckuck (*Coccygus americanus*), haben die Bedingungen, unter denen die Tiere aufwachsen, keinerlei Wirkung auf die Paarungspräferenzen; in anderen Fällen dagegen, wie etwa bei einigen Taubenarten (Whitman 1919), können die Paarungspräferenzen stark beeinflußt werden, und zwar genau in Richtung auf eine Bereitschaft, sich mit einem Angehörigen der „Pflege“-Art zu paaren (Mayr und Dobzhansky 1945)! In beiden Fällen wurden die Eigenschaften des Tieres, die unter normalen Umständen für seine absolute Präferenz für eine Paarung mit einem Angehörigen der eigenen Art verantwortlich sind, durch natürliche Auslese, durch Zuchtwahl, durch „die adaptiven Prozesse der Evolution“ übernommen. Aber in einem Fall ist bei diesen Eigenschaften eine gewisse Rolle des Lernens mit eingeschlossen, im anderen Fall nicht! Die Natur wählt im Hinblick auf die *Resultate* aus: ihr ist es gleichgültig, wie dieses Resultat zustandekommt, ob durch die Entwicklung derjenigen Eigenschaften des Tieres, die es ihm unmöglich machen, auf Reize, die Angehörige der anderen Art darbieten, zu reagieren, oder ob durch die Entwicklung derjenigen Eigenschaften, die das Tier veranlassen, eine Paarung mit einem Angehörigen derjenigen Art vorzuziehen, der es zu Beginn seines Lebens begegnete!

Nun möchte ich damit nicht im Traum behaupten, Lorenz, der Entdecker der Prägung, kenne all das nicht, was ich gerade gesagt habe; und ich bin mir bewußt, daß er diese Tatsachen dahingehend deuten würde, daß die Präferenz des Gelbschnabelkuckucks „angeboren“ wäre und die der Taube „erlernt“. Ich weise lediglich auf folgendes hin: Wenn ein Wissenschaftler nicht voll und ganz davon überzeugt ist, daß die Eigenschaften, die von der Art durch den Prozeß der natürlichen Auslese übernommen wurden, sich *aufgrund dieser Tatsache* gegenüber individueller Erfahrung als unveränderbar erweisen, dann macht er sich notwendig „eines sehr tiefen Mißverständnisses biologischer Denkweisen" oder „eines Mangels an Vertrautheit mit phylogenetischem und genetischem Gedankengut" (Lorenz 1965) schuldig.

Mit dem soeben angeführten Beispiel will ich nur dies deutlich machen: der klarste genetische Beweis dafür, daß eine Eigenschaft eines Tieres in dem Sinne genetisch determiniert ist, daß sie durch den Prozeß der natürlichen Auslese zustandegekommen ist, entscheidet überhaupt keine Fragen im Hinblick auf die Entwicklungsprozesse, durch welche die phänotypische Eigenschaft während der Ontogenese ausgebildet wird.

2. *Genetik und Entwicklungsstarrheit*

Beim Krebs *Gammarus* hängt der Unterschied zwischen der normalen roten Augenfarbe und einer Mutante mit schokoladenfarbenen Augen von einer einzigen Mutation ab, welche die Ablagerungsrate eines Augenpigments während eines bestimmten Entwicklungsstadiums beeinflußt. Wenn die Mutante unterhalb einer bestimmten Temperaturschwelle aufwächst, entwickeln sich die Augen rot; bei Zwischentemperaturen ergeben sich dazwischenliegende Augenfarben (Ford und Huxley 1927).

Variationen bei der Flügelstruktur von *Drosophila melanogaster* können durch eine große Menge genetischer Mutationen beeinflußt sein (Morgan, Sturtevant, Muller und Bridges 1923). Diese Mutationen haben außerdem Auswirkungen auf die Flugfähigkeit des Tieres. Verschiedene Fliegen eines einzelnen Genotyps können normal, schwach oder überhaupt nicht zu fliegen in der Lage sein, je nach der Temperatur, bei der sie aufwuchsen (Harnly 1941).

Diese beiden Beispiele (die, wie ich schnell hinzufügen darf, einen Biologen überhaupt nicht überraschen) zeigen, daß dieselben Gene zu unterschiedlichen phänotypischen Resultaten führen können, wenn das Tier während der Entwicklung unterschiedlichen

Umwelteinflüssen ausgesetzt ist. Stellt man sich dagegen vor, aus Gründen, die nichts mit den Mechanismen der Augen- oder Flügelentwicklung zu tun haben, seien *Gammarus* oder *Drosophila* nicht in der Lage, bei einer Temperatur oberhalb des Bereichs von 24°–26° C. zu überleben, dann müßten wir sagen, daß die Eigenschaft durch die Umwelttemperatur unbeeinflußt sei. Aber würde dies bedeuten, daß der Mechanismus der Augen- oder Flügelentwicklung irgendwie anders wäre? Ich denke nicht. Weiterhin wäre die Situation auch ähnlich, wenn die Tiere, anstatt unfähig zu sein, Temperaturveränderungen zu überleben, regulative Mechanismen besäßen, welche die Temperaturumwelt des Auges (oder des Flügels) trotz der Veränderungen der Umwelttemperatur konstant hielten. In diesen beiden Fällen fiele das Ergebnis der Experimente so aus, daß es uns nicht gelungen wäre, irgendeine Wirkung der Umwelttemperatur auf die Entwicklung der Augenfarbe oder der Flugfähigkeit nachzuweisen. Aber dies bedeutete nicht *notwendig*, daß Überlegungen über die Temperatur für die Entwicklung dieser Eigenschaft irrelevant seien. Ferner sollte folgendes klar sein: Die Tatsache, daß es mißlang, die Wirkungen einer besonderen Umweltvariablen nachzuweisen, sagt gar nichts Positives über diejenigen Prozesse aus, die in die Entwicklung irgendeiner Eigenschaft einbegriffen sind.

Hier ist eine grundsätzliche Frage der Logik mit im Spiel. Ich bin sicher, daß Lorenz und seine Kollegen meinen, diejenigen von uns, die an Schneirlas Konzeption orientiert sind, seien beständig und eifrig auf der Suche nach irgendwelchen kleinen Beweisstückchen dafür, daß Lernen eine – wenn auch noch so kleine – Wirkung auf die Entwicklung eines Verhaltensmusters habe; dabei werde jegliche Aufmerksamkeit für die umfangreichen Probleme der Anpassung ausgeklammert; auch übertrieben wir die relative Bedeutung der Einflüsse des Lernens, um damit dem Bedürfnis nachzukommen, Lernen überall, Vererbung aber nirgendwo zu sehen. Angesichts der Rolle, die im Lorenzschen Denken die Phänomene der Anpassung und der Begriff der „normalen Umwelt" spielen, kann ich mit Sicherheit verstehen, wie dieser Eindruck aufkommen konnte. Aber dies ist überhaupt nicht unsere Auffassung bezüglich unserer Position. Für uns sieht es folgendermaßen aus: Eine experimentelle Manipulation, die eine Veränderung im

Verhaltensresultat bewirkt, hat einiges Licht auf den Prozeß geworfen, durch den sich das Verhalten entwickelt; einer experimentellen Manipulation dagegen, der es *nicht gelingt*, eine Veränderung im Resultat zu bewirken, ist es *nicht gelungen*, die Eigenart derjenigen Prozesse zu beleuchten, die zu dem Resultat führen. Wenn es einem experimentellen Verfahren nicht gelingt, eine Veränderung im Resultat zu bewirken, scheint dieses Versagen nach Ansicht von Lorenz genauso erhellend zu sein wie der Erfolg eines experimentellen Verfahrens bei der Beeinflussung des Resultates. Er macht dies ganz deutlich, wenn er sagt, er stimme nicht mit der Formulierung überein, daß „es nicht Eigenschaften, sondern Unterschiede zwischen Eigenschaften seien, die als angeboren beschrieben werden können", und wenn er sagt, „die entgegengesetzte Formulierung sei wenigstens genauso brauchbar: nämlich die Ähnlichkeiten der Eigenschaften angeboren zu nennen, die sich unter unähnlichen Aufzuchtbedingungen entwickeln". Für einen *experimentellen* Wissenschaftler ist die Einsicht, die er durch die Beobachtung gewinnt, daß es einer Reihe von Verfahren insgesamt nicht gelang, eine bestimmte Wirkung zu zeitigen, keineswegs gleichbedeutend mit der Einsicht, die er durch die Beobachtung erhält, daß einige Verfahren im Gegensatz zu anderen bestimmte Wirkungen hervorrufen. In der Tat gehört es zum eigentlichen Wesen der experimentellen Methode, daß man nur dann annimmt, ein Experiment habe einen Beitrag zum Verständnis eines Problems geleistet, wenn es dem Experimentator gelungen ist, alternative Verfahren zu finden, die unterschiedliche Wirkungen auf das Ergebnis haben. Allein aus diesem Grunde und nicht weil ich meine, irgendeine *besondere* Art entwicklungskräftigen Einflusses sei allein wichtig, bin ich der Auffassung, daß ein Experiment, das während der Entwicklung irgendeine Verfahrenswirkung zeigt, ein Beitrag zur Erhellung eines Entwicklungsprozesses ist; eine Untersuchung dagegen, der es nur zu zeigen gelingt, daß einige Arten der Manipulation keine Wirkung auf das Ergebnis haben, scheint, so meine ich, dazu herauszufordern, das Problem zu einem früheren Entwicklungsstadium zurück oder zu einer verwickelteren Stufe der physiologischen Analyse weiter zu verfolgen.

Das Kriterium der Entwicklungsstarrheit ist somit ein negatives Kriterium, und zwar in dem Sinne, daß es auf dem *Fehlen* einer

Wirkung experimenteller Verfahren basiert. Wenn eine Klasse von Verhaltensmustern großenteils durch solch ein Kriterium (Fehlen einer Verfahrenswirkung) definiert wird, wie es bei der Lorenzschen Klassifizierung der Instinkthandlung (*Erbkoordination*) geschieht, dann ist die Annahme, daß alle Glieder der Klasse *Entwicklungs-* oder *physiologische* Eigenschaften gemein haben, nicht notwendig gültig.

III. Lernen, Erfahrung und Entwicklung

2. Lernen und Erfahrung

Eine nachhaltige Schwierigkeit besteht darin, daß Lorenz und eine Anzahl anderer Autoren den Begriff „Lernen" so gebrauchen, daß er sich allein auf die Art der Konditionierung und des assoziativen Lernens bezieht, die traditionell als die Lernfähigkeiten des erwachsenen Lebewesens beschrieben werden (Kimble 1967); sie haben keinerlei Anstrengung unternommen, um in ihr Denken Schneirlas Begriff der „Erfahrung" einzubringen, der sich auf einen ausgedehnten Bereich von Prozessen bezieht, von denen das Lernen nur einen relativ kleinen Teil darstellt.

Ich will hier noch einmal Schneirlas Definition von „Erfahrung" wiederholen: „Erfahrung" ist der Beitrag, den die Wirkungen von Reizung durch alle verfügbaren Quellen (äußere und innere) zur Entwicklung leisten, einschließlich ihrer funktionellen Spurenwirkungen, die aus einer früheren Entwicklung überdauerten (Schneirla 1957, 1966). Dies sollte der folgenden Lorenzschen Aussage gegenübergestellt werden: „Da wir nicht experimentelle Embryologen, sondern Verhaltensforscher sind, setzen wir bei unserer Untersuchung nicht mit dem Beginn des Wachstums ein, sondern mit dem Beginn der Funktion solcher angeborener Mechanismen". Mit dieser Aussage unterstreicht Lorenz, daß er ganz einfach nicht an der Art von Frage interessiert ist, auf die sich Schneirlas Konzeption bezieht. Nun ist es ja keineswegs notwendig, daß das Problem der Entwicklung ein zentrales Problem für jeden Verhaltensforscher sein muß; ebensowenig ist es nötig, daß alle Verhaltensforscher, die sich für Probleme der Entwicklung interessieren, Interesse für dieselben Arten des Verhaltens haben oder sich in erster Linie mit denselben Entwicklungsstadien beschäftigen. Ich halte jedoch die Erkenntnis für wichtig, daß in diesen Widersprüchen Unterschiede in der Einstellung enthalten sind, die nichts mit Tatsachen zu tun haben, wohl aber mit dem, was jede der Parteien für ein interessantes Problem oder eine heuristisch bedeutsame Frage hält. Wie Lorenz ja feststellt, ist er wirklich nicht an den Ursprüngen der Verhaltensmuster in Entwicklungsstadien vor dem Zeitpunkt interessiert, an dem sie anfangen, als Anpassungsvorgänge an die Umwelt in Erscheinung zu treten. Da sein Interesse erst an diesem Punkt beginnt, ist es ohne weiteres verständlich, daß die einzige Art von Erfahrung, die theoretisch für ihn relevant würde, jene Art der Konditionierung und des assoziativen Lernens wäre, die typisch für solche Tiere ist, deren Verhaltensorganisation ontogenetisch bereits gut ausgebildet ist. Im wesentlichen würde Lorenz am liebsten die Probleme der Erfahrung allein hinsichtlich der Rolle berücksichtigen, die das konditionierende und assoziative Lernen beim tierischen Verhalten spielt, und zwar angefangen bei den Entwicklungsstadien, in denen artspezifische Verhaltensmuster bereits Auswirkungen zeigen; auf diese Weise bestünde das Problem lediglich darin, ob ein Tier lernen kann, Nistmaterial zu benutzen, das anders ist als dasjenige, für das seine normalen Bewegungen angepaßt sind, oder ob es unbedingt ein rotes Objekt gesehen haben muß, um bevorzugt einen Angehörigen der eigenen Art mit rotem Bauch anzuziehen, oder ob es angemessen auf das Geräusch eines Jungtieres der eigenen Art reagiert, auch wenn es vorher noch keines gehört hatte usw. Dergestaltige Probleme, auf die sich Schneirla bezieht, würden dann „experimentellen Embryologen" überlassen.

Dieser Eindruck auf seiten Lorenz' steht im Einklang mit seiner Behauptung, das Angeborene sei das, was vor dem Beginn des Lernens da sein müsse. Es gibt jedoch bereits Beweise dafür, daß die Entwicklung der Organismen nicht in solch passende Abschnitte gegliedert ist, die den Einteilungen der Spezialgebiete von Biologen entsprächen. Eine Konditionierung kann schon sehr früh im Leben, bei Säugetieren sogar pränatal (Spelt 1948; Prechtl 1965) und bei Vögeln vor dem Schlüpfen stattfinden (Gos 1933; Hunt 1949; Sedláček 1962, 1964; Gottlieb 1968). Für einen Wissenschaftler, der *in erster Linie* an der Analyse der Entwicklung interessiert ist, kann die Existenz solch früher Konditionierungsmöglichkeiten nicht als irrelevant für das Problem des ontogenetischen Ursprungs später auftauchender Verhaltensmuster erscheinen.

Ferner lassen sich physiologische Regulationsmechanismen, die nicht das Verhalten betreffen, nicht scharf von solchen Regulationsmechanismen trennen, die für einen Verhaltensforscher von Interesse sind. Physiologische Abläufe, die üblicherweise nicht als ein Teil des „Verhaltens" angesehen werden, wie zum Beispiel Änderungen der Körpertemperatur, Änderungen der Blasentätigkeit, Änderungen der Nierentätigkeit, Änderungen der Spannung in der Brustdrüse, Dilatation und Kontraktion der Blutgefäße, stehen alle bis zu einem gewissen Grade unter nervöser Kontrolle und können konditioniert werden, sowohl durch Pawlowsche Techniken (Bykov 1957) als auch durch Techniken der operanten Konditionierung (Miller 1969; Miller und di Cara 1967). Hinzu kommt, daß bedingte Reize entweder äußere Reize oder solche Reize sein können, die innerhalb des Körpers entstehen, einschließlich derjenigen, die aus Spannungsänderungen an anderen Körperstellen entstehen und die selber wieder bedingt sein können (Razran 1961). Das bedeutet: Die Unterschiede zwischen „tierischem Verhalten" und anderen Arten physiologischer Regulation sind bei der Organisation der physiologischen Mechanismen des Tieres gar nicht so absolut, wie sie in den Augen der Verhaltensforscher gewöhnlich erscheinen; für Verhaltensforscher kann es durchaus notwendig sein, sehr viel von dem, was für andere Wissenschaftler speziell von Interesse ist (wie etwa für experimentelle Embryologen oder sogar für Psychologen), zu beachten, um ein wohlfundiertes Verständnis der Ursprünge und der Organisation derjenigen Phänomene zu gewinnen, die ihr ursprüngliches Interesse erregen.

Die Zerlegung der Probleme in solche, die sichtbar werden, nachdem die adaptiven Verhaltensmuster zu funktionieren beginnen, und in solche, die für die frühe Entwicklung relevant sind (wobei die ersteren das Gebiet des Verhaltensforschers wären, während die letzteren, wie man annimmt, nur für experimentelle Embryologen von Interesse wären), geht von der Voraussetzung aus, es sei möglich, scharf zwischen Lernen und anderen Beiträgen der Erfahrung zur Entwicklung zu unterscheiden, und es gäbe keine Zwischenglieder. Wie aber Schneirla wiederholt gezeigt hat, gibt es in den frühen Entwicklungsstadien keine scharfen Trennungslinien zwischen den Wirkungen nichtbiologischer Bedingungen (Temperatur, Licht, chemische Umweltbedingungen) auf die neurale Entwicklung, den unspezifischen Wirkungen einer erhöhten Reizeinwirkung, den Wirkungen der Praxis auf die Entwicklung, die während der Ontogenese passiv erzwungen werden, den Wirkungen der Praxis auf die Entwicklung, die aus einer spontanen Aktivität des Nervensystems herrühren, den Verbindungen und Integrationen zwischen Verhaltenselementen, die aus früheren, nichtfunktionellen unvollständigen Ausführungen herrühren, der enterozeptiven Konditionierung, die aus zwangsläufigen Gewebeveränderungen und Stoffwechselprozessen herrührt, der einfachen Konditionierung auf Reizung, die aus spontanen Bewegungen herrührt, und den einfachen Beispielen konventioneller Konditionierung und konventionellen Lernens.

Wird nun der Begriff der „Erfahrung" in dem hier beschriebenen Sinne in die Diskussion über die Entwicklung eingeführt, so ist das keineswegs gleichbedeutend mit der Aussage, alle Verhaltensmuster leiteten sich vom Lernen her. Dies hat Schneirla viele Jahre lang wiederholt herausgestellt; und ich war mir dessen durchaus bewußt, als ich vor fünfzehn Jahren meinen ersten Beitrag zu dieser Diskussion schrieb. Aus dieser Arbeit (Lehrman 1953) soll hier eine typische Bemerkung zitiert werden:

„. . . Die Analyse des damit verbundenen Entwicklungsprozesses zeigt, daß die betreffenden Verhaltensmuster sich nicht einheitlich und autonom entwickeln, sondern daß sie ontogenetisch auf komplexe Weise aus der zuvor entwickelten Organisation des Organismus in einer gegebenen Umwelt hervorgehen ... Die Vervollkommnung in der Pickfähigkeit der Küken nach dem Schlüpfen ist sehr wahrscheinlich zum Teil eine Folge der Tatsache, daß sich die Kraft der Beinmuskeln ebenso steigert wie die Balance und Standfestigkeit des Kükens; diese Steigerung ergibt sich teilweise aus der Kräftigung der Beine und teilweise aus der Entwicklung der Gleichgewichtsreaktionen . . . Nun würden Versuche, bei denen Tiere von ihren Artgenossen isoliert und an der Übung von bestimmten Fähigkeiten gehindert werden, zu dem Schluß führen, daß dieser Teil der Vervollkommnung eine Folge von ‚Reifung' sei. Natürlich ergibt er sich teilweise aus Wachstumsprozessen, *aber das, was wächst, ist nicht die Pickfähigkeit . . . oder irgendetwas, das mit ihr isomorph ist.* Wendet man die Kategorien ‚Reifung contra Lernen' als Erklärungshilfen an, so vermittelt man gewöhnlich einen falschen Eindruck von der Einheit und Zielgerichtetheit beim Wachstum des Verhaltensmusters; denn tatsächlich ist ja das Verhaltensmuster in erster Linie nicht einheitlich, und auch die Entwicklung schreitet ja nicht in gerader Linie in Richtung auf die Vervollständigung des Musters vorwärts".

Wie es mir bei erneuter Lektüre dieser Arbeit deutlich zu sein scheint, beharrte ich sogar in dem damaligen frühen Stadium nicht darauf, alles Verhalten sei erlernt; vielmehr betonte ich, die Unterscheidung zwischen „angeboren" und „erworben" sei ein für die Analyse der Entwicklung unangemessenes Begriffspaar, und die Entwicklung von Verhaltensmustern könne nicht dadurch analysiert werden, daß man spezifische, sich autonom entwickelnde Substrate für jedes Verhaltensmuster als erwiesen annähme, die mit dem Verhalten isomorph wären.

Diese Bemerkungen stellen meine Reaktion auf eine erneute Lektüre meiner Arbeit von 1953 in jüngster Zeit dar. In den dazwischenliegenden Jahren habe ich so oft die Äußerung gehört, ich sei der Meinung, alles artspezifische Verhalten entwickele sich durch individuelles Lernen, daß ich schon beinahe zu glauben bereit war, ich *hätte* dies *tatsächlich* gesagt! Ich erinnere mich an die Lektüre einer Diskussion, in der es I. Eibl-Eibesfeldt und W.H. Thorpe offensichtlich gelang, einen anfänglich ungläubigen Donald Hebb davon zu überzeugen, ich hätte darauf bestanden, alles Verhalten sei durch individuelle Erfahrung erlernt (Eibl-Eibesfeldt 1961)!

Diese Schwierigkeit entstand meiner Meinung nach aus der Tatsache, daß viele Verhaltensforscher die fest fixierte Auffassung vertraten, aus *logischen* Gründen müsse jedes Verhaltenselement eindeutig als „angeboren" oder als „erlernt" klassifizierbar sein; folglich mußte jede Diskussion, die Zweifel an der Brauchbarkeit des Begriffs „angeboren" aufkommen ließ, unweigerlich wie ein Beharren auf der Behauptung erscheinen, alles Verhalten müsse zur anderen Kategorie gehören! Wie ich aus eigener Erfahrung weiß, war dies selbst in dem Fall möglich, daß die fragliche Diskussion nicht der These galt, alles Verhalten sei erlernt, sondern der These, die Dichotomie *selber* drücke die Notwendigkeiten einer Entwicklungsanalyse des Verhaltens nicht angemessen aus.

2. *Ist Entwicklung notwendig?*

a) Die Idee einer „genetischen Planskizze“

Die Vorstellung vom Genom als einer „Planskizze“, die im befruchteten Ei enthalten sei und einen Entwurf für die Konstruktion eines erwachsenen Organismus darstelle, ist sehr anziehend. Lorenz sagt: „Das, was die Ontogenese bestimmt, ... ist offensichtlich die erbliche Planskizze, die im Genom enthalten ist, und nicht etwa die Umweltgegebenheiten, die für ihre Verwirklichung unentbehrlich sind. Nicht die Bausteine und der Mörtel bestimmen den Bau einer Kathedrale, sondern ein Plan, der von einem Architekt erdacht wurde ... “ Weiter sagt er: „Unsere erste Frage bezüglich der Ontogenese eines Organismus und seines Verhaltens lautet: ‚Welche Planskizze ist in seinem Genom enthalten?‘ “

Wenn man sagt, ein Verhaltensmuster (oder eine Struktur) sei angeboren, wenn „seine Planskizze im Genom enthalten“, oder in einem moderneren Sprachgebrauch: „in der DNS verschlüsselt“ ist, so mag das nun sehr tröstlich sein, in dem Sinne nämlich, daß es uns das Gefühl gibt, wir verstünden das Problem jetzt besser. Es gibt natürlich Zusammenhänge, in denen solche Ausdrücke sinnvoll sind; ich glaube aber, daß der Trost und die Befriedigung, die man dadurch gewinnt, daß man die Probleme der Ontogenese durch den Gebrauch solcher Begriffe beseitigt, irreführend sind und auf der Umgehung oder dem Abtun der schwierigsten und interessantesten Entwicklungsprobleme beruhen.

Mir scheint ein fundamentaler Trugschluß darin zu liegen, die Analogie der Beziehung zwischen einer Planskizze und der durch sie dargestellten Struktur zu verwenden, um die Beziehung zwischen dem Genom im Stadium der Zygote und dem phänotypisch Erwachsenen zu beschreiben. Eine Planskizze ist isomorph mit der Struktur, die sie darstellt. Die Verhältnisse von Längen und Breiten in der Planskizze sind dieselben wie die in der Struktur; die topographischen Beziehungen zwischen den Teilen der Struktur sind dieselben wie die zwischen den entsprechenden Teilen der Planskizze; jedes Teil der Struktur ist in einem einzelnen Teil der Planskizze dargestellt, und jedes Teil der Planskizze bezieht sich nur auf ein spezifisches Teil oder auf spezifische Teile der Struktur. Es ist sofort offensichtlich, daß sich dies ganz und gar von der Beziehung zwischen dem Genom und dem Phänotyp eines höheren Lebewesens unterscheidet. Es ist *nicht* wahr, daß jede Struktur und jede Eigenschaft im Phänotyp in einem einzelnen Gen oder einem genau definierten Genverband „dargestellt" ist; es ist auch *nicht* so, daß sich jedes Gen allein oder sogar in erster Linie auf eine einzelne Struktur oder eine einzelne Eigenschaft bezieht; und es ist ebenfalls *nicht* so, daß die topographischen oder topologischen Beziehungen zwischen den Genen mit den strukturellen oder topographischen Beziehungen zwischen den phänotypischen Strukturen isomorph sind, auf die sich die Gene beziehen. Es ist natürlich ein Gemeinplatz der modernen Biologie, wenn man sagt, jedes Gen sei für die Produktion eines einzelnen Enzyms verantwortlich. Diese Formulierung spiegelt die in der Tat gewaltigen Fortschritte wider, die in den letzten Jahren im Verständnis der Struktur der Gene erzielt wurden, und zwar vor allem auf der Grundlage der Forschung über die biochemischen Aktivitäten der Gene in einzelligen Organismen. Die Probleme der Ontogenese und der Differenzierung der Strukturen bei komplexen Organismen sind jedoch bisher noch kaum von den jüngsten eindrucksvollen Fortschritten in der Molekularbiologie berührt worden. Wenn das Genom leichthin als eine „Planskizze" beschrieben wird, dann entsteht schnell der irreführende Eindruck, ein Problem sei verstanden worden, das von modernen Genetikern für eine der größten ungelösten Fragen der Biologie gehalten wird; es sollte von *jedem* Biologen als ein wahrhaft schwieriges Problem angesehen werden, selbst von einem Verhaltensforscher, der bereit ist, es dem experimentellen Embryologen zu überlassen.

Ein anderes Problem, das mit der Auffassung vom Genom als einer „Planskizze" zusammenhängt, besteht natürlich darin, daß diese Vorstellung, mag sie sich auch als einen Beitrag zum Verständnis der Ontogenese ausgeben, tatsächlich für die Frage der individuellen Entwicklung *irrelevant* ist. Wie Lorenz selber sagt, ist es „... durchaus möglich, daß eine besondere motorische Sequenz einerseits phylogenetischen Prozessen die gesamte Information über die Umwelt verdanken kann, die ihrer Anpassungsfähigkeit zugrundeliegt, andererseits aber nahezu völlig vom individuellen Lernen abhängig sein kann, um diese Information zu ‚dechiffrieren'". Es sollte aber folgendes vollkommen klar sein: Wenn eine Eigenschaft, die in den Genen „chiffriert" ist, für ihre Entwicklung individuelle Erfahrung benötigen kann oder auch nicht, dann nützen einem Wissenschaftler, der sich für die Kausalanalyse der Entwicklung interessiert, derartige Feststellungen über die „Verschlüsselung" komplexer Eigenschaften und ihr Vorhandensein als „Planskizze" bei höheren Lebewesen nicht sehr viel. An dieser Stelle wiederhole ich erneut, daß der Begriff „angeboren" im Sinne der Determinierung durch das Genom und der Begriff „angeboren" im Sinne der Unzugänglichkeit für individuelle Erfahrung mit verschiedenen Problemen und Beziehungen zu tun haben, die sich überschneiden, anstatt ein einziges begriffliches Ganzes zu bilden. Dadurch daß Lorenz unauffällig diese zwei Vorstellungen unterschiedslos nebeneinander gebraucht, wird er wiederum dazu verleitet, von Verhaltensmustern so zu sprechen, als seien sie schon als Planskizze im Genom enthalten, *im Gegensatz zu* einer Abhängigkeit von Erfahrung; gleichzeitig vermerkt er aber, daß die Muster, die als „Planskizze" im Genom enthalten sind, sich durch individuelle Erfahrung entwickeln können oder auch nicht.

Obgleich die Vorstellung, daß Verhaltensmuster als „Planskizze" im Genom vorhanden oder „verschlüsselt" sind, eine gänzlich angemessene und lehrreiche Art ist, über bestimmte Probleme der Genetik und Evolution zu sprechen, so scheint es mir nach all dem doch so, daß sie in keiner Weise die Art von Fragen über Verhaltens*entwicklung* behandelt, auf die sie so oft angewandt wird.

b) Herkunft und Ontogenese

In meinem Aufsatz aus dem Jahre 1953 bezog ich mich auf die Arbeiten von Kuo (1932 a, b, c, d), der detailliert die Verhaltensentwicklung des Hühnchen-Embryos im Ei beobachtete. Auf der Grundlage dieser Beobachtungen äußerte Kuo, das Pickverhalten, das bei den Küken unmittelbar nach dem Schlüpfen wahrzunehmen ist, durchlaufe eine Reihe von Stadien: in ihnen werde der Hals zuerst (in einer Frühphase des embryonalen Lebens) passiv gebeugt, wenn der Herzschlag den Kopf (der auf dem Brustkorb ruht) sich heben und senken lasse; das aktive Beugen des Kopfes geschehe später, zuerst als Reaktion auf taktile Reizung. Kuo wies ferner darauf hin, das Öffnen und Schließen des Schnabels (das mit dem Picken des geschlüpften Tieres verbunden ist) trete zuerst dann auf, wenn der Vogelkopf während der Embryonalphase nicke, offensichtlich durch nervöse Reizung bedingt, die durch die Kopfbewegungen vermittels Irradiation in dem noch unvollständigen Nervensystem geboten werde; das Öffnen und Schließen des Schnabels werde dagegen erst einige Zeit später von der Tätigkeit des Kopfes unabhängig. Kuo stellte dabei fest, eine Flüssigkeit, die von den Schnabel- und Kopfbewegungen in die Kehle getrieben würde, verursache offensichtlich das Schlucken; und zwar begänne dies zu einer charakteristischen Zeit während der Embryonalentwicklung. Kuos Erwägung ging dahin, die Bewegungen, die die zeitliche Abfolge der Entwicklung der verschiedenen neuralen und motorischen Strukturen ebenso erzwingen wie die des Vogelkörpers, die wiederum durch seine Lage innerhalb des Eies erzwungen würde, lieferten einen Erfahrungsbeitrag für die Entwicklung der Integration der Kopf-, Schnabel- und Kehlen-Komponenten bei dem Vorstrecken zum Nahrungspicken, das bereits zum Zeitpunkt des Schlüpfens (wenn auch in unvollständig integrierter Form) sichtbar ist. Neuerdings ist klar geworden, daß einige Aspekte der Entwicklung der Bewegungsfähigkeit beim Kükenembryo nicht vom sensorischen Input abhängen (Hamburger 1963; Hamburger, Wenger und Oppenheim 1966); bei der Interpretation der Kuoschen Daten, die bis jetzt noch nicht einem direkten experimentellen Test unterzogen werden konnten, ist also Vorsicht geboten. Jedoch steht sehr wohl fest, daß konditionierte Reaktionen bei diesen Vögeln einige Tage vor dem Schlüpfen vorhanden sind (Gottlieb 1968; Sedláček 1962, 1964). Die Natur der Verhaltens- und Neuralentwicklung während des embryonalen Lebens bei Vögeln wird ebenso wie das Problem, welche Rolle die Erfahrung in diesem Stadium spielt, in mehreren verschiedenen Laboratorien zur Zeit aktiv erforscht (vgl. zur Übersicht Gottlieb 1968).

Über diese Diskussion sagt Lorenz: „Wenn Lehrman (1953) ernstlich die Annahme erwägt, das Küken könne innerhalb des Eies wesentliche Anteile des Pickverhaltens dadurch lernen, daß sein eigener Herzschlag seinen Kopf rhythmisch auf und ab bewegt, so vergißt er völlig zu erklären, warum das in dieser Weise individuell erworbene Bewegungsmuster für die Erfordernis des Fressens in einer Umweltsituation passen sollte, die Angepaßtheit an eine Unzahl einzelner Gegebenheiten verlangt ...“[2]

An dieser Stelle muß ich etwas wiederholen, was ich bereits früher in dieser Abhandlung sagte. Die Natur wählt im Hinblick auf die *Resultate* aus. Die natürliche Auslese ist tätig, um Genome auszuwählen, die in einer normalen Umwelt die Entwicklung auf Organismen mit den relevanten adaptiven Eigenschaften hin leiten. Aber der Pfad der Entwicklung vom Zygotenstadium zum phänotypisch Erwachsenen ist gewunden und schließt viele Entwicklungsprozesse ein, die in einigen Fällen verschiedene Aspekte der Erfahrung enthalten. Dies ist aufgrund vieler Überlegungen klar und wird auch selbst von Lorenz anerkannt. Worin besteht nun die Schwierigkeit bei der Annahme, *was immer* die Eigenschaften des sich entwickelnden Nervensystems auch sein mögen, es müßten doch solche sein, die die anpassungsfähige Form des Pickens bewirken, die nach dem Schlüpfen des Vogels sichtbar ist? Die Beziehungen, die Kuo be-

[2] Dies ist Lorenz' künstlich vereinfachte Version meiner eigenen Beschreibung, die eine sehr vorsichtige Darstellung dessen war, was ich für eine sehr komplexe Geschehensreihe hielt; in diesem Zusammenhang gebrauchte ich nicht das Wort „Lernen“. An einem Punkt meiner 500 Wörter umfassenden Beschreibung der Kuoschen Beobachtungen bezog ich mich indessen auf einen „Entwicklungsprozeß, der eine Konditionierung in einem sehr frühen Alter mit einschlösse . . .“ Unter Schneirlas Einfluß versuchte ich selbst bereits vor fünfzehn Jahren, die Vorstellung von der Kontinuität und wechselseitigen Durchdringung zwischen den Wachstumsprozessen einerseits und den Prozessen des Umwelteinflusses andererseits anzudeuten; gleichfalls versuchte ich den Eindruck wiederzugeben, daß die Unterscheidung zwischen den Wirkungen der Erfahrung auf einen sich entwickelnden Organismus einerseits und den Wirkungen der Erfahrung in einem voll entwickelten Nervensystem andererseits etwas Versuchsweises und Doppelsinniges habe. Und selbst heute noch ist Lorenz ganz und gar davon überzeugt, daß sich die „morphologische Ontogenese, die die Struktur hervorbringt“, und das „Verhalten nach dem Prinzip von Versuch und Irrtum“, das Lernen hervorbringt, schärfstens voneinander unterscheiden lassen, bar jeglichen Sinnes für schwierige Zwischenglieder oder ungelöste begriffliche Probleme.

schreibt und die gewisse mutmaßliche Wirkungen der Erfahrung umfassen, die im Zusammenhang der sich im Ei entwickelnden Strukturen unvermeidlich sein mögen, sind kein geheimnisvolleres Ergebnis der Embryonalentwicklung als alle anderen Eigenschaften des sich entwickelnden Nervensystems auch. Für den natürlichen Ausleseprozeß spielt es keine Rolle, ob das, im Hinblick worauf ausgewählt wird, ein Genom ist, das anpassungsfähiges Nahrungspicken durch einen Entwicklungsprozeß bewirkt, der nicht Erfahrung umfaßt, oder ob es ein Genom ist, das ein anpassungsfähiges Pickverhalten mit Hilfe eines Entwicklungsprozesses bewirkt, der *in der Tat* Erfahrungseinflüsse einschließt. Dies ist ein weiterer Fall, in dem die Feststellung, eine Eigenschaft sei durch Zuchtwahl (d. h., in diesem Fall, durch natürliche Auslese) erreicht worden, überhaupt nichts darüber aussagt, ob seine Entwicklung eine Erfahrungswirkung einschließt oder nicht. Die natürliche Auslese kann im Hinblick auf spezifische Weisen der Sensibilisierung für Erfahrung oder im Hinblick auf phänotypische Strukturen auswählen, die Erfahrung erst ermöglichen, genauso bereitwillig aber auch im Hinblick auf beliebige andere Eigenschaften.[3]

Im selben Zusammenhang spricht Lorenz von „einigen amerikanischen Psychologen“, die „um jeden Preis die Begriffe des Arterhaltungswertes und der phylogenetischen Anpassung zu vermeiden suchen, und zwar nur deshalb, weil sie sie für ‚finalistisch‘ hielten“. Ich hoffe jedoch, daß die Diskussion so weit folgendes klargemacht hat: ich habe nicht die Begriffe des Arterhaltungswertes und der phylogenetischen Anpassung zu vermeiden gesucht, sondern ich habe lediglich zu verhindern gesucht, daß sie mit den Begriffen der *Kausal*analyse der *Entwicklung* verschmolzen würden, damit das Verständnis der Ontogenese nicht dadurch verwirrt würde, daß

[3] Hamburgers jüngste Arbeit (1970) zeigt, daß Kuos Vorstellungen über die Quellen der frühen Verhaltensorganisation im Kükenembryo nicht haltbar sind und auf falschen Annahmen bezüglich der Embryologie des Nervensystems des Kükens basieren. Lorenz' Eindruck und der meinige waren verkehrt. Ich würde jetzt nicht mehr Kuos Arbeit als ein Beispiel für die Erforschung der Verhaltensentwicklung anführen. Ich habe jedoch die vorliegende Diskussion der Lorenzschen Reaktion auf diese Arbeit beibehalten, weil sie noch immer das begriffliche und methodologische Problem erhellt, das ich hier gerade erörtere.

zwei verschiedene Bedeutungen des Begriffs „angeboren“ ineinander aufgehen, die einigermaßen irrelevant für einander sind.

Lorenz’ Einwand gegen die Formulierung, daß „es nicht Eigenschaften, sondern Unterschiede zwischen Eigenschaften seien, die als angeboren beschrieben werden können“, ist nicht so klar, wie er impliziert. Der Begriff der stammesgeschichtlichen Anpassung wird nicht dadurch erreicht und im Denken der Beobachter festgehalten, daß ein einziges Tier oder eine einzige Art in ihrer Anpassung an die Umwelt wahrgenommen wird. Sowohl historisch gesehen als auch im Alltagsgebrauch hängt der Begriff der Anpassung von der Tatsache ab, daß wir beobachten, wie *unterschiedliche* Arten komplizierte Anpassungen an *unterschiedliche* Umwelterfordernisse zeigen. Die anpassungsfähige Eleganz der Art und Weise, in der ein frisch geschlüpfter Fasan nach Nahrung auf dem Boden pickt, ist nur für denjenigen Beobachter ganz offenbar, der sich, während er den Fasan beobachtet, bis zu einem gewissen Grade der Tatsache bewußt ist, daß eine frisch geschlüpfte Drossel nicht auf den Boden picken, sondern dem Elternteil gegenüber sperren (betteln) würde, der bereit wäre, sie auf eine Art und Weise zu füttern, zu der die Fasaneneltern nicht fähig wären. Lorenz macht dies ganz deutlich, wenn er (von Kuo) sagt: „Es bleibt ebenfalls ungeklärt, warum nur bestimmte Vögel nach dem Schlüpfen picken, während andere wie Sperlingsvögel sperren, Seihbewegungen wie Enten machen oder ihre Schnäbel in die Mundwinkel [der Eltern] bohren . . .“ Hier erkennt Lorenz, wenn auch versehentlich, ja klar an, daß eben die *Unterschiede* zwischen den Verhaltensmustern verschiedener Arten, die in ähnlichen Umgebungen leben, den auch von mir geteilten, bestimmten Eindruck entstehen lassen, daß die Arten unterschiedliche Genome haben. Es bleibt natürlich wahr, daß Unterschiede im Genom in einem sehr frühen Entwicklungsstadium Unterschiede zwischen Tieren bewirken können, die aus Unterschieden im Ausmaß *bestehen*, in dem sie in der Lage sind, Informationen auszunutzen, die die Umwelt anbietet, oder aus Unterschieden in dem, worauf sie in der Umwelt achtgeben. Obwohl Tiere, die in derselben Umwelt aufgezogen wurden, sich aber unterschiedlich verhalten, mit unterschiedlichen Genomen begonnen haben müssen, sagt dies also in keiner Weise etwas darüber aus, ob oder in welchem Ausmaß Unterschiede in der Erfahrung bei der Entwicklung der phänotypischen Unterschiede zwischen ihnen als Erwachsenen eine Rolle gespielt haben könnten.

IV. Normal und Abnorm

Die Unterschiede in Einstellung und Interesse zwischen denjenigen Wissenschaftlern, die sich primär für Evolution und Anpassung, und solchen, die sich insbesondere für die Kausalanalyse des Verhaltens interessieren, werden durch Lorenz' Reaktion auf eine Arbeit von Donald Jensen (1961) sehr gut demonstriert. Jensen hatte darauf hingewiesen, daß noch viele andere Vorgänge neben genetischer Auslese oder Dressur Verhaltensunterschiede zwischen Tieren bewirken könnten. Diese Vorgänge schließen Nahrungsänderungen, Änderungen des Nervensystems, Hormonbehandlungen usw. mit ein. Jensen äußerte, wenn man die Wirkungen, die ein weiter Bereich unterschiedlicher Behandlungen auf die Entwicklung von Verhaltensunterschieden hat, mit der Absicht erforschte, die auf diese Weise gewonnene Information induktiv zu integrieren, dann wäre das eine viel fruchtbarere und weniger umstrittene Art und Weise, um mit den Problemen der Ontogenese und Kausalität fertig zu werden, als der vorherrschende Standpunkt, die Frage „angeboren oder erlernt?" als erste und letzte Frage zu behandeln, von der alle anderen abhingen.

Dieser bescheidene Vorschlag hat in Lorenz einen besonderen Zorn erregt, der selbst vor dem Hintergrund des allgemein indignierten Tons seines Buches auffällt. Denn nach Lorenz' Ansicht läuft die Erforschung der Wirkungen einer Vielzahl von Einflüssen, die das Verhalten ändern können, der Hauptaufgabe des Biologen genau zuwider, nämlich zu verstehen, wie das Genom, das durch natürliche Auslese erreicht wurde, in der *normalen* Umwelt das *normale* und dieser Umwelt angepaßte Verhaltensmuster entstehen läßt.

Lorenz' Beunruhigung darüber, daß die Einführung von „Anomalitäten" die Untersuchung adaptiver Eigenschaften verzerren und entstellen könnte, zeigt die folgende Auswahl aus seinen Bemerkungen:[4]

[4] Diese Sätze folgen in Lorenz' Text nicht unmittelbar aufeinander, sondern finden sich mit Zwischentext über etwa eine Seite verteilt.

„Nichtadaptive Unterschiede in Struktur und Verhalten sind für den Biologen nur von zweitrangigem Interesse, während sie das Hauptanliegen des Pathologen sind ... Als Verhaltensforscher sind wir nicht daran interessiert, auf gut Glück die unzähligen Faktoren zu ermitteln, die zu winzigen, gerade noch erträglichen Unterschieden des Verhaltens führen können, das ans Pathologische grenzt. Was wir aufhellen wollen, sind die erstaunlichen Tatsachen der Angepaßtheit ... Wir brauchen uns nicht um die zahllosen Faktoren, die ‚Unterschiede' im Verhalten verursachen können, zu bekümmern, solange wir ganz sicher sind, daß sie unmöglich die besondere Information auf den Organismus übertragen, die wir erforschen wollen."

Nun hat Lorenz mit dem Hinweis vollkommen recht, daß experimentelle Verfahrensweisen nicht auf gut Glück ausgesucht werden können; sie müssen mit einem gewissen intuitiven Gefühl für die Relevanz ausgewählt werden, die sie für das normale Phänomen haben, dessen Entwicklung wir verstehen wollen. Es leuchtet mir aber nicht ein, daß die Unterscheidung zwischen „pathologisch" und „normal" eine für das Verstehen der Entwicklungsursachen sehr nützliche Richtschnur ist; und ebenso bin ich nicht davon überzeugt, daß ein Biologe, der daran interessiert ist, *Entwicklung* zu verstehen, dazu verpflichtet ist, vor jeder Behandlung zurückzuschrecken, die das „sehr komplizierte und aufs feinste ausgewogene System" (Lorenz 1965), nämlich den lebenden Organismus, stört. In Wirklichkeit läßt sich sehr viel für den Vorschlag sagen; gerade dadurch, daß man die normale Entwicklung stört und feststellt, auf welche Art und Weise sich die resultierenden Anomalitäten entwickeln, gewännen wir die erhellendsten Einsichten in die normalen Entwicklungsprozesse.

1. *Erfahrung und „Normalität"*

Lorenz' Neigung dazu, konventionelle Lernparadigmata für die einzige Methode zu halten, mit der die einen Verhaltensforscher interessierenden Umwelteinflüsse definiert werden können, drückt sich auch darin aus, daß er dahin tendiert, jede andere Entwicklungswirkung der Erfahrung ganz einfach als eine pathologische

Wirkung „schlechter Aufzucht" anzusehen. Diese Unterscheidung wird zum Beispiel in seiner folgenden Behauptung sehr deutlich: „Wir versuchen, ein Individuum hervorzubringen, dessen genetische Planskizzen unversehrt im Verlauf einer gesunden Phänogenese verwirklicht wurden. Sollte uns dies mißlingen, dann würden wir Gefahr laufen, einige Wirkungen im Verhalten unseres Objektes fälschlich für die Folgen einer zurückgehaltenen Information zu halten, während sie in Wirklichkeit die pathologischen Resultate verkümmerten Wachstums sind."

Dies ist natürlich eine logische Ausweitung des Lorenzschen Standpunktes, daß mit Ausnahme des Lernens durch Versuch und Irrtum oder der klassischen Konditionierung im voll entwickelten Nervensystem die Reizwirkungen der Umwelt während der Entwicklung nicht den Verhaltensforscher, sondern den experimentellen Embryologen oder Pathologen angehen.

Ich glaube jedoch, daß es nicht so leicht ist, wie es Lorenz impliziert, scharf zwischen „Lernen" und „bloßen" Entwicklungspathologien zu unterscheiden. Wir wollen einige Beispiele für die Wirkungen abnormer Aufzuchtbedingungen auf Verhaltensanpassungen betrachten:

1. Bei vielen Vogelarten folgen die Jungen bezeichnenderweise ihren Eltern schon ganz kurz nach dem Schlüpfen. Seit der frühen Arbeit von Lorenz (1935) ist es klar, daß bei vielen Enten, Gänsen und anderen nestflüchtenden Vogelarten die Fähigkeit der Jungen, selektiv erwachsenen Tieren ihrer eigenen Art zu folgen, von einem sehr schnellen Lernprozeß abhängt, der während einer begrenzten Zeitspanne sehr früh im Leben stattfindet; auf diese Weise lernen die Vögel durch diese „Prägungs"-Erfahrung, denjenigen Objekten zu folgen, die sie unmittelbar nach dem Schlüpfen wahrnehmen. In der Natur sind dies gewöhnlich die Vogeleltern. Wenn sich frisch geschlüpfte Entchen erwachsenen Enten einer anderen als ihrer eigenen Art gegenübersehen, können sie später eine Paarung mit Angehörigen der Art, auf die sie geprägt wurden, gegenüber einer Paarung mit eigenen Artgenossen bevorzugen (Schutz 1965). Dies kann entweder durch Langzeitwirkungen der frühen Erfahrung erfolgen oder durch dazwischenliegende (adoleszente) Erfahrung mit Vögeln, mit denen sie sich wegen der früheren Erfahrung verbinden (Hinde 1962; Bateson 1966). Nun wurde die Entwicklung eines

Vogels, der sich aufgrund dieser frühen Erfahrung nur mit dem Angehörigen einer anderen Art paaren will, welcher seinerseits nicht zur Paarung mit ihm bereit ist, sicherlich in eine abnorme Richtung verändert; er ist pathologisch, da die abnormen Bedingungen seiner Entwicklung zu einem adulten Zustand führten, in dem er seiner Umwelt nicht mehr angepaßt ist. Für den Entwicklungsforscher gilt dieser Umstand allgemein zu Recht als Beweis für eine Form des Lernens; er muß auch für den Erforscher der stammesgeschichtlichen Anpassung als Beispiel einer pathologischen Interferenz mit einer stammesgeschichtlichen Anpassung durch die Aufzucht in einer abnormen Umwelt gelten.

2. Als Harlow Rhesusaffen aufzog, ohne ihnen Gelegenheit zu geben, mit Altersgenossen in Kontakt zu treten, entwickelten sie auffallende und schwerwiegende Verhaltensanomalien: als erwachsene Tiere waren sie nicht imstande, soziale Kontakte mit anderen Affen aufrechtzuerhalten; ihr Sexualverhalten war so drastisch gestört, daß die meisten von ihnen zur Kopulation unfähig waren; und das Gleichgewicht zwischen der Rolle von Furcht und Aggression einerseits, positiverer sozialer Reaktionen andererseits war bei den sozialen Beziehungen dieser Affen schwer gestört. Ganz allgemein waren die depravierten Affen zu einer normalen Integration in eine Affengruppe unfähig. Diese Verzerrung der normalen frühen Erfahrung hat offensichtlich weitreichende Wirkungen auf die emotionale Reaktionsfähigkeit dieser Affen, die sich sowohl in spezifischen Verzerrungen besonderer Verhaltensmuster als auch in allgemeineren Interferenzen mit einem weiten Bereich von Verhaltensmustern spiegeln (Harlow und Harlow 1965).

3. Die Ratte zeigt eine charakteristische Furcht- und Angstreaktion auf eine fremde Umwelt. Der Grad dieser Reaktion und viele ihrer Einzelheiten können durch Zuchtwahl geändert werden und sind daher erblich im Sinne des Sprachgebrauchs des Genetikers (Fuller und Thompson 1960). Die Ratte zeigt auch eine charakteristische Tendenz, in einer neuartigen Umwelt neugierig zu sein und sie zu erkunden (Berlyne 1960). Sowohl die Neigung, eine neuartige Umwelt zu erkunden (und so Nahrung und einen Nistplatz zu finden), als auch die Neigung, vor ihr Furcht zu haben (und so ein überstürztes Eindringen in neue Gebiete, in denen Freßfeinde lauern könnten, zu vermeiden), sind beide adaptiv, und das Gleichgewicht

zwischen diesen beiden Neigungen wird zweifellos durch natürliche Auslese erreicht. Dieses Gleichgewicht wird jedoch *auch* durch frühe Erfahrung erreicht, und der Grad der Furcht, den erwachsene Ratten zeigen, wenn sie in eine fremde Umwelt eingeführt werden, kann wesentlich durch frühzeitiges Entwöhnen, durch Händeln während der ersten Lebenszeit oder durch Erfahrung mit verschiedenen Muttertypen vor dem Entwöhnen beeinflußt werden (Beach und Jaynes 1954; Levine 1962; Denenberg und Whimbey 1963). Der „normale" Grad von Furcht, den eine Ratte in einer fremden Umwelt zeigt, ist folglich zum Teil eine Funktion der Art und Weise, in der sie von ihrer Mutter während ihrer Kindheit behandelt wurde. Man kann unmöglich sagen, die Ratte habe etwas über die Eigenschaften der Umwelt (einschließlich der Freßfeinde), auf die sie später reagieren wird, „gelernt"; ebenso kann man unmöglich leugnen, daß die Reaktion auf die fremde Umwelt zum Teil eine Wirkung der Erfahrung ist.

4. Die Sehrinde der Katze enthält Zellen, die als Antwort auf die Bewegung einer Kontur (einer Trennlinie zwischen einem hellen und einem dunklen Bereich) über einen entsprechenden Bereich der Netzhaut reagieren und die selektiv auf Konturen in unterschiedlicher Orientierung ansprechen (Hubel und Wiesel 1959, 1962). Diese Zelleneinheiten, die zuerst in der Großhirnrinde der erwachsenen Katze entdeckt wurden, lassen sich auch in neugeborenen Kätzchen finden; zur Zeit der Geburt oder kurz danach sind sie schon in ihrer Funktion, selbst beim Fehlen der Erfahrung in der Gestaltwahrnehmung, ausdifferenziert, obgleich die Orientierung der rezeptiven Felder noch nicht so ausgeprägt ist wie in erwachsenen Katzen (Hubel und Wiesel 1963). Wenn die Kätzchen bis zum Alter von zwei oder drei Monaten aufgezogen werden, wobei ein Auge an der Gestaltwahrnehmung gehindert wird, aktivieren die Konturen, die über die depravierte Netzhaut bewegt werden, nicht die Hirnrindenzellen (Wiesel und Hubel 1963). Weiter verursacht dieser Erfahrungsentzug ein partielles Ausbleiben des normalen Zellwachstums auf einer niederen Stufe im visuellen System (seitlicher Kniehöcker) (Wiesel und Hubel 1963 a). Diese Beobachtungen über die elektrophysiologischen Wirkungen visuellen Erfahrungsentzugs sind mit den Ergebnissen von Verhaltensuntersuchungen vereinbar, die zeigen, daß einigen Säugetieren, die ohne Erfahrung

in Gestaltwahrnehmung aufgezogen wurden, sowohl die Fähigkeit fehlt, visuelle Gestaltunterschiede zu lernen (Riesen 1960), als auch die Fähigkeit, Gestaltunterschiede, die durch ein Auge gelernt wurden, auf das andere Auge zu übertragen (Riesen, Kurke und Mellinger 1953). Das visuelle Unterscheidungsverhalten erfordert nicht nur Erfahrung im Sinne von visuellen Mustern, die das Auge erreichen, sondern auch einige Erfahrung in der Koordination motorischer Aktivitäten und der visuellen Folgen dieser Aktivitäten (Riesen und Aarons 1959; Held und Hein 1963). Dies legt den Schluß nahe, daß die Wirkungen visueller Erfahrung auf das Verhalten nicht auf die Entwicklung elektrophysiologischer Mechanismen beschränkt sind, wie sie Wiesel und Hubel beschrieben haben, sondern daß sie die Entwicklung ausgedehnterer Verhaltensbereiche beeinflussen. Die Wirkungsweisen von Erfahrung auf die Verhaltensentwicklung reichen in ihrer Verschiedenartigkeit von der Degeneration eines bereits entwickelten neuralen Mechanismus, wie es Hubel und Wiesel gezeigt haben,[5] bis zu immer spezifischeren Wirkungen, von denen einige als konventionelles Lernen interpretiert werden müssen (Riesen 1961). Von dieser Wirkungsreihe sagt Lorenz:

„Es ist Geschmacksache, ob man vorzugsweise von Lernen spricht oder nicht (*sic*), wenn eine Handlung notwendig ist, um die Verkümmerung und Desintegration eines physiologischen Mechanismus zu verhindern; es kann aber auch als adaptive Modifikation angesehen werden, und es kann sehr wohl einen ontogene-

[5] Mir ist die Erinnerung daran recht unangenehm, daß ich in meiner Besprechung der ersten Auflage des Thorpeschen Buches (1963a) über Thorpes Einstellung zu diesem Problem sagte: „Wenn das Experiment zeigt, daß sich eine ‚Instinkt'-Handlung unter Übungsausschaltung nicht entwikkelt, spricht Thorpe von der ‚Regression' des Instinktes durch Nicht-Gebrauch; so behält er dessen ‚Angeborensein' trotz des klarstmöglichen Beweises des Gegenteils bei" (Lehrman 1957). Die Arbeit von Hubel und Wiesel zeigt, daß ich bei meiner Reaktion auf diese Bemerkung Thorpes viel zu voreilig war. Wie hoffentlich aus der vorliegenden Diskussion deutlich wird, verwendeten Thorpe und ich damals beide den Begriff „angeboren", ohne die unterschiedlichen Bedeutungen, die dieser Begriff haben konnte, und die unterschiedlichen Auffassungen auseinanderzuhalten, die an unterschiedlichen Problemen interessierte Wissenschaftler haben konnten.

tischen Informationserwerb beinhalten ... Diese Einschränkungen ... dürfen deshalb niemals bei unseren Versuchen, diese Funktion zu analysieren, vergessen oder übersehen werden. Prinzipiell sind sie jedoch kein Hindernis bei der Lösung unserer grundsätzlichen Frage nach der Herkunft der Information, die jedem Punkt der Angepaßtheit im Verhalten zugrundeliegt ... Aber bei umsichtigem Experimentieren ... und bei einem Experimentator, der die Gefahren kennt, ist das Risiko gering, daß sich irgendein echter Lernprozeß, besonders die klassische Konditionierung, unbemerkt ereignen könnte."

Hier deutet Lorenz wieder seine Meinung an, daß „echtes Lernen, besonders die klassische Konditionierung", die einzige Art von Erfahrungswirkung auf die Entwicklung des tierischen Verhaltens sei, die einen Verhaltensforscher ernsthaft interessiere.

5. Die Struktur der Fuß- und Beingelenke des Haushühnchens hängt ebenso wie die Struktur der verbindenden Oberflächen seiner Fuß- und Beinknochen von der Bewegung dieser Glieder während der Periode ihrer Embryonalentwicklung ab. Wenn die Muskeln des embryonalen Gliedes durch Unterbrechung der nervösen Versorgung oder durch pharmakologische Blockierung gelähmt werden, entwickeln sich auffallende Anomalien, die das völlige Fehlen der Gelenkbewegung mit einschließen. Die Anomalien bestehen darin, daß die Entwicklung der Gelenkhöhlen aufhört, die verbindenden Oberflächen sich verzerren und die Entwicklung der Knorpel und Sehnen, die das Gelenk umgeben und die Knochen verbinden, gleichfalls ausbleibt (Drachman und Sokoloff 1966). Das zeigt, daß Kontraktionen der Skelettmuskeln erforderlich sind, damit sich bei diesen Tieren die strukturellen Vorbedingungen für das Gehen normal ausbilden können. Bewegungen der embryonalen Muskeln, die bis zu einem gewissen Grade das Ergebnis einer spontanen Aktivität des ZNS sind (Hamburger und Balaban 1963; Hamburger, Balaban, Oppenheim und Wenger 1965), können während späterer Phasen durch äußere Reize einschließlich derjenigen, die aus spontanen Bewegungen entstehen, beeinflußt werden (Carmichael 1946). Dies ist ein Grenzfall, bei dem es keineswegs klar ist, bis zu welchem Grade afferente Information eine Rolle bei der Bestimmung von Ausmaß oder Richtung der betreffenden Bewegung spielt; aber es ist deutlich, daß die Beteiligung des Ner-

vensystems an der Entwicklung der normalen morphologischen Grundlage für das Fortbewegungsverhalten nur durch ein Verfahren erhellt wird, das eine auffallende Anomalie hervorbringt.

6. Wenn Embryos des Fisches *Fundulus heteroclitus* in Magnesiumchloridlösungen gehalten werden, entwickelt sich ein kleiner Prozentsatz zu Jungen mit nur einem Auge in der Mitte des Kopfes (Stockard 1909); diese Fische sind ganz offensichtlich zum Sehen befähigt (Rogers 1957). Diese Behandlungsart und dieses Resultat erscheinen mir als das Musterbeispiel von Mißbildungen durch anomale Aufzucht, wie sie nach Lorenz' Ansicht den Forscher, der die Anpassung an die Umwelt untersucht, überhaupt nicht interessieren. Diese Fische werfen jedoch einige Fragen auf, die Stoff zum Nachdenken abgeben könnten: sind erstens Anzahl und Lage der Augen eine adaptive Eigenschaft? und ist zweitens die Information über Anzahl und Lage der Augen im Genom oder in der Beziehung zwischen Genom und chemischer Umwelt enthalten? Wenn wir sagen, die Information über die Struktur und Lage der Augen sei eher im Genom als in der Beziehung zwischen Genom und Umwelt enthalten, dann müssen wir uns auf die Tatsache beziehen, daß unterschiedliche Arten von Tieren, die in derselben Umwelt aufgezogen werden, Augen von unterschiedlicher Struktur und Lage entwickeln. Dies wiederum bedeutet aber, daß wir uns auf die Tatsache, daß es *Unterschiede* zwischen Tieren gibt, die in derselben Umwelt aufgezogen wurden, als Beweis dafür berufen, daß es *Unterschiede* in den Genomen gibt. Ich sehe keinen anderen Ausweg aus diesem offensichtlichen Paradoxon als die Feststellung, daß Aussagen über den genetischen Ursprung von Eigenschaften in komplexen Vielzellern in erster Linie dann sinnvoll sind, wenn sie sich auf Abweichungen zwischen unterschiedlichen Tieren in derselben Umwelt als Beweis dafür beziehen, daß es Unterschiede in den Genomen gibt.

Die obige Beispielreihe für unterschiedliche Arten der Entwicklungsmodifikation, die zu unterschiedlichen Arten von Resultaten führen, soll in keiner Weise zeigen, daß irgend etwas an der Struktur der Augen, der Gelenke, des visuellen Systems oder der Nebennierenrinde „erlernt" sein muß. Es ist eine Beispielreihe für die Aufzucht in abnormen Umgebungen; durch Mechanismen mit verschiedenem Grad von Besonderheit und Allgemeinheit, die in unterschiedlichen Entwicklungsstadien auftreten und in unterschiedlich direkter Weise Wachstumsprozesse beeinflussen, führen diese Beispiele zu Entwicklungsresultaten, die Interferenzen mit den normalen adaptiven Eigenschaften des Tieres darstellen. Alle diese Resultate werfen indes Licht auf die Art und Weise, in der sich diese adaptiven Eigenschaften entwickeln, und auf das Ausmaß, in dem Umwelteinflüsse bei ihrer Entwicklung eine Rolle spielen können. Der Unterschied zwischen „Lernen" und anderen Formen der „Erfahrung" ist nicht deutlich, obwohl es möglich ist, bei verschiedenen Beispielen charakteristische Unterschiede zu sehen; die Unterschiede zwischen Umwelteinflüssen, die Wirkungen auf die Aktivität des Nervensystems mit sich bringen, und solchen Einflüssen, die derartige Wirkungen nicht beinhalten, sind gleichfalls nicht deutlich, und viele Zwischenglieder sind möglich. Das soll nicht heißen, daß bei verschiedenen Arten des Umwelteinflusses keine Klassifizierungen möglich wären und keine Unterscheidungen vollzogen werden könnten. Es bedeutet jedoch, daß die Unterscheidung zwischen der „morphologischen Ontogenese, die Struktur bewirkt", und dem „Verhalten nach dem Prinzip von Versuch und Irrtum", das Lernen bewirkt (Lorenz 1965), keine realistische ist, in der der tatsächliche Bereich derjenigen Entwicklungsprozesse überblickt werden kann, die bei den ontogenetischen Ursprüngen des Verhaltens enthalten sind, oder in der die verschiedenen Prozesse erhellt werden können, die die phänotypischen Erscheinungen des Verhaltens bewirken.

2. Wohin oder Woher? Der Begriff der Entwicklung

Lorenz behauptet, „einige amerikanische Psychologen" vermieden die Begriffe des Arterhaltungswertes und der phylogenetischen Anpassung ausschließlich deshalb, weil sie sie für „finalistisch" hielten. Laut Lorenz „sind sie nicht im geringsten finalistisch. Wenn ein Biologe sagt, die Katze habe krumme, spitze Krallen, ‚um Mäuse damit zu fangen', dann bekennt er dadurch nicht einen Glauben an eine mystische Teleologie, sondern äußert damit kurz und bündig, daß das Mäusefangen die Funktion sei, deren Selektionsdruck die Evolution eben dieser besonderen Krallenform verursachte".

Die Begriffe der Anpassung und der natürlichen Auslese sind selbstverständlich nicht teleologisch oder präformationistisch; und Lorenz hat mit der Behauptung unrecht, Schneirla oder ich hätten sie jemals dafür gehalten. Ich bin aber der Meinung, daß ein an der Entwicklungsanalyse interessierter Wissenschaftler eine ganz andere Einstellung zu einigen Problemen der Kausalität und Abnormität haben muß als die einem Biologen eigentümliche, der sich wie Lorenz insbesondere für die Tatsachen der Anpassung und der stammesgeschichtlichen Veränderung interessiert. Wenn die Vorstellung, die ein Beobachter von einem Entwicklungsprozeß hat, ganz von seinem Vorwissen über das Resultat (d.h. über die adaptive Form des voll entwickelten Verhaltens oder der voll entwickelten Struktur) beherrscht wird, dann kann eine Änderung des Entwicklungsprozesses, die durch eine Umweltveränderung verursacht wird, sehr leicht bloß wie eine „Abweichung" vom „normalen" Entwicklungsprozeß erscheinen. Es erschiene dann als ganz natürlich, wenn solch ein Beobachter sagte, jeder Umwelteinfluß, der zu einem ungünstigen Resultat führe, interessiere ihn nicht, da er ja nur in der Erzeugung eines pathologischen Zustandes und nicht in der Erhellung eines normalen Entwicklungsverlaufs bestünde. Für solch einen Beobachter ist die Entwicklung des normalen Genoms in der normalen Umwelt hin zu dem normalen Resultat bloß der *Hintergrund* für die Erzeugung dessen, wofür er sich in Wirklichkeit interessiert: die Einzelheiten der Struktur und des Verhaltens, durch die der Organismus auf komplizierte Weise an die Einzelheiten seiner Umwelt angepaßt wird.

Der Forscher jedoch, der Entwicklungsprozesse analytisch verstehen will, muß eine ganz andere Einstellung gegenüber dem „Normalen" haben. Für ihn sind die normale und die anomale Umwelt ganz einfach zwei Arten, auf die der sich entwickelnde Organismus beeinflußt wird; und gerade durch Betrachtung dessen, wie die Entwicklung durch irgendeine besondere Umweltveränderung gewandelt wird, gelangt er zu einem gewissen Verständnis für die Mechanismen der Entwicklung. Eine (wenn auch nicht sehr starke) Übertreibung läge in der Aussage, für den Entwicklungsforscher seien die normale Umwelt und der normale Entwicklungsgang nicht bedeutungsvoller oder wichtiger oder hervorstechender als jede andere Umwelt oder jedes andere Resultat. Dies wäre aus dem Grunde eine Übertreibung, weil der Entwicklungsforscher natürlich daran interessiert ist, den ontogenetischen Ursprung der tatsächlichen Eigenschaften der eigentlichen Art zu verstehen; und er kann nicht (wie Lorenz zu Recht bemerkt) ganz und gar auf gut Glück experimentelle Verfahren anwenden, unbekümmert darum, ob sie Licht auf das normale Entwicklungsresultat werfen. Es bleibt aber wahr, daß der Einblick in normale Entwicklungsprozesse daher rührt, daß normale und anomale Verfahren und Resultate so verglichen werden, daß sie durch die Unterschiede zwischen ihnen erhellt werden. Aus diesem Blickwinkel ist es keinesfalls wahr, wenn man sagt, je anomaler ein Entwicklungsresultat sei, desto weniger Einblick in das normale Resultat gewähre es.

Dieser Standpunkt läßt sich auch so ausdrücken, daß der Erforscher der Anpassung und der stammesgeschichtlichen Veränderung die Entwicklung oft als etwas betrachtet, das sich in jedem Stadium *in Richtung auf* die funktionale Form hin entwickelt, da ja eben die funktionale Form adaptiv ist und da ja die natürliche Auslese Genome auswählte, die in einer natürlichen Umwelt die funktionale Form hervorbringen; für den analytischen Erforscher der Ontogenese dagegen muß die Entwicklung als etwas erscheinen, das sich in jedem Stadium *aus* dem unmittelbar vorhergehenden Stadium *heraus* entwickelt und das von Prozessen, die zu der Zeit stattfanden, hervorgebracht wird, da es ja *sein* Ziel ist, die Prozesse, die eine Entwicklungsänderung hervorrufen, zu verstehen. Der Erforscher der Anpassung und Evolution kann daher in ganz berechtigten und sinnvollen Begriffen über das ihn interessierende Problem reden, während die Anwendung derselben Begriffe und Vorstellungen auf die Probleme, für die sich der Erforscher der Ontogenese interessiert, genau wie das Eindringen von Teleologie und Präformationismus aussehen kann. In diesem Sinne also kann Lorenz' Verwen-
die Entwicklung oft als etwas betrachtet, das sich in jedem Stadium
dung der Begriffe der Anpassung bei der Diskussion der Entwicklung von Autoren als „finalistisch" angesehen werden, denen es nicht im geringsten an Verständnis für biologische Vorstellungen mangelt.

V. Schluß: Einige Kommunikationsprobleme bei Wissenschaftlern

Es ist klar, daß zumindest einige der Probleme in den Diskussionen über den Begriff des „Angeborenseins" aus folgender Tatsache herrühren: während die verschiedenen Autoren glauben und es ihren Lesern auch zu verstehen geben, daß sie über Tatsachen oder Interpretationen diskutieren, bezüglich derer die eine oder die andere Seite unrecht haben muß, sprechen sie tatsächlich über verschiedene Probleme. Für einige Biologen, die sich primär für die Verhaltensfunktionen und für die Natur der Verhaltensanpassungen interessieren, die durch natürliche Auslese erreicht werden, erscheinen viele Entwicklungswirkungen der Erfahrung als trivial und uninteressant; sie scheinen sich nicht auf *ihre* zentrale Frage zu beziehen, die sich auf die Rolle der natürlichen Auslese bei der Festlegung spezifischer Einzelheiten richtet, durch die das Verhalten spezifischer Arten den Notwendigkeiten spezifischer Umgebungen angepaßt wird. Für den Erforscher der Entwicklung jedoch sind die Wirkungen der Erfahrung, so diffus sie auch sein und so weit sie auch von den spezifischen Einzelheiten einer besonderen sensorischen Unterscheidung oder einer motorischen Handlung entfernt sein mögen, als Teil des Ursachengeflechts für die Entwicklung eines jeden Verhaltensmusters oder einer jeden Verhaltenseigenschaft zu sehen, für die sie relevant sind. Weiter erscheint einem solchen Biologen der Rest dieses Geflechts nur im Hinblick auf das Resultat von Experimenten zur individuellen Entwicklung definierbar zu sein. Eine Einigung über die Definition der Begriffe, mit denen wir arbeiten, sollte doch möglich sein, so daß verwirrende Bedeutungen vermieden und wechselseitige Mißverständnisse auf ein Minimum reduziert werden könnten.

Eine Schwierigkeit, die solcher Harmonie im Wege steht, liegt in der Tatsache, daß intelligente genau wie dumme Menschen die Andeutung übelnehmen, sie seien unwissend oder inkompetent; sie neigen dann dazu, sich dagegen zu verteidigen. In diesem Aufsatz ist es mir nicht gelungen, meinen Ärger darüber zu verbergen, daß Lorenz wiederholt andeutet, Schneirla und ich wüßten nichts von biologischen Begriffen oder hätten nichts davon gewußt; und

Lorenz drückt in seinem Buch immer wieder seine Ungehaltenheit darüber aus, daß er an Entwicklungsbegriffe erinnert wird, die kein Biologe leugnen würde, gerade so als ob er sie nicht längst kennte. Es stimmt jedoch, daß ich in meinem früheren diesbezüglichen Diskussionsbeitrag die begrifflichen Probleme, die die adaptive Eigenheit artspezifischen Verhaltens stellt, nicht angemessen behandelte, und daß der Inhalt dieses Aufsatzes eine Formulierung von Problemen darstellt, die ich zuvor noch nicht im einzelnen bedacht hatte. Gleichfalls stimmt es, daß die Formulierung des Begriffs des „Angeborenseins" in Lorenz' jüngstem Buch sich von den Begriffen sehr unterscheidet, die sich in seinen früheren Schriften finden und die immer sehr stark die Entwicklungsstarrheit als ein wesentliches Kriterium für das Angeborensein implizierten. So hat es etwas Unpassendes an sich, wenn es in diesem Aufsatz so scheint, als hätte ich schon immer gewußt, was ich jetzt sage, und ich klärte es bloß zum Nutzen derer, die es nicht verstehen konnten; genauso hat es etwas Unpassendes an sich, wenn Lorenz darauf besteht, alle Kritik an seinem Standpunkt beruhe auf der Unwissenheit seiner Kritiker, während er gerade einige seiner Vorstellungen verändert, um der Kritik entgegenzukommen.

Ich glaube nicht, daß sich diese Art von Problem in der wissenschaftlichen Kommunikation eliminieren läßt, und ich erwähne es jetzt nur, um zu versuchen etwas zu verdeutlichen, das einer komplexen Diskussion sehr oft eigen ist. Wir geben nicht leichthin Vorstellungen auf, die uns als zentral erscheinen, und wenn sie angegriffen werden, neigen wir dazu, gegen die Angriffe Verteidigungen zu mobilisieren. Das bedeutet, daß wir die angegriffenen Vorstellungen erneut so ausdrücken, daß sie einem Leserkreis wieder überzeugend erscheinen, dessen Vertrauen in sie durch die Kritik möglicherweise geschwächt worden ist. Aber wenn wir in solch einer Situation die Formulierung der Vorstellungen ändern, kann es durchaus sein, daß wir dabei auch die Vorstellungen selber modifizieren und so auf Kritik reagieren, die sich wirklich gegen die Schwächen in den ursprünglichen Formulierungen gerichtet haben mag. Es läßt sich keineswegs scharf oder klar dazwischen unterscheiden, ob eine Vorstellung in einer deutlicheren Art und Weise erneut ausgedrückt wird, ob die Vorstellung modifiziert wird, damit sie der Kritik mehr entspricht, ob der Formulierung etwas hinzugefügt wird, das zwar zuvor bekannt war, aber als unnötig weggelassen wurde, oder ob tatsächlich neue Beziehungen und neue Vorstellungen als eine Folge der Auseinandersetzung mit der Kritik gesehen werden. Meiner Ansicht nach kann kein Teilnehmer an einer aktiven gelehrten Diskussion völlig sicher sein, daß alles, was er jetzt sagt, sein seit langer Zeit bestehendes Wissen darstellt, ohne daß irgendwelche Kritik mit eingearbeitet oder neue Vorstellungen, die nur die Auseinandersetzung mit der Kritik ermöglichte, mit eingeschlossen wurden. Wenn dies eine Kritik an dem bedeutet, was jeder, wer es auch sei, geschrieben hat, dann muß es auch für einiges von dem gelten, was ich selber in eben diesem Aufsatz geschrieben habe.

Lorenz glaubt, Verhaltensforscher sollten sich insbesondere oder sogar ausschließlich damit beschäftigen, „die höchst erstaunlichen Tatsachen der Anpassung . . . aufzuhellen". Wer sich aber für analytische Untersuchungen der Verursachung und Entwicklung adaptiven Verhaltens interessiert, hat noch andere Interessen, die in gleicher Weise berechtigt sind und für die diejenigen Vorstellungen, die allein von der Untersuchung der Funktion und Anpassung herrühren, nicht zentral nützlich zu sein brauchen. Es ist nicht nötig, daß alle Probleme in dasselbe begriffliche System passen. Es wird von keiner Theorie, die auf der Beobachtung intakter niederer Wirbeltiere beruht, verlangt, daß sie die Ursachen des Krieges, die Physiologie des Nervensystems und *außerdem noch* die Wirkungsweise der Gene erklärt; und es ist kein Affront gegen irgendeine Theorie, wenn man darauf hinweist, daß es einige Fragen gibt, die sie nicht beantworten kann, weil sie sie nicht gestellt hat.

Falls es so scheinen sollte, daß dieser Aufsatz in erster Linie auf eine Diskussion des jüngsten Buchs von Lorenz ausgerichtet ist, so liegt das einfach daran, daß dieses Buch der neueste Versuch ist, die sogenannte „Anlage-Umwelt"-Frage in Beziehung zu tierischem Verhalten umfassend zu erörtern. Mein Hauptziel war nicht etwa, einen anderen Ansatz zu kritisieren, sondern eine positive Darstellung der Beziehungen zwischen den Problemen der Anpassungsfähigkeit und der Entwicklung vorzutragen, wie sie sich von dem Standpunkt her ausnehmen, der sich mit dem verstorbenen T.C. Schneirla identifizieren läßt und der am besten von ihm vertreten wurde.

Zuerst erschienen unter dem Titel ‚Semantic and Conceptual Issues in the Nature-Nurture-Problem‘ in „Development and Evolution of Behavior“. Herausgegeben von L.R. Aronson, E. Tobach, D.S. Lehrman und J.S. Rosenblatt, San Francisco 1970, S. 17–52. Übersetzt von Christine und Jürgen Ahrendts.

Niko Tinbergen

Ethologie

I

In den letzten fünfzig Jahren konnten wir die Entwicklung oder besser noch die Renaissance einer Wissenschaft vom tierischen Verhalten verfolgen, die heutzutage allgemein als Ethologie bekannt ist. Wie so viele andere Wissenschaftler finden es auch die Ethologen schwierig, ihre Wissenschaft zu definieren. Sie sind sich darin einig, daß (wie es sich ja auch im Wort Ethologie ausdrückt) der Ausgangspunkt ihrer Untersuchungen etwas Beobachtbares ist – „Gewohnheiten" im Sinne von Bewegungen –; und für das Verständnis ihres Ansatzes ist der Umstand relevant, daß sie Biologen sind. Ich selber definiere Ethologie gern als die biologische Erforschung des Verhaltens – eine Formulierung, die sich sowohl auf das beobachtbare Phänomen wie auf die Forschungsmethode bezieht.

Einer der Vorläufer der Ethologie, wenn auch infolge des Fehlens unmittelbarer Nachfolger nicht einer ihrer Begründer, war Darwin (1859, 1872). Wenn seine Theorie, so erkannte er mit bemerkenswerter Voraussicht, die Evolution der Tierarten durch natürliche Zuchtwahl erklären sollte, dann mußte er sie auch auf alle tierischen Eigenheiten, seien sie nun „strukturell" oder „funktional", anwenden; daher konnte er auch nicht das Verhalten außer Betracht lassen. Sein Werk enthält viel konkretes Material, das wir heute ethologisch nennen würden. Gewiß war es zur damaligen Zeit unmöglich, viel über die „Maschinerien" des Verhaltens zu wissen; man könnte Darwins Vorgehen am besten durch die Feststellung charakterisieren, daß er Verhaltensmuster als *Organe* behandelte – als Bestandteile der Ausstattung, die ein Tier zum Überleben besitzt.

Die ethologischen Aspekte des Darwinschen Werks wurden nicht unmittelbar weiterverfolgt. Nach Darwin konzentrierten sich die Biologen bis weit in das zwanzigste Jahrhundert hinein auf die Ausarbeitung und Sicherung eines Bildes der Phylogenese, d. h. des Verlaufs, den die Evolution genommen haben mußte; dafür wählten sie die augenfälligsten beobachtbaren Phänomene aus: strukturelle Eigenschaften. So wandte lange Zeit zumindest die Zoologie ihre Aufmerksamkeit größtenteils der vergleichenden Anatomie zu.

Hin und wieder unternahmen einzelne Forscher isolierte Vorstöße in Richtung auf eine biologische Verhaltenswissenschaft, ohne freilich dadurch eine entsprechende sofortige und kontinuierliche Entwicklung einzuleiten. Weder Morgans Arbeit über Instinkt und Gewohnheit (1896) noch Whitmans geistreiche vergleichende Untersuchungen über einfache Verhaltensmuster (1919) noch Jennings' Studien über das Verhalten einzelliger Organismen (1923), um nur einige hervorragende Beispiele zu erwähnen, fanden wirklich Anklang. Die Gründe für dies Manko sind zweifellos vielschichtig: die bestehenden Zweige der Biologie, zu denen in der Zwischenzeit die Genetik hinzugekommen war, zogen die verfügbaren Talente an; es gab verhältnismäßig wenige Biologen, und ihre Wissenschaft hatte selbst in wissenschaftlichen Kreisen kein großes Ansehen; Verhaltensphänomene waren zu verwickelt, um leicht eine genaue Beschreibung, geschweige denn eine experimentelle Analyse zu erlauben; vor allem aber hemmten möglicherweise religiöse Vorstellungen die wissenschaftliche Analyse tierischen Verhaltens, das so unangenehm an unser eigenes Verhalten erinnert.

Im ersten Viertel dieses Jahrhunderts jedoch begannen zwei Biologen, Arbeiten vorzulegen, die von unmittelbarerer Wirkung waren. In England machte sich Huxley (1914, 1923) daran, die Untersuchung des Vogelverhaltens, besonders des Paarungsverhaltens, neu in Gang zu bringen, um dessen stammesgeschichtliche Entwicklung aufgrund natürlicher Auslese zu verstehen. Er wies nach, daß der Erfolg bei der Fortpflanzung von der Verbindung epigamer Ausdrucksbewegungen und Strukturen abhängt und daß sie beide als Teile von Signalsystemen zu gelten hätten, in denen jeder Geschlechtspartner bei einer Paarbindung denjenigen Selektionsdruck ausübt, der eine verstärkte Signalwirkung begünstigt. In Deutschland wandte Heinroth (z.B. 1911, 1928) in einer Reihe scheinbar einfacher, in Wirklichkeit aber höchst anspruchsvoller

Veröffentlichungen die Methoden der vergleichenden Anatomie auf Verhaltensmuster vor allem von Vögeln an; er hob dabei die Tatsache hervor, daß viele Verhaltensmuster typisch für Arten, Gattungen und sogar Familien und größere taxonomische Einheiten seien. Er führte ferner den Nachweis, daß viele dieser Verhaltensmuster größtenteils in dem Sinne „angeboren" seien, daß sie nicht oder kaum durch Veränderungen in der Umwelt, in der einzelne Individuen aufwachsen, modifizierbar seien.

Es war vielleicht kein Zufall, daß beide Forscher hauptsächlich über das Verhalten von Vögeln arbeiteten. Denn Vögel sind einerseits hochentwickelt genug, um ihr Verhalten als ein besonderes und anregendes Phänomen erscheinen zu lassen (im Unterschied zu den, wie es scheint, eher mechanischen Bewegungen zum Beispiel eines Seesterns); andererseits aber verleiten sie wahrscheinlich weniger als etwa Affen zu einer Identifikation mit uns selbst.

Der Einfluß ihrer Arbeiten war zunächst auf die mehr wissenschaftlich orientierten Ornithologen beschränkt. Ein ständig anschwellender Strom von Arbeiten über Vogelverhalten begann zu erscheinen, von denen einige ein sehr hohes Niveau hatten (z.B. Verwey 1930). Aber eigentlich inauguriert wurde ein umfassenderer Ansatz von Konrad Lorenz aus Wien, den Huxley später (1963) „den Vater der modernen Ethologie" nennen sollte.

Lorenz, der bereits in jener Phase über unvergleichliche Kenntnisse aus erster Hand über tierisches Verhalten verfügte, war der erste, der zu ermessen suchte, was die zeitgenössische Wissenschaft zu unserem Verständnis des normalen, natürlichen Verhaltens von Tieren unter ungestörten Bedingungen beitragen konnte. Nach der Veröffentlichung zweier scharfsinniger Studien über das Sozialverhalten von Dohlen (1927, 1931) und einer allgemeineren Untersuchung über Sozialverhalten (1935) legte er 1937 eine kritische Würdigung der Ansichten von Spencer, Morgan, McDougall und Ziegler vor, in der er zeigte, daß sich keine dieser Auffassungen mit den neuen, von ihm vorgebrachten Tatsachen vereinbaren ließ. Dann gab er einen Überblick, der auf eine moderne Fassung des Darwinschen Ansatzes hinausläuft. Darin hob er die eigentümliche Natur vieler Verhaltensmuster hervor und betonte besonders diejenigen relativ einfachen Komponenten, die oft am Ende einer variablen Bewegungsfolge erscheinen. Während dieser Einleitungsbewegungen scheint das Tier danach zu streben, diejenigen Bedingungen zu finden, unter denen diese Endhandlungen oder „consummatory acts“ (die er „Instinkthandlungen“ nannte) ausgeführt werden könnten. Bei seinem größtenteils induktiven Vorgehen maß er den folgenden Phänomenen großes Gewicht bei: der gelegentlichen „Fehlzündung“ der Instinkthandlungen unter stark anomalen Umständen; dem Phänomen des „explosiven“ Verhaltens oder der „Leerlaufreaktion“, das sich immer dann zeigt, wenn einem Tier lange Zeit die Gelegenheit zur Ausführung einer Instinkthandlung genommen wurde; dem stammesgeschichtlichen Konservativismus der Instinkthandlungen, der sie zu verläßlichen Art- und Gruppenmerkmalen macht, die strukturellen Merkmalen vergleichbar sind; der innerlich kontrollierten Reifung vieler Verhaltensmuster im Verlaufe der Entwicklung des Individuums („angeborenes“ Verhalten), einem Lernprozeß, den er „Prägung“ nannte und mit dem Prozeß der induktiven Determinierung bei der Organentwicklung verglich; und schließlich der mosaikartigen Integration „angeborener“ und erlernter Verhaltenskomponenten, wie sie sich im erwachsenen Tier als Resultat der ungleichen Modifizierbarkeit dieser unterschiedlichen Komponenten findet. Viele dieser Feststellungen hatten noch in hohem Maße Versuchscharakter, und spätere Forschungen führten zu gewissen Modifikationen, Ausarbeitungen und Verbesserungen; doch diese Arbeit war wie eine frische Brise und eröffnete Ausblicke auf Neuland. Es wird oft vergessen (was zum Teil eine Folge eines gewissen Selbstbewußtseins in Lorenz’ Stil ist), daß er ausdrücklich schrieb (1937b): „Ich sehe jedoch keine Gefahr darin, meine Ansichten in schärfster Weise zu formulieren, solange wir uns bewußt bleiben, daß sie zum Teil noch reine Arbeitshypothesen sind, die zu ändern neue Tatsachen uns jederzeit zwingen können. Eines aber hoffe und glaube ich in überzeugender Weise dargetan zu haben: daß die Erforschung der Instinkthandlung kein Feld für großangelegte geisteswissenschaftliche Spekulationen ist, sondern ein Gebiet, auf dem, wenigstens vorläufig, die experimentelle Einzelforschung allein das Wort hat.“

Rückblickend ist es interessant zu sehen, wie Lorenz’ Arbeit allmählich an Einfluß gewann: zuerst in der Biologie, dann in der Psychologie und Psychiatrie, und wie dann umgekehrt die Ethologie auf die Einflüsse von außen reagierte. Meine Skizze dieser weiteren

Entwicklung wird natürlich eine persönliche und vielleicht gefärbte Darstellung sein.

Lorenz' neuer Ansatz fand sofort bei einer kleinen Zahl von Zoologen Anklang, und zwar besonders bei solchen, die sich, wie ich selber, bereits dazu entschlossen hatten, tierisches Verhalten zu beobachten, und die zutiefst enttäuscht waren, als sie in der psychologischen und physiologischen Literatur nach Orientierungshilfen Ausschau hielten. Auch diesen Beobachtern war das relative Fehlen der Modifizierbarkeit vieler Verhaltensmuster und ihr daraus folgendes konservatives Verhalten bei der Phylogenese aufgefallen, ebenso die deutliche „Spontaneität" vieler Verhaltensweisen, die damals mit den Reflextheorien unvereinbar schien, und die Tatsache, daß viele Verhaltensmuster offensichtlich häufig entscheidend zur Arterhaltung und zum Fortpflanzungserfolg beitrugen.

Lorenz' Ansatz fand auch wegen seines umfassenden Charakters Widerhall – er war deutlich ein Angriff auf breiter Front. Viel mehr Tierarten als früher wurden berücksichtigt; die Ethologen zielten darauf, das gesamte komplexe Verhalten, welches Tiere in ihren natürlichen Umgebungen zeigen, zu beschreiben und zu analysieren; schließlich interessierten sie sich sowohl für die Funktion und Evolution des Verhaltens als auch für seine Kausalstruktur.

Bevor sein Werk allgemeiner bekannt wurde, arbeitete Lorenz (1939) zwei Aspekte seiner Theorie heraus, denen er in seiner oben zitierten ersten umfassenden theoretischen Arbeit keine besondere Beachtung geschenkt hatte. Beide Aspekte sind wichtig, da sie zur Physiologie des Verhaltens in Beziehung standen und später zu verschiedenen Berührungen mit der Neurophysiologie führten. Viele unkonditionierte Verhaltenskomponenten waren nachweislich die Antwort auf „Schlüsselreize" – relativ unbedeutende Teile der Gesamtinformation, die die Sinnesorgane dem Tier liefern konnten. Die Organisation solcher Verhaltensmuster war offensichtlich derart, daß der Schlüsselreiz unter normalen Bedingungen die natürlichen Objekte, auf die das Tier zu reagieren hatte, genügend kennzeichnete, um zu garantieren, daß auch die passende Reaktion eintreten würde. In einigen anomalen Umgebungen (nämlich solchen, die den Schlüsselreiz in einem veränderten Kontext darbieten) kann diese Abhängigkeit von Schlüsselreizen zu Reaktionen auf das falsche Objekt führen. Dieses „Filtern" der Sinnesinformation und folglich der wirksamen Schlüsselreize ändert sich mit der gezeigten Reaktion und oft auch mit dem inneren Zustand des Tieres. Diese Art von Nachweis trat schon bald mit einem Problem in Verbindung, das Physiologen und Kybernetiker als wichtig erkannt hatten: die den Informationseintritt regelnde periphere Kontrolle (durch „Schleusen").

Der zweite Berührungspunkt betraf die innere, besonders die zentralnervöse Verhaltenskontrolle. Unabhängig von Lorenz hatte ein anderer einzelner „Häretiker", der Physiologe von Holst (z.B. 1939), die Existenz von – wie er sie nannte – spontanen und automatischen Rhythmen in der zentralnervösen Aktivität nachgewiesen, die relativ komplexen Verhaltensmustern wie etwa der Lokomotion zugrundeliegen; Bewegungen, die nicht sehr viel weniger komplex sind als die, welche Lorenz Instinkthandlungen genannt hatte. Die brillante Arbeit, die von Holst auf diesem Feld leistete und die sich auf die Anwendung unkonventioneller Methoden stützte, erreichte ihren Höhepunkt in seinen Untersuchungen über die „relative Koordination" zentralnervöser Rhythmen; sie trug wesentlich dazu bei, das Interesse für den physiologisch orientierten Aspekt der Lorenzschen Arbeit zu wecken.

Alle Abhandlungen, die über diese neuen Entwicklungen berichteten, wurden auf deutsch geschrieben und in deutschen Zeitschriften veröffentlicht, und es war nicht erstaunlich, daß ihr Einfluß zunächst auf die Teile Westeuropas, die Deutsch verstanden, beschränkt blieb.

II

Die weitere Entwicklung der Ethologie wurde von Koehler charakterisiert, der wiederholt darauf hinwies, daß sie wie viele neue Ideen drei Phasen durchlief. Zuerst blieb der neue Ansatz weitgehend unbeachtet. Als man dann aber seine Bedeutung für weitreichendere Fragen zu erkennen begann, stieß er auf lebhafte Kritik. Diese Kritik führte zu weiterer Kontaktaufnahme und dadurch zu einer Periode, in der Gedanken und Resultate ausgetauscht wurden und die somit den Anfang der Zusammenarbeit bildete. Dieser Phase folgt oft eine weitere, in der einige Vorstellungen als so selbstverständlich gelten, daß wir zu vergessen geneigt sind, daß wir sie uns nicht immer zueigen machten. In einigen Bereichen der Ethologie treten wir gerade jetzt in diese spätere Phase ein.

Die Kritik war vorauszusehen gewesen, da die Vorstellungen, die Lorenz und von Holst entwickelt hatten, in mehr als einer Beziehung im Gegensatz zur herrschenden Meinung standen und deshalb unpopulär sein mußten. Von Holsts Arbeit beunruhigte alle diejenigen, die – wie die meisten Neurophysiologen zu der Zeit – gewohnt waren, die Reflexbewegung als die Grundstruktur der tierischen Bewegung anzunehmen. Lorenz' Vorstellung vom „angeborenen" Verhalten stand in Widerspruch zu den Ansichten der meisten amerikanischen Psychologen, die das Lernen für den wichtigsten Kontrollprozeß der Verhaltensentwicklung des Individuums hielten – eine Überbetonung, die zweifellos viel mit der Tatsache zu tun hatte, daß die Tierpsychologie ihre Probleme von der Humanpsychologie übernommen hatte.

Lorenz und von Holst drückten beide ihre Ansichten auf sehr selbstbewußte, beinahe provozierende Art und Weise aus, da sie ja ihrer Meinung nach auf starr festgelegte, aber voreingenommene Standpunkte reagierten. Dies machte den ethologischen Angriff (und den Gegenangriff, den er bald auslöste) zu einer fruchtbaren Phase im wissenschaftlichen Fortschritt, gekennzeichnet als ein geistreicher Kampf, der zwar mit großer Intensität ausgetragen wurde, aus dem aber keine Seite als Verlierer oder Sieger hervorging; alle drei Disziplinen zogen aus der Auseinandersetzung Gewinn.

Der Gegenangriff, der die zweite Phase eröffnete, entwickelte sich nach einigen Wortgeplänkeln, als Lehrman seine „*Kritik an Konrad Lorenz' Theorie des instinktiven Verhaltens*" (1953)[1] veröffentlichte; darin machte er sich zum Sprecher vieler seiner Kollegen unter den amerikanischen Psychologen.

Meiner Meinung nach war Lehrmans Kritik in Fragen der Verhaltensentwicklung außerordentlich tiefgehend. Seine Argumentation ging dahin, es sei heuristisch nutzlos, Verhaltensmuster oder Teile davon als entweder „angeboren" oder „erlernt" zu klassifizieren. Statt dessen sollten lieber die Entwicklungsprozesse selbst derjenigen Verhaltensweisen untersucht werden, welche die Ethologen

[1] Vgl. in diesem Band S. 17–71.

als „angeboren“ eingeordnet hatten. Wenn sich solche Verhaltensmuster auch zugestandenermaßen ohne die Wirkung gewisser spezifizierter äußerer Einflüsse entwickelten (wenn sie beispielsweise ohne jegliche vorherige Übung richtig ausgeführt wurden oder wenn sie eine Reaktion auf Reize darstellten, mit denen das Tier niemals zuvor konfrontiert worden war), könnten sie dennoch von bestimmten Wechselwirkungen mit der Umwelt abhängen, von denen sich einige durchaus von solchen unterscheiden könnten, die gewöhnlich unter der Bezeichnung „Lernen“ zusammengefaßt worden wären. Lehrman behauptete, daß der Drang zum Entschlüsseln solcher Entwicklungsprozesse durch die starre dichotomische Klassifizierung zweier Verhaltenstypen sozusagen eingeschläfert worden sei. Obgleich er eine gute Sache dadurch fast verdarb, daß er die Rolle früher Erfahrung überbetonte und die ethologische Arbeit über die Verhaltensontogenese unterbewertete, gab die spätere Forschung dennoch einem großen Teil seiner Aussagen recht.

Hinsichtlich der physiologischen Verhaltensanalyse argumentierte Lehrman, die Ethologen verwechselten oft Ähnlichkeiten in der Wirkung unbekannter Mechanismen mit Ähnlichkeiten in der strukturellen Organisation. Wenn ich auch der Meinung bin, daß er das intellektuelle Niveau der Biologen gerade in dieser Frage unterschätzte, war sein Unbehagen nicht gänzlich unbegründet.

Ein mit den beiden anderen verknüpfter dritter Angriffspunkt richtete sich gegen den Optimismus, mit dem die Ethologen dazu neigten, eine Ähnlichkeit zwischen den Mechanismen tierischen und denen menschlichen Verhaltens anzunehmen, und zwar sowohl zwischen den ontogenetischen als auch den physiologischen Mechanismen. Wie ich später zu zeigen hoffe, glauben moderne Ethologen zwar immer noch, daß Mensch und Tier sich in ihrer Organisation ähnlicher sind, als viele Psychologen zugeben möchten; sie erkennen aber vielleicht noch viel bereitwilliger als viele Psychologen das Ausmaß unserer Unwissenheit über menschliches Verhalten an. Außerdem haben sie den Schwerpunkt ihrer Argumentation auf einen Punkt der Methodologie verlagert: die Ethologen nehmen jetzt für sich in Anspruch, *Methoden* entwickelt zu haben, die fruchtbar auf menschliches Verhalten angewandt werden könnten und es tatsächlich auch sollten.

Schließlich enthüllte Lehrman die Schwäche der Beweisführung, auf die die Ethologen ihre Schlußfolgerung stützten, daß autonome Prozesse im ZNS eine wesentliche Rolle bei der Kausalstruktur des Verhaltens spielten. Er machte deutlich, daß sie die mögliche Wirkung unbeachtet ließen, die ein oder auch mehrere periphere, zum Teil auch sensorische Einflüsse ausüben können (z.B. Propriozeptoren, d.h. Sinnesorgane, die mehr über die Bedingungen und Ereignisse innerhalb des Körpers als über die Umwelt berichten) – Einflüsse, die durch Untersuchungen an intakten Tieren nicht genau nachgewiesen werden könnten.

Der Kontakt mit den Physiologen entwickelte sich etwas später. Meiner Ansicht nach scheint der Hauptgrund dafür in der Tatsache zu liegen, daß sowohl der Gegenstand als auch die Methoden der beiden Wissenschaften ursprünglich zu unterschiedlich waren. Die Neurophysiologen waren damals sehr mit der Analyse von Prozessen auf der Stufe der einzelnen Nervenzelle oder relativ einfacher neuronaler Systeme beschäftigt; und weder Sherringtons „*Integrative action of the nervous system*" noch Pawlows Arbeit konnte direkt auf komplexes Verhalten angewandt werden. Von Holst, der seinerseits Schüler des Physiologen Bethe gewesen war, fand zu der Zeit eher bei Ethologen als bei Physiologen Zustimmung. Eng verbunden mit diesem Unterschied im Gegenstand war auch der Unterschied in der Methode. Physiologen waren Experimentatoren und verließen sich als solche nahezu ausschließlich auf die Untersuchung der Folgen experimenteller Eingriffe. Wie von Holst zu bemerken pflegte, beinhaltet dies ein methodologisches Vorurteil, weil die Methode gemäß ihrer Natur die Aufmerksamkeit von dem, was Tiere tun, wenn sie nicht gestört werden, und damit vom „spontanen" Verhalten ablenkte. Angesichts einer nur geringen Anzahl rein deskriptiver Daten neigten die Ethologen dazu, einen Großteil ihrer Zeit der Beobachtung zu widmen, ohne jedoch gleichzeitig auf die daraus resultierenden Hypothesen überzeugendes Experimentieren folgen zu lassen. Aufgrund dieser Unterschiede im Gegenstand, in der Methode und von daher auch in den Begriffen und in der Terminologie war die Kluft größer, als selbst diejenigen erkannten, die die grundlegenden Ähnlichkeiten im Ansatz sahen und an die letztliche Vereinigung aller Arten von „Physiologie der Bewegung" glaubten. Das frühe „Physiologisieren" der Ethologen war zweifellos naiv; zum Beispiel wurde die Bedeutung der „Ruheaktivität" der Sinnesorgane für die Probleme der „Spontaneität" und die Bedeutung der propriozeptiven Information für die Probleme der Triebreduktion nicht verstanden; auch waren wir uns im allgemeinen nicht des wichtigen Begriffs der „Rückkopplung" bewußt. Umgekehrt nützte es unserem Verständnis für Verhaltensmechanismen nicht, wenn beispielsweise Pawlow (1926) Begriffe wie den des „Neugier-Reflexes" prägte oder wenn sich später Eccles (1953) auf der Grundlage von Neuronen-Untersuchungen über den „Geist" ausließ.

Es war deshalb nicht erstaunlich, daß sich der Kontakt zwischen Physiologen und Ethologen verhältnismäßig spät entwickelte und daß die Neurophysiologen, als sie die Ethologie zur Kenntnis zu nehmen begannen, dies mit einer sehr kritischen Einstellung taten.

Die scharfe Unterscheidung, die hier zwischen Psychologie und Physiologie getroffen wird, ist natürlich in hohem Grade schematisch, besonders da die amerikanische Psychologie zu dem Zeitpunkt, als sie mit der Ethologie in Berührung kam, bereits physiologische Ansätze und Techniken entwickelt hatte. Doch ist die Unterscheidung im großen und ganzen stichhaltig, weil für die Psychologen das Verhalten den Mittelpunkt des Interesses bildete, für die Neurophysiologen aber das Nervensystem.

Folglich machten es die mangelnde Differenziertheit in der experimentellen Arbeit bei den Ethologen, ihre Beschäftigung mit Phänomenen, die außerhalb der Interessensphäre sowohl der Psychologie wie auch der Physiologie lagen, und ihr Interesse für die Probleme des Arterhaltungswertes und der Evolution beinahe unvermeidlich, daß ihre Arbeit die Kritik ihrer Nachbarwissenschaftler auslöste; es war aber gleichfalls unvermeidlich, daß ein Großteil dieser Kritik auf Mißverständnissen beruhte. Unter solchen Umständen, die ja leicht zu einer Verhärtung der Standpunkte und zu wechselseitiger Ablehnung der jeweiligen Ansichten und Tatsachen hätten führen können, war es ermutigend, zu sehen, wie schnell die Phase, in der man die Kritik nur *artikulierte,* in eine Phase überging, in der man der Kritik auch *zuhörte,* und wie dadurch sowohl der Ansatz bei allen betroffenen Wissenschaften verbreitert als auch eine Annäherung und Synthese eingeleitet wurde.

III

Die Nachkriegsepoche erlebte eine schnelle Entwicklung aller Wissenschaften, die sich mit tierischem Verhalten befaßten. Diese Entwicklung wurde zweifellos teilweise durch Tendenzen in jeder dieser Wissenschaften selber veranlaßt. Die Psychologen dehnten in eigenständiger Weise ihr Interesse auf eine größere Zahl von Tierarten und von Problemen und auf die Entwicklung neuer Techniken aus. Die Neurophysiologen begannen ihre Untersuchungen auf höhere Integrationsstufen auszuweiten. Die Ethologen entwickelten eine verstärkte Neigung zu Experimenten. Es verdient hervorgehoben zu werden, daß auch dies zum großen Teil eine Folge der Lorenzschen Arbeit war. Seit der Mitte der dreißiger Jahre eng mit Lorenz verbunden und zu experimentellem Arbeiten neigend, kann ich bezeugen, daß die Art und Weise, in der Lorenz, mag er auch selbst kein Experimentator sein, seine Hypothesen formuliert, viel experimentelles Arbeiten angeregt und sogar beherrscht hat; dies ist selbst heute gegeben, wenn auch oft so indirekt, daß die jüngere Generation dies nicht immer klar erkennt. Ich kann seinen Einfluß wohl am besten so charakterisieren: wenn die experimentelle Methode auch ohne die Entwicklung seiner Hypothesen auf Verhaltensprobleme angewandt worden wäre, so wäre der Ansatz doch viel weniger systemorientiert und in seinem Wesen viel atomistischer gewesen. Es kann auch gar kein Zweifel daran bestehen, daß er der Erforschung der Verhaltensevolution, einschließlich der Wirkungen der natürlichen Auslese, durch seine scharfsinnigen vergleichenden Untersuchungen bedeutende Impulse gab – einem Gebiet, das von Neurophysiologen, vergleichenden Psychologen und Humanpsychologen praktisch noch nicht beachtet wurde.

Ein auffallender Aspekt der Entwicklung nach dem Kriege war aber der Beginn interdisziplinärer Fühlungnahme: wenngleich die Ethologen noch weiterhin die Aufmerksamkeit auf das lenken, was ihrer Überzeugung nach neu an ihrer Arbeit ist, eignen sie sich doch vielerlei aus den benachbarten Wissenschaften an. Die augenfälligste Entwicklung ist vielleicht das wachsende Interesse an Untersuchungen über die Kausalstruktur, die sich ganz natürlich in die Richtung der Verhaltensphysiologie bewegten. Aber die Ethologie hat sich eine Weite des Interesses bewahrt, die in anderen Disziplinen und sogar in anderen biologischen Bereichen weniger ausgeprägt ist. Ich glaube, daß Nichtbiologen und selbst eine Anzahl meiner Biologenkollegen nicht immer die gesamte Weite der wesentlichen Probleme klar erkennen, welche die Biologie in all ihren Zweigen einschließt. In leichter Abänderung des Huxleyschen Hinweises auf „die drei Hauptprobleme in der Biologie“, nämlich Kausalstruktur, Funktion und Evolution, empfand ich immer den Gedanken als nützlich, die Biologie sei – in den Begriffen des gesunden Menschenverstandes – an zwei Problemen interessiert: an dem Problem der Kausalstruktur und an dem der Funktion im Sinne des Arterhaltungswertes. Damit meine ich, daß wir, von beobachtbaren Lebensprozessen ausgehend, fragen: „wie kommt es, daß dies geschieht?“ und „wie beeinflussen die Wirkungen dessen, was geschieht, die Arterhaltung (einschließlich der Fortpflanzung)?“ Die erste Frage kann grob in drei einzelne Fragen aufgeteilt werden, die sich durch den in ihnen enthaltenen Zeitaspekt voneinander unterscheiden. Die Kausalstruktur kurzfristiger, zyklischer Ereignisse im tierischen Leben (wie die periodische Nahrungsaufnahme oder der Wechsel zwischen reproduktiven und nichtreproduktiven Perioden) wird in der Absicht untersucht, die Steuerung, die „Maschinerie“ solch zyklischen Verhaltens, zu analysieren. Über einen längeren Zeitraum hinweg zeigt sich uns das ganze Leben eines Individuums als ein einziger langer Zyklus, und die Veränderungen in den Verhaltensmechanismen im Ablauf des Zyklus, die Entwicklung des Individuums ist zu untersuchen. Schließlich findet durch die Abfolge der Generationen Evolution statt, in deren Verlauf sich die Ontogenese in den aufeinanderfolgenden Generationen verändert. Trotz eines gewissen Überlappungsgrades beziehen sich die Untersuchungen der Kausalstruktur somit auf drei recht unterschiedliche Probleme. Die Behandlung der beiden ersten Probleme unterscheidet sich von der des dritten darin, daß sich beide mit wiederholbaren Phänomenen befassen, die folglich Kontrollversuchen unterworfen werden können. Die Evolution hingegen ist ein einziger Zyklus, in dem jeder Schritt einzigartig gewesen ist, und ihre Untersuchung ist daher letztlich von indirekten Methoden, von einer Rekonstruktion dessen, was geschehen ist, abhängig. Das trifft zu, selbst wenn man unter Berücksichtigung des „Prinzips der

Aktualität“ (oder der Unveränderlichkeit der grundlegenden Mechanismen während der Vergangenheit) einzelne Komponenten des stammesgeschichtlichen Prozesses experimentell untersuchen kann.

Das Problem der Funktionen, denen die Lebensprozesse dienen, ist in gewisser Hinsicht anders gelagert. Organismen, die „negative Entropie aufbauen“, scheinen physikalischen Gesetzen zu trotzen; sie erhalten sich selber in einem Zustand, der auf den ersten Blick als sehr instabil erscheint. Die Tatsache, daß Tiere trotz starker Gegenkräfte überleben, sich fortpflanzen und entwickeln, läßt uns fragen, wie sie das schaffen. Wenn das Überleben dieser Systeme – Organismen oder Gemeinschaften – das Beobachtbare wäre, von dem wir ausgehen, dann hätte es die Biologie nur mit Kausalstruktur zu tun; da aber das, was wir beobachten, Lebensprozesse sind, müssen wir die Ursache-Wirkung-Beziehungen in beiden Richtungen verfolgen; wir müssen in der Zeit zurückblicken, wenn wir die Kausalstruktur untersuchen, und nach vorne schauen, wenn wir die Wirkungen erforschen, um zu verstehen, wie diese Wirkungen zur Arterhaltung beitragen. Da seit Darwin angenommen wird, die Organisation der Tiere sei das Resultat einer natürlichen Auslese, welche die erfolgreicheren Formen begünstige, bildet die Erforschung der Art und Weise, in der Lebensprozesse zur Arterhaltung beitragen, ebenfalls einen Teil der Untersuchung zur Evolution; und die Biologie hat es daher aus zwei Gründen mit den Wirkungen der Lebensprozesse zu tun. Ob man nun Ursachen nachspürt oder Wirkungen verfolgt, die dabei angewandte Methode ist natürlich dieselbe: die Ursache-Wirkung-Beziehungen werden aufgedeckt, und zwar letztlich durch das Experiment.

Bei einer Wissenschaft wie der Ethologie, die mehr durch ein beobachtbares Phänomen als etwa durch einen bestimmten Tiertyp, ein Problem oder eine Methode gekennzeichnet ist, ist ein Interesse an all diesen Problemen nur natürlich; und bei diesem breiten biologischen Interesse steht die Ethologie im Vergleich mit der Masse der physiologischen und psychologischen Arbeiten immer noch günstig da.

In Untersuchungen über die *Kausalstruktur* kurzfristiger Zyklen (Verhaltensphysiologie) wurden Lorenz’ ursprüngliche Ansichten zum Teil ausgearbeitet, zum Teil verbessert und zum Teil durch Vorstellungen ergänzt, die es zuließen, neue Fragen zu stellen. Lorenz beschrieb, wie Verhaltensfolgen, die funktionell einheitlich sind (so zum Beispiel die verschiedenen Tätigkeiten, die zusammen Nahrungsaufnahme genannt werden), oft aus einer Einleitungsphase bestehen, die er (im Anschluß an Craig, 1918) „Appetenzverhalten“ nannte und die durch einen hohen Grad an „Spontaneität“ (d.h. innerer Auslösung), durch Unregelmäßigkeit oder Veränderlichkeit der angewandten Bewegungsmuster und durch die Tatsache gekennzeichnet ist, daß sie solange fortgesetzt wird, bis das Tier auf eine Situation stößt, die das nächste Glied in der Verhaltenskette auslöst. So schickt sich ein hungriges Tier an, Nahrung zu „suchen“, und der Anstoß zum Jagen, Fressen usw. ergibt sich, wenn Nahrung tatsächlich wahrgenommen wird. Ferner lenkte er die Aufmerksamkeit auf die Tatsache (auf die Craig gleichfalls hingewiesen hatte), daß solche Folgen oft in relativ stereotypen Endhandlungen oder „Instinkt“-Handlungen („consummatory acts“) enden und daß die Bereitschaft zur Wiederholung oder Fortsetzung desselben Verhaltenstyps mehr oder weniger unmittelbar mit der tatsächlichen Ausführung der Endhandlung aufhört. Er betonte damit folgende Tatsachen: Das Verhalten wird zum Teil innerlich motiviert; Handlungen, die funktionell zusammengehören, sind auch ursächlich auf solche Art und Weise verbunden, daß sie zusammen in bestimmten Abfolgen eintreten; und der gesamte Komplex verliert nach der Ausführung der Endhandlung(en) sozusagen seine innere Motivation. Dies veranlaßte Lorenz, den Begriff der „aktionsspezifischen Energie“ einzuführen, einen mehr oder weniger metaphorischen Terminus für größtenteils unbekannte Faktoren, die eher spezifische, funktionell verschiedene Verhaltenssysteme als eine allgemeine Tätigkeit beeinflussen. Seine Untersuchungen über den Wechsel in der Bereitschaft, ein bestimmtes Verhalten auszuführen, ergaben dies: wenn einem Tier die Gelegenheit genommen wird, ein solches Verhalten zu zeigen, ist es zunehmend bereit, auf inadäquate Reizung zu reagieren; und im Fall einer tatsächlichen Reizung zeigt es in wachsendem Maße ein vollständig ablaufendes Verhalten. Im Extremfall tritt ein Verhalten, dessen Auslösung normalerweise reizabhängig ist, sogar „spontan“ auf („Leerlaufhandlungen“). Lorenz ging noch einen Schritt weiter, als er die

„aktionsspezifische Energie“ mit einer besonderen Art innerer Kontrolle identifizierte, und zwar durch Prozesse im ZNS selber, von denen er annahm, sie könnten mit den „Automatismen“ im Sinne von Holsts verwandt sein. Er ließ dabei weitgehend die Möglichkeit außer Betracht, daß die triebreduzierende Wirkung der Ausführung der Endhandlung zum Beispiel auch aufgrund propriozeptiver Reize oder sogar aufgrund von Außenreizen eintreten könnte; statt dessen schrieb er die Triebreduktion der direkten Erschöpfung der „aktionsspezifischen Energie“ zu. Das von ihm vorgeschlagene Analogiemodell trug wesentlich dazu bei, ein Bild seiner Theorie entstehen zu lassen, das enger und starrer war als die Theorie selber. Es ähnelt gie“) gefüllt und durch verschiedene Öffnungen entleert werden kann, von denen jede durch eine Auslösevorrichtung („auslösende Reize“) geöffnet werden kann, die das Auslaufen des Wassers ermöglicht („Endhandlung“). Wenn keine Auslöser betätigt werden, dann überwindet das Wasser den Widerstand, der eine Öffnung blockierte („Leerlaufhandlung“).

Es war zweifellos sehr wichtig, daß Lorenz die inneren verhaltensspezifischen Determinanten so betonte, auch wenn seine spezifische Hypothese zu eng war. Neuere Arbeiten über die „Ruheaktivität“ verschiedener Sinnesorgane – eine Aktivität, die das ZNS selbst dann erregt, wenn keine spezifischen Reize auftreten – deuten zum Beispiel darauf hin, daß selbst so spezifische Verhaltensmuster wie koordiniertes Schwimmen von solch unspezifischer Information abhängen können. Die eigentliche Quelle der Information braucht gar nicht wichtig zu sein, aber wenn sie vollständig fehlt, hört das Schwimmen auf (z. B. Lissmann 1946). Eng verwandt mit der Vorstellung von den spontanen zentralnervösen Rhythmen ist die Idee, daß der allgemein bekannte Einfluß, den bestimmte Hormone auf das Verhalten haben, unmittelbar wirke. Spätere Untersuchungen haben jedoch gezeigt, daß das nicht immer in dieser Weise zutrifft: Sexualhormone können zum Beispiel das Wachstum peripherer Sinnesorgane herbeiführen, die dadurch wiederum in die Lage versetzt werden, das Nervensystem zu beeinflussen. Es wurden jedoch auch direkte Wirkungen von Hormonen auf das ZNS nachgewiesen, und als der wesentlich dafür zuständige Bereich stellte sich gar der hintere Hypothalamus heraus (Harris, Michael und Scott 1958). Zur gleichen Zeit wiesen Neurophysiologen in einer wachsenden Anzahl von Fällen nach, daß das zentralnervöse Gewebe viel mehr tut, als bloß geduldig darauf zu warten, zur Tätigkeit angeregt zu werden. An die Stelle der alten Vorstellung tritt eine Anschauung, die mit kontinuierlich aktiven Nervenzellverbänden rechnet, die gewöhnlich gehemmt sind; werden sie aber durch andere Zentren oder durch Sinnesreize enthemmt, bewirken sie ein koordiniertes Verhalten (vgl. zum Beispiel Roeder 1962). Dieses Aktivitätsniveau hängt von einer Reihe von (zum Teil extraneuralen) Faktoren ab, und die „endogenen" Beiträge des ZNS werden zur Zeit im Hinblick auf die Beziehungen, oft sogar Unterschiede zwischen dem Input und Output untersucht – kurz, es hängt von dem Verarbeitungsmechanismus des ZNS ab.

In ähnlicher Weise regte die Betonung, die Lorenz auf die triebreduzierenden Wirkungen der Handlungsausführung legte, die Forschung an und führte dadurch zu einer Sicht des Problems, die umfassender war als die seinerzeit von ihm gebotene. Insbesondere unterschied sich sein „psychohydraulisches" Modell in einer wichtigen Hinsicht von den biologischen Systemen, auf denen es beruhte: seine selbstregulatorischen Eigenschaften wurden nicht genügend hervorgehoben. Wie man unter dem Einfluß der Kybernetik erkannte (die die Ethologie erst auf dem Umweg über die Ingenieurwissenschaft und die Physiologie erreichte), mußte, wenn die Ausführung der Endhandlung „als solche" den Trieb reduzierte, die Ausführung irgendeine Art von negativer Rückkopplung bewirken. Als man die Suche nach Rückkopplungen auf größere Verhaltenssysteme auszudehnen begann, fand man, daß Rückkopplungsschleifen, die bei der Triebreduktion nach der Ausführung einer Endhandlung mit eingeschlossen waren, von einem zum anderen Fall stark variieren konnten. So steht die Sättigung nach der Nahrungsaufnahme wenigstens zum Teil unter der Kontrolle durch die negative Rückkopplung aus einem bestimmten Teil des Verdauungstrakts (z.B. Berkun, Kessen und Miller 1952; Dethier und Bodenstein 1958); bei einem Fisch, dem Stichling, ließ sich zeigen, daß die Reduktion des Sexualverhaltens nach der Sperma-Ejakulation eher eine Folge der Reize durch die Eier als durch den Spermaverlust ist (Sevenster-Bol 1962): eine besonders umfassende Rückkopplungsschleife, da ja die Eier von dem Weibchen als Reaktion auf das Verhalten des Männchens gelegt werden, das der eigentlichen Sperma-Ejakulation voraufgeht. In diesen Fällen reagiert das Tier auf „reafferente" Reize, d.h. auf Reize, die auf die Wirkungen der ausgeführten Handlung zurückwirken. Andererseits wies Perdeck (1964) nach, daß die Herbstwanderzüge der Stare enden, nachdem die Vögel eine gewisse Strecke weit oder eine gewisse Zeit lang geflogen sind, nicht aber, wenn sie eine bestimmte Endsituation erreicht haben. Blest (1957) untersuchte bei einer Motte die Reduktion der Flugbereitschaft nach dem Flug und fand, indem er alle denkbaren extraneuralen Rückkopplungsmechanismen (einschließlich solcher, die von Propriozeptoren ausgehen) ausschaltete, daß die Rückkopplung innerhalb des ZNS selber verlaufen muß – ein Beispiel, das noch mehr mit den Lorenzschen Vorstellungen übereinstimmt als das von Perdeck untersuchte.

Die Erforschung der Organisation komplexer, funktional einheitlicher Verhaltensmuster wird augenblicklich ebenfalls vorangetrieben und führt zu einem Bild, das umfassender und vielfältiger ist als das, welches Lorenz ursprünglich entwarf. Die Grundtatsache, daß funktional verwandte Verhaltenskomponenten in bestimmten regelmäßigen Mustern erscheinen, wurde mit viel größerer Genauigkeit erwiesen, wobei eine der angewandten Methoden die Faktorenanalyse war (Wiepkema 1961). Allgemein ausgedrückt bedeutet diese Art, in der funktional verwandte Komponenten in Systemen integriert werden, daß die Komponenten *irgendwie* ursächlich verwandt sein müssen; die betroffenen Organisationsprinzipien aber sind viel mannigfaltiger, als es die Vorstellungen von einheitlichen Trieben nahelegen, und zwar Trieben im Sinne übergeordneter motivierender Faktoren, die direkt alle Komponenten kontrollieren – möglicherweise mit relativ einfachen Schwellenunterschieden oder unterschiedlichen Beziehungen mit qualitativ unterschiedlichen Reizen für jede Komponente. Zur Zeit zeigt sich gerade, daß der netzwerkartige Charakter der Mechanismen, die den wesentlichen Verhaltenssystemen zugrundeliegen, viel komplexer ist; sie enthalten viele Rückkopplungsmechanismen und gegenseitige (bahnende und hemmende) Wechselbeziehungen auf einer Vielzahl von Stufen und zwischen ihnen. Die Arbeiten über die Organisation des Fortpflanzungsverhaltens bei Vögeln (Lehrman 1961; Hinde 1965, 1966) sind zum Beispiel inzwischen weit über den Nachweis hinausgekommen, daß dazu Fortpflanzungshormone notwendig sind. Hormone beeinflussen Wachstumsprozesse nicht nur in anderen hormonproduzierenden Organen, sondern auch in Sinnesorganen und in Effektor-Organen mit zahlreichen Rückkopplungen und Wechselbeziehungen zwischen einzelnen Ursache-Wirkung-Ketten. Umgekehrt kann die Tätigkeit der hormonproduzierenden Drüsen durch äußere Reize beeinflußt werden, die teilweise wiederum aus früheren, von Hormonen kontrollierten Wirkungen entstehen. So wird der endokrine Zyklus weiblicher Tauben durch Reize beeinflußt, die von einem balzenden Männchen ausgehen. Der Nestbau bei Kanarienvögeln, der von dem weiblichen Geschlechtshormon Östrogen kontrolliert wird, führt hin zur Vervollständigung der Nestmulde; dies beendet nicht nur diese Bauphase, sondern reduziert auch die weitere Östrogen-Sekretion. In der Zwischenzeit entwickelt sich an der Unterseite des Weibchens unter Einfluß von Östrogen und eines sekundären Hormons der Brutfleck; er wird daraufhin sensibler für Berührungsreize. Das hat zur Folge, daß er starke Berührungsreizmeldungen aussendet, wenn das Weibchen in der Nestmulde sitzt, und dies wiederum veranlaßt den Vogel dazu, zu weicherem Material überzuwechseln, d.h. zu Federn, mit denen dann die Nestmulde gepolstert wird. Das Diagramm, mit dem Hinde (1966, S. 302) diese Beziehungen, soweit sie bekannt sind oder vermutet werden, und das im positiven wie im negativen Sinne, zusammenfaßt, nämlich die Beziehungen zwischen den Hormonen, den verhaltensmäßigen und physiologischen Veränderungen und den äußeren Reizen, zeigt ein höchst kompliziertes Netzwerk.

Der Einfluß von Fortpflanzungshormonen kann sich so auf indirekte Art und Weise äußern, zum Beispiel durch Wachstumsprozesse, aber auch direkt, wie Hormonimplantationen im Gehirn gezeigt haben (Harris, Michael und Scott 1958). Versuche mit Hirnstammreizung ergeben ferner, daß die elektrische Reizung durch sehr einfache Rhythmen ungeheuer komplexe Verhaltensmuster hervorbringen kann, was den Gedanken an hierarchisch gegliederte Exekutivsysteme nahelegt (z.B. von Holst und von St. Paul 1962).

Es ist schwierig, den Beitrag, den die Vorstellung von der „aktionsspezifischen Energie“ für diese Entwicklungen geleistet hat, richtig einzuschätzen. Sie hat sicherlich die Aufmerksamkeit auf

Probleme der inneren Kontrolle der wesentlichen Verhaltensmuster gelenkt, und obwohl es eindeutig eine Übertreibung und Vereinfachung war, so viel den mehr oder weniger autonomen zentralnervösen Mechanismen zuzuschreiben, so sind sowohl die „spontanen" als auch die integrativen Tätigkeiten des ZNS zweifellos viel wichtiger, als man damals erkannte. Zudem hat die Vorstellung von einheitlichen Trieben bei den ersten Schritten der Analyse von „Konfliktverhalten" ausgezeichnete Dienste geleistet, d.h. eines Verhaltens wie etwa „Drohung" und „Werbung", das aus der gleichzeitigen Auslösung zweier oder mehrerer wesentlicher Verhaltenssysteme herrührt (z.B. Tinbergen 1964). Zum Zweck einer detaillierteren Analyse wird es jedoch zunehmend wichtig, die Organisation der funktional einheitlichen wesentlichen Systeme zu kennen.

Wachsende Aufmerksamkeit wird auch dem Problem der inneren Kontrolle der Sinnesdaten geschenkt. Schon seit langem ist bekannt, daß die tierische Reaktionsbereitschaft auf äußere Reize variiert und unter innerer Kontrolle stehen muß, aber erst vor kurzem fing man ernsthaft an, die daran beteiligten Prozesse zu untersuchen. Jetzt beginnen Physiologen, den Informationsfluß zu verfolgen, der von den Zentren zur sensorischen Peripherie hin verläuft, welche die Empfindlichkeit der Sinnesorgane „steuern" und sogar einen Teil der Sinnesdaten „filtern" kann. Eine solche zentrifugale Kontrolle der Sinnesdaten durch Hemmung kann sehr wohl auf eine Vielzahl von Arten und auf verschiedenen Stufen zustandekommen; im Ohr der Katze scheinen es die Nervenzellen in unmittelbarem Kontakt mit den Sinneszellen zu sein, die durch den ausgehenden Nerv, der als „Rasmussensches Faserbündel" bekannt ist, daran gehindert werden können, eine akustische Information weiterzugeben (Desmedt und Monaco 1961).

Ebenso interessant ist der sich ausweitende Zugang zum „Reafferenz"-Prinzip: der Verarbeitung der Sinnesreize, die das Tier als die Folge einer Tätigkeit registriert und durch die es ermißt, welche Wirkung die Bewegung gehabt hat. Von besonderer Bedeutung sind die Untersuchungen, die der Wechselwirkung zwischen zentrifugaler Regulation und Reafferenz nachgehen. Die reafferenten Reize bewirken viel mehr als bloß die „Trieb"-Reduktion; sie werden innerhalb des Tieres mit so etwas wie einem „Muster" verglichen, einer Repräsentation dessen, was diese Reize „sein sollten". Es ist die *Beziehung* zwischen Muster und tatsächlicher Reafferenz, die bestimmt, welches Verhalten im folgenden gezeigt werden soll. Von Holst und Mittelstaedt (1950) haben durch ein einfaches Experiment erwiesen, daß solch ein Muster ganz komplexe Eigenschaften beinhalten kann und daß es auch entsprechend dem inneren Zustand des Tieres veränderbar ist. Dieses Experiment verdient es, in einiger Ausführlichkeit beschrieben zu werden. Wenn ein Tier sich in Beziehung zur visuellen Umwelt bewegt (sei es weil es sich selber bewegt, sei es weil sich die Umgebung bewegt), dann bewegt sich das Bild der Umwelt über die Netzhaut des Auges. Wenn das Tier stillsteht und einen solchen Reiz empfängt, reagiert es mit Kompensationsbewegungen (der „optomotorischen Reaktion"), die seine ursprüngliche Position im Verhältnis zur Umwelt wiederherstellen. Wenn sich jedoch das Tier in einer stillstehenden Umwelt selbständig bewegt, dann bewegt sich das Netzhautbild wie zuvor, und dennoch reagiert das Tier dann nicht mit einer Rückwärtsbewegung. Von Holst und Mittelstaedt zeigten bei einer Schwebfliege, daß im letzteren Fall die optomotorische Reaktion nicht einfach gehemmt wird, sondern daß das Tier in beiden Fällen reafferente Information von den Augen empfängt. Kompensationsbewegungen folgen nur dann, wenn diese „Kontroll"-Reize nicht mit dem Erwarteten übereinstimmen: wenn das Tier sich selbst nicht bewegt, kann eine an sich unerwartete Netzhautbewegung eine Bewegung der Umwelt bedeuten, bei dem sich bewegenden Tier hingegen *ist* eine Bewegung des Netzhautbildes *zu erwarten*, und die Zentren stellen dies in Rechnung. Mit anderen Worten: zu jedem Zeitpunkt werden diese informationsaufnehmenden Zentren über den „Sollwert" informiert, d.h. den Wert, den der reafferente Reiz haben „sollte" – in funktionalen Begriffen: seinen „neutralen Wert", das Muster, in die diese Reafferenz passen sollte; die tatsächliche Reafferenz und der Sollwert werden *verglichen*, und die Abweichungen zwischen beiden führen zu Kompensationsbewegungen. Das Experiment zeigt, daß der Wert eines solchen Musters „eingestellt" wird, um mit den Bewegungen übereinzustimmen, die das Tier vollzieht. Man kann leicht nachweisen, daß sich ähnliche Vorgänge auch in unserem eigenen visuellen System abspielen, und ohne Zweifel kommen sie ziemlich allgemein vor.

Diese und viele andere Untersuchungen erschließen ein Gebiet, das sozusagen auf halbem Wege zwischen Ethologie und Neurophysiologie liegt. Andere derartige Forschungen betreffen die Integration getrennt einlaufender Sinnesdaten zu ganzheitlichen Informationen höherer Ordnung, wie es bei der Gestaltwahrnehmung (z.B. Sutherland 1962; Waterman, Wiersma und Bush 1964) und bei der Bewegungswahrnehmung (z.B. Hassenstein 1961) der Fall ist. Diese Verbreiterung der Angriffsfront hat dazu geführt, daß die klare Trennung zwischen einigen Bereichen der ethologischen, psychologischen und physiologischen Forschung zu schwinden beginnt. Das war zu erwarten, weil diese Phänomene unterschiedlicher Integrationsstufen mit einer Methode untersucht werden, die im wesentlichen gleich ist – wenn auch selbstverständlich die besonderen Vorstellungen, Techniken und Terminologien unterschiedlich bleiben; den Erfordernissen gemäß werden sie der jeweils behandelten Stufe angepaßt.

Untersuchungen zur *Ontogenese* des Verhaltens haben gleichfalls beträchtliche Fortschritte gemacht, aber es bestehen immer noch starke Meinungsverschiedenheiten zwischen (amerikanischen) Psychologen und (besonders deutschen) Ethologen über die methodischen Ansätze und sogar über die Forschungsziele. Dies wird anhand zweier jüngerer Abhandlungen von prominenten Vertretern dieser beiden Gruppen deutlich: Lorenz (1965) und Schneirla (1966). Englische Ethologen nehmen im großen und ganzen eine mittlere Position ein.

Der Disput begann, als Lorenz (1931, 1935) viele Beispiele beschrieb, in denen Tiere artspezifische, komplexe Verhaltensmuster (oft als Reaktion auf spezifische Reizsituationen) unter Bedingungen zeigen, durch die die Gelegenheit zum Lernen, sei es durch Erfahrung oder durch Beispiel, oder zu einer Konditionierung auf die wirksamen Reize ausgeschlossen war. Er kritisierte die unter amerikanischen Psychologen verbreitete Tendenz zu der Annahme, Lernprozesse und andere Arten der Interaktion mit der Umwelt während des Wachstums seien die hauptsächlichen oder sogar ausschließlichen Determinanten der Ontogenese. Lorenz teilte die Verhaltensmuster in zwei ontogenetische Klassen ein: angeborenes Verhalten und erworbenes Verhalten; damit betonte er die Bedeutung der innerhalb des Organismus kontrollierten Entwicklung.

In späteren Arbeiten wandten die beiden Richtungen unterschiedliche Methoden an. Im großen und ganzen verfuhren die Ethologen so, daß sie zeigten, bestimmte Lernprozesse, die auf den ersten Blick an der Ausbildung bestimmter Reaktionen teilzunehmen schienen, seien in Wirklichkeit bei einer Reihe von Beispielen gar nicht beteiligt. So wies Grohmann (1939) nach, daß die anfänglichen, sich allmählich vervollkommnenden Flugbewegungen von Taubennestlingen gar keinen Einfluß auf die Entwicklung der generellen Flugfähigkeit der später gerade flügge gewordenen Vögel haben; ebenso machte er einsichtig, daß viele Reaktionen auf innerartliche Signale nicht konditioniert sind (Zusammenfassung etwa bei Tinbergen 1953); viele weitere ähnliche Beispiele sind bekannt. Die Psychologen dagegen erforschten natürlich die Wirkungen verschiedener künstlich herbeigeführter Veränderungen der Umwelt, in der die Tiere aufwuchsen; und sie neigten ebenso selbstverständlich dazu, solche Fälle hervorzuheben, bei denen ihre Suche belohnt wurde. So läßt es sich nicht leugnen, daß die Ethologen ein breiteres Spektrum von Phänomenen untersuchten, während die Psychologen tiefer in Probleme des Lernens eindrangen.

Eng damit verknüpft war ein Unterschied in den Zielen, der erst allmählich klar wurde. Bereits Lehrman (1953) wies darauf hin, die Untersuchung des gesamten Entwicklungsprozesses, und zwar von den allerersten Stadien an und nicht nur hinsichtlich des Lernens, sondern ebenso auch bezüglich anderer formender äußerer Einflüsse, müsse das eigentliche Ziel sein. Vor kurzem machte Lorenz deutlich (1965): „*Da wir nicht experimentelle Embryologen*, sondern Verhaltensforscher sind, setzen wir bei unserer Untersuchung nicht mit dem Beginn des Wachstums ein, sondern mit dem Beginn der Funktion ... angeborener Mechanismen" (Die Hervorhebungen stammen von mir, N. T.). Mit Lehrman und vielen englischsprachigen Ethologen glaube ich, daß wir uns mit dem gesamten Entwicklungsprozeß befassen *sollten* – daß die Verhaltensentwicklung nur dann ganz verstanden werden kann, wenn wir alle Methoden der experimentellen Embryologie auf die Probleme der Verhaltensentwicklung anwenden.

Angesichts dieser Unterschiede in den Interessenrichtungen, in den Zielen und Methoden ist keine Diskussion von Wert möglich, ohne daß zuvor einige semantische Fragen Berücksichtigung finden.

Männliche dreistachlige Stichlinge, die isoliert von Artgenossen aufgezogen wurden, zeigen als erwachsene Tiere selektiv gegenüber anderen Männchen ein normales Kampfverhalten (z.B. Cullen 1961). Im Lorenzschen Sprachgebrauch ist dies eine „angeborene Reaktion". Streng genommen meint der Begriff hier eine Reaktion, die weder durch das Beispiel eines erwachsenen Männchens (eines möglichen „Lehrers") noch durch Übung noch durch Konditionierung beeinflußt wird. Es bedeutet eine *nicht erlernte* Reaktion, und dies ist, wie Beach schon vor langer Zeit gesagt hat (1955), eine negative Definition. Für Forscher, die an dem gesamten Entwicklungsprozeß interessiert sind, bedeutet das Wort „angeboren", daß überhaupt keine Wechselwirkung mit der Umwelt besteht; daß durch solch eine Wechselwirkung in keinem Stadium und auf keiner Stufe etwas „erworben" wird. Nun ließ sich zum Beispiel bei Kaulquappen zeigen, daß sie in einem frühen Stadium dem Licht ausgesetzt sein müssen, damit die Stäbchen in der Netzhaut (eine der beiden Arten der lichtempfindlichen Zellen) ihre besondere Funktion entwickeln können (Knoll 1956). Dies kann man zwar nicht Lernen nennen, aber es *ist* eine Wechselwirkung mit der Umwelt, die erforderlich *ist*, damit sich diese Komponente des visuellen Systems richtig entwickelt. Streng genommen kann man deshalb nicht sagen, irgendeine der späteren visuellen Reaktionen der Kaulquappe oder des erwachsenen Frosches sei angeboren, selbst wenn viele dieser späteren Reaktionen keine Lernprozesse erfordern mögen. Solange man den früheren Entwicklungsstadien nicht nachgegangen ist, bleiben mögliche Wechselwirkungen mit der Umwelt nicht ausgeschlossen. Eine derartige Lücke in der Beweisführung scheint mir der Grund für die Überzeugung vieler Psychologen und englischsprachiger Ethologen zu sein, es sei nicht nützlich, mit einer strengen Dichotomie von angeborenem und erworbenem *Verhalten* zu arbeiten, wenn man nicht das Wort „angeboren" ziemlich drastisch definiert, wie es Lorenz ja tatsächlich tut.

In anderen Zusammenhängen stößt das Wort „angeboren" jedoch nicht auf Einwände. Wenn zwei Tiergruppen in der gleichen Umwelt aufwachsen (was zugegebenermaßen eine Forderung ist, die sich in der Praxis nur schwer erfüllen läßt) und ein unterschiedliches Verhaltensrepertoire entwickeln, dann sind diese *Unterschiede* im strengsten Sinne des Wortes angeboren; genauer gesagt, sind sie von genetischen Unterschieden zwischen den Gruppen abhängig, und das letztliche Ziel des Ontogenetikers ist es, zu untersuchen, wo und wie in den Entwicklungsprozessen der beiden Gruppen die unterschiedlichen genetischen Instruktionen zu unterschiedlichen Resultaten führen. Die gleiche Aussage kann auf Ähnlichkeiten zwischen Tieren angewandt werden, die in unterschiedlichen Umgebungen aufwachsen.

Weiterhin ist diese Dichotomie (wie Lorenz 1965 ausgeführt hat) im Hinblick auf die *Quellen der „Programmierung"* des Tieres ganz und gar gerechtfertigt. Die Information kommt entweder aus dem Inneren des Tieres oder aus der Außenwelt. Bei vielen Entenarten müssen die Erpel auf ihre weiblichen Artgenossen in einem frühen Stadium konditioniert werden („Prägung"), aber Weibchen dieser Arten paaren sich vorzugsweise mit Männchen ihrer eigenen Art, selbst wenn sie mit Männchen einer anderen Art aufwuchsen (Schutz 1965). Natürlich ist die innere Programmierung wiederum das Resultat der Wechselwirkung mit der Umwelt aufgrund von Versuch und Irrtum, die die stammesgeschichtliche Entwicklung lenkt und die wir natürliche Auslese nennen.

Es ist in der Tat sehr bemerkenswert, daß die effektiven Forschungen, die Ethologen und Psychologen in dieser verworrenen Situation anstellten, sich sehr ähneln. Die Kenntnis des oben erwähnten Umstandes, daß Kaulquappen Licht benötigen, damit sich ihr visuelles System voll entwickeln kann, stammt von einem Zoologen; über die genetischen Grundlagen der Verhaltensunterschiede wird sehr viel in amerikanischen Psychologie-Laboratorien gearbeitet. Das ist ein Anzeichen dafür, daß ein Großteil der Widersprüche auf Unterschiede in der Formulierung der Ziele und Schlußfolgerungen und auf graduelle Unterschiede in den Leitinteressen zurückzuführen ist: dies drückt sich darin aus, daß sich die Psychologen auf Umweltaspekte und die Ethologen auf organismusinterne Aspekte konzentrieren.

Das Verfahren, das jetzt viele Forscher anwenden, ließe sich grob folgendermaßen charakterisieren. Beschreibende Untersuchungen über das Verhalten sich entwickelnder Tiere lassen sichtbar werden, wie sich die Verhaltens-„Maschinerie" im Laufe der Zeit verändert. Durch den Vergleich der Wirkung, den verschiedene frühe Umgebungen auf die Entwicklung ausüben, läßt sich zeigen, ob gewisse

Umwelteigenschaften von Einfluß sind oder nicht. Die spätere Analyse der darin einbegriffenen Vorgänge schlägt im Hinblick auf Umweltwirkungen einen anderen Weg ein als im Hinblick auf die inneren Aspekte der Programmierung. Wie meiner Ansicht nach die Verfechter des „angeborenen Verhaltens" oft vergessen, muß man, um vom Nachweis loszukommen, daß gewisse Umweltaspekte *keinen* Einfluß haben, die inneren Vorgänge direkt untersuchen; und das kann nur dadurch geschehen, daß man in die Vorgänge innerhalb des Tieres eingreift. Andererseits scheinen die Verfechter des „erworbenen" Verhaltens oft zu vergessen, daß der „Erwerb" einschließlich des Lernens nicht etwas sozusagen aus dem Nichts schafft; es ist ein Prozeß, bei dem durch Wechselwirkung mit der Umwelt etwas *verändert* und oft vervollkommnet wird, was weniger vollkommen war, aber bereits vorher funktionierte. So fängt die soziale Interaktion zwischen einer Katzenmutter und ihren Kätzchen beiderseits mit gewissen unkonditionierten Reaktionen an, die sich durch eine Reihe von adaptiven Anpassungen als eine Folge gegenseitiger Beeinflussung verbessern (Schneirla, Rosenblatt und Tobach 1963). Ein anderes Beispiel ist die Entwicklung des Gesangs bei Buchfinken und anderen Vögeln. Männchen, die aufgezogen wurden, ohne den Gesang älterer, erfahrener Männchen hören zu können, entwickeln nicht den normalen Gesang, sondern statt dessen einen einfacheren, trillernden Gesang (Thorpe 1961).

Wie bereits in dem Kaulquappen-Beispiel angedeutet wurde, ist es ferner sehr wichtig, zwischen Entwicklungsstadien und den Integrationsstufen zu unterscheiden, die dabei eine Rolle spielen.

Die Bedeutung, die solche Tatsachen für unser Problem haben, ließe sich vielleicht am besten durch die folgende Analogie erhellen. Wenn ich beim Bau eines Teilstücks eines wissenschaftlichen Apparates eine Fabrik bitte, eine Metallplatte in der gewünschten Form zuzuschneiden, und wenn ich sie dann zurechtbiege, bevor ich sie in meinen Apparat einfüge: ist dieser Apparat nun in der Fabrik oder zu Hause gemacht? Wäre es da hinsichtlich des Metallteils selber sinnvoll zu sagen, es sei entweder in der Fabrik oder mit der Hand gemacht?

Einige wenige Beispiele müssen genügen, um zu zeigen, wie allmählich ein Bild sichtbar wird, das für unser letztliches Verständnis des Entwicklungsprozesses vielversprechend ist; es ist ein Bild, das viel reicher ist, als es die bloße Dichotomie in angeborene und erworbene Reaktionen nahelegt. Das soll nicht heißen, daß der Nachdruck, den Lorenz auf das Ausmaß innerer Programmierung legt, nicht wichtig gewesen sei – tatsächlich glaube ich, daß diese Betonung besonders zusammen mit der Ergänzung, die er vor kurzem (1965) dadurch geliefert hat, daß er die Vorstellung des „angeborenen Lehrmechanismus" (siehe unten) einführte, sehr weitreichende Folgen selbst für unser Verständnis des menschlichen Verhaltens haben wird. Aber es verdient hervorgehoben zu werden, daß wir uns bisher noch nicht auf einen vernünftigen Vorstellungs- und Begriffsapparat geeinigt haben.

Die beträchtlichen Erfolgsaussichten eines direkten Herangehens an innere Prozesse zeigten die zu Recht berühmten Experimente Sperrys und seiner Mitarbeiter (vgl. z.B. Sperry 1959). Bei der normalen Entwicklung eines Wirbeltieres wachsen die Sinnesnerven, welche die Informationen von der Haut weiterleiten, vom Rückenmark aus in Richtung auf die Hautpartien, denen sie zugeordnet sind. Wenn in einem frühen (aber nicht zu frühen) Entwicklungsstadium einer Kaulquappe ein Stück zukünftigen dorsalen Hautgewebes auf die ventrale Seite des Embryos verpflanzt wird, entwickelt es sich zu einem Flecken dunkelgefärbter, d.h. dorsaler Haut, so daß der erwachsene Frosch ein Stück Haut auf seinem Bauch trägt, das die Eigenschaften eines Stücks Rückenhaut besitzt. Umgekehrt behält die zukünftige Bauchhaut, die auf den Rücken verpflanzt wird (und in der Praxis werden beide Eingriffe gleichzeitig ausgeführt, indem die beiden Gewebestücke ausgetauscht werden), ebenfalls ihre Eigenschaften bei und erscheint so später als ein Stück hellgefärbter Haut auf dem Rücken. Werden diese Transplantationen ausgeführt, bevor die Sinnesnerven zur Haut hin ausgewachsen sind, so hätten die in Kontakt mit den transplantierten Gewebestükken stehenden Nerven normalerweise die Hautpartien berührt, die jetzt von den Transplantaten besetzt sind. Wenn nun der erwachsene Frosch an einer der verpflanzten Hautpartien berührt wird, macht er wie jeder normale Frosch Kratz- oder Wischbewegungen mit einem Hinterbein. Aber anders als normale Frösche wischt solch ein Frosch seine *Bauch*seite, wenn das Stück heller Haut auf seinem *Rücken* berührt wird, und er wischt seinen *Rücken*, wenn das Stück dunkler Haut auf seinem *Bauch* berührt wird. Die Schlußfolgerung ist zwingend, daß die Natur der Haut, selbst wenn sie sich an der falschen Stelle entwickelte, die spätere Funktion des Sinnesnervs und des Reflexmechanismus bestimmte, denen sie zugeordnet ist. Das Entwicklungsstadium, in dem die Funktion des Nerven bestimmt wird, steht folglich im Hinblick auf das Tier als ganzes unter innerer Kontrolle (da die Haut einen Einfluß auf den Nerv ausübt, können wir den Prozeß allerdings nicht „intern“ im Hinblick auf das ZNS nennen). Sperry vermutet, daß ähnliche innere Formprozesse sehr wohl bei einer gestaffelten Reihe von Ereignissen innerhalb des ZNS selber stattfinden können.

Da sich die Entwicklung junger Tiere nicht scharf von solchen Prozessen wie dem jahreszeitlich bedingten Auftreten des Fortpflanzungsverhaltens unterscheiden läßt, sind die zuvor erwähnten Arbeiten von Hinde und Lehrman, die sich mit einer anderen Gruppe innerer Determinanten, den Hormonen, beschäftigen, in diesem Zusammenhang ebenfalls wichtig. Insbesondere Hindes Arbeiten zeigen, wie fruchtbar es für solche Untersuchungen ist, wenn die Wechselwirkung zwischen verschiedenen Teilen des Körpers, die etappenweise ablaufende Natur des ganzen Vorgangs und die zahlreichen antagonistischen, synergistischen und Feedback-Beziehungen innerhalb des Systems und zwischen System und Umwelt analysiert werden.

Von besonderem Interesse sind Untersuchungen, in denen die nicht erlernten Bestandteile komplexer Verhaltensketten weiter programmiert und durch Wechselwirkung mit der Umwelt integriert werden. In verschiedenen Fällen wurde festgestellt, daß Tiere, die ohne Gelegenheit zum Erlernen einer komplexen Verhaltensfolge aufwuchsen, die elementaren *Bestandteile* einer solchen Handlungskette entwickeln; sie müssen aber Erfahrung mit den natürlichen Gegenständen haben, um die Komponenten zu einer wirksamen Fertigkeit ausbilden zu können. Zum Beispiel knacken Eichhörnchen sehr sachverständig Haselnüsse, indem sie sie erst in eine Lage bringen, in der sie genau entlang der vorgeformten Furche nagen, wo die Schale dünn ist; dann vertiefen sie schnell diese Furche und knacken die Schale schließlich entlang dieser vertieften Linie. Eichhörnchen, die isoliert und ohne Nüsse aufwuchsen, entwickeln die Griffe, das Nagen und Beißen, aber in unregelmäßiger Reihenfolge, und da sie die gesamte Oberfläche der Nuß benagen, brauchen sie eine lange Zeit, um die Schale so dünn zu machen, daß sie geknackt werden kann. Eine sehr lange Praxis mit Nüssen ist notwendig, um diese Fertigkeit von hohem Standard zu entwickeln (Eibl-Eibesfeldt 1963).

Natürlich sind solche Untersuchungen nur erste Schritte. Und während ein Eingriff in die Vorgänge innerhalb des Tieres erforderlich ist, um die inneren „Reifungs"-Aspekte der Entwicklung weiter auszuwerten, nimmt man weitere Eingriffe in die Umwelt vor, um festzustellen, welche äußeren Einflüsse wirksam sind und auf welche Art und Weise sie die Verhaltensmaschinerie verändern. So ist die Kenntnis dessen wichtig, was genau eine Reaktion verstärkt (für eine neuere Beweiszusammenfassung vgl. Hinde 1966).

Psychologen wie Ethologen sind diesem Problem nachgegangen, wenngleich auf verschiedene Art, und beide gelangen zu dem Schluß, daß selbst dort, wo Lernen und andere Wechselwirkungen mit der Umwelt stattfinden, dieses Lernen selektiv ist; zum Beispiel glaubt man nicht mehr, daß Lernen durch bloße „Nachbarschaft" eines Reizes und einer Reaktion ein allgemeingültiges Prinzip sei. Es mehren sich die ethologischen Beweise dafür, daß verschiedene Arten selbst in annähernd vergleichbaren Situationen verschiedene Dinge lernen und daß verschiedene Reaktionen desselben Tieres durch verschiedene Umweltkomponenten verändert werden. Zum Beispiel wird bei vielen Arten das Erkennen des richtigen artgleichen Geschlechtspartners (d.h. die selektive Reaktionsbereitschaft ihm gegenüber) nicht konditioniert; bei den Erpeln, die Schutz untersucht hat, ist dies dagegen der Fall. Wie wir jedoch gesehen haben, reagieren die *Weibchen* derselben Entenart selektiv auf ihre männlichen Artgenossen, selbst wenn sie mit einer anderen Art zusammen aufwuchsen. Es sind zahlreiche andere Beispiele für solche „Lernempfänglichkeit" bekannt.

Diese Selektivität des Lernens wird auch in Untersuchungen wie denen von Thorpe nachgewiesen, dessen Buchfinken nun gerade nicht einen beliebigen Gesang erwerben, den sie irgendwann hören, sondern nur einen solchen, der in gewisser Hinsicht dem artspezifischen Gesang entspricht. Die Vorstellung von so etwas wie einer vorfixierten „Erwartung", welche die Entwicklung eines Tieres in einigen Stadien für spezifische Reize besonders empfänglich macht, ist erforderlich und wird auch unter einer Reihe von Begriffen eingeführt: so etwa dem des „angeborenen Lehrmechanismus" (Lorenz 1965) oder dem eines „Musters" (Thorpe 1963), dem das Tier die eintreffende Reizung anpaßt. Doch sollte diese Vorstellung sicherlich nicht auf *angeborene* Lehrmechanismen begrenzt werden – das Muster mag selber das Resultat vorangegangener Lernprozesse sein. So haben weitere Forschungen über die Art und Weise, in der einige Vögel ihren Gesang erwerben, gezeigt, daß sie dadurch, daß sie während einer frühen kritischen Phase erfahrenen Sängern zuhören, aufgrund dieser Erfahrung ein Muster entwickeln können, dem sie ihren späteren Gesang anpassen, indem sie die erzeugten Laute mit ihm vergleichen (Konishi 1965).

So entfaltet sich in Untersuchungen über die Verhaltensentwicklung die Begriffsbildung nach Leitlinien, die denen in Untersuchungen über kurzfristig wirkende Kausalstrukturen genau entsprechen. Außerdem läßt sich auf beiden Gebieten ein Prozeß interdisziplinären Zusammenschlusses erkennen. Als Reaktion auf eine Überbewertung der Rolle der externen Kontrolle begann Lorenz, *mit einer Klassifizierung* die Tatsache hervorzuheben, daß ein Teil der gesamten Programmierung der tierischen Verhaltensmaschinerie innerhalb des Tieres selber vollzogen wird. Indem er indes den Begriff „angeboren" auf eine Klasse von Verhaltensmustern anwandte, machte er es meiner Meinung nach schwierig, von der vorläufigen und seinerzeit brauchbaren Klassifizierung des Verhaltens loszukommen und zu einem Programm einer detaillierten Untersuchung der Entwicklungsprozesse zu gelangen. Dennoch war die Einsicht sehr wichtig, daß er durch seine Arbeiten und die seiner Schüler in der Tat die Aufmerksamkeit auf die Mannigfaltigkeit der Interaktionsmuster zwischen innerer und umweltbedingter Programmierung lenkte. Die Untersuchung der eigentlichen Prozesse, die bei der inneren Programmierung eine Rolle spielen, hat kaum begonnen, und bisher können viele Schlußfolgerungen über solche inneren Prozesse nur durch negative, eliminierende Beweise gestützt werden. Aber diese Beweise sollten wiederum nicht leichtfertig beiseitegeschoben werden. Während man zum Beispiel wie Lehrman (der darin Kuo 1932 folgte) die Ansicht vertreten konnte, daß die Pickbewegungen von frisch geschlüpften Hühnchen dadurch beeinflußt worden sein könnten, daß der Kopf passiv durch den Herzschlag bewegt wurde, als das Hühnchen noch im Ei war, wie konnte man es sich dann irgend vorstellen, daß ein Entchen durch irgendeine Wechselwirkung mit der Umwelt die eigentümlichen Flügelbewegungen erworben habe, die Entchen während des Kämpfens vollziehen, und zusätzlich noch die Einzelheiten ihrer Orientierung, die bereits beim erstmaligen Auftauchen des Verhaltens auf die Größe „berechnet" ist, die der Flügel erst später erwerben wird? Tatsachen wie zum Beispiel die, über die Thomas und Schaller berichteten (1954), daß nämlich Kätzchen, die mutterlos und in völliger Dunkelheit aufwuchsen, die komplizierten „Jagdspiele" bereits beim ersten Mal vollführen, wenn man ihnen eine Mausattrappe zeigt; oder daß Stichlinge, die ohne Artgenossen aufwuchsen, normales und selektives Kampf- und Balzverhalten an den Tag legen (Cullen 1961); oder daß junge Amseln, die ausschließlich mit weißen Objekten gefüttert wurden, selektiv auf schwarze Attrappen hin sperren (Tinbergen und Kuenen 1939); oder daß männliche Weidenlaubsänger und Feldschwirle, die isoliert aufwuchsen, (anders als Buchfinken) ihren normalen, zugegebenermaßen nicht sehr schwierigen Gesang produzieren (Heinroth und Heinroth 1928) – alle diese Tatsachen verweisen auf wichtige Beiträge zur Verhaltensprogrammierung. Andererseits hindert die (z.B. bei Forschern wie Schneirla) ausschließliche Konzentration auf die Möglichkeit, daß die Suche nach Wechselwirkungen mit der Umwelt in frühen Stadien immer derartige Wechselwirkungen ergeben wird, solche Forscher an der Einsicht, daß unmöglich die gesamte Programmierung von außen kommen kann. So gelingt es dem eliminierenden Verfahren ebensowenig wie der Beschränkung auf künstliche Eingriffe in die Umwelt, die inneren Prozesse aufzuzeigen, geschweige denn zu analysieren, wie Forschungen von der Art, wie sie Sperry unternahm, dies, wenn auch bisher nur für relativ einfache Stufen, vermögen. Die wahre Geschichte der Ontogenese des Verhaltens wird nur dadurch entdeckt werden, daß man äußere und innere Geschehnisse und ihre Wechselwirkung erforscht.

Natürlich sind diese Entwicklungen von größter Wichtigkeit, will man die Ontogenese unseres eigenen Verhaltens verstehen. Die Experimente, die dazu nötig wären, können aus ethischen Gründen niemals mit Menschen gemacht werden; absichtliche Eingriffe in die Entwicklung eines Kindes von der Art und dem Ausmaß, wie es notwendig wäre, sind moralisch nicht zu akzeptieren. Klinische Beweise sind das beste, was wir erwarten können (vgl. z.B. Bowlby 1960); sie sollten in größtmöglichem Umfang gesammelt und mit den Resultaten von Tierexperimenten verglichen werden. Ethologen behaupten, es sei keineswegs bewiesen und tatsächlich auch äußerst unwahrscheinlich, daß Eingriffe durch die Umwelt (Erziehung im weitesten Sinne) das Verhalten des Menschen jenseits der Grenzen von angeborenermaßen festgelegten Bereichen ausbilden könnten, obgleich das Ausmaß dieser Bereiche kaum übersehen werden kann. Im Augenblick ist weder der Anspruch wissenschaftlich begründet, wir kennten in der Tat unsere angeborene Verhaltensausstattung, noch die Behauptung, wir seien unbegrenzt formbar – sagen wir, unsere Aggressionen ließen sich ganz und gar durch Erziehungsmaßnahmen beseitigen; solche Fragen müssen solange als unentschieden gelten, bis sie richtig erforscht sind. Die Bedeutung der modernen Tierforschung liegt zumindest teilweise darin, daß sie uns die für solche Untersuchungen erforderlichen Werkzeuge an die Hand zu geben beginnt.

Anders als die Forschungen über die Verhaltensphysiologie und Verhaltensentwicklung liegt die Untersuchung der Verhaltens*evolution* noch gänzlich bei den Zoologen, haben doch bisher weder Psychologen noch Physiologen großes Interesse an diesem Gebiet gezeigt. Hier weitet die Ethologie ihren Ansatz durch zunehmenden Kontakt mit der Ökologie, der Genetik und den stammesgeschichtlichen Untersuchungen ganz allgemein aus – also mit Wissenschaften, die von anderen Biologen entwickelt wurden. Man fängt jetzt an, die klassischen Methoden der Genetik auf das Verhalten anzuwenden; es werden Wechselbeziehungen zwischen Unterschieden in der Genetik, der Struktur und in dem Verhalten verschiedener Nachkommenschaften, Populationen, Unterarten und Arten festgestellt; die Vererbung von Verhaltenseigenschaften wird über eine, zwei oder noch mehr Generationen nach einer Kreuzung verfolgt, usw. Das Gebiet steckt jedoch noch in seinen Kinderschuhen, auch wenn eine große Anzahl solcher Wechselbeziehungen auf verschiedenen komplexen Verhaltensstufen herausgearbeitet wurde. Die Kluft zwischen unserem Wissen über die Stufe der genetischen „Planskizze“ und dem über das Verhalten ist immer noch sehr breit und wird nur durch mühsame Untersuchungen über die Mechanismen und die Ontogenese des Verhaltens überbrückt werden können.

Gleichzeitig erkundet man die Rolle, welche die natürliche Auslese bei der Verhaltensausbildung spielt, ebenso wie die Bedeutung, die das Verhalten bei der Schaffung neuer Möglichkeiten für eine natürliche Auslese hat.

Hinsichtlich des ersten Problems werden mehrere Ansätze erschlossen.

Die natürliche Auslese wird künstlich angewandt, und ihre Folgen werden untersucht. Das größte derartige Experiment war bisher die Domestikation verschiedener Tiere; die wissenschaftliche Dokumentation darüber ist jedoch außerordentlich skizzenhaft gewesen. Aber verfeinerte Meßverfahren und die Verwendung von Tieren, die sich wie die Fruchtfliege *Drosophila* schnell vermehren, ermöglichen es uns, über eine Reihe von Generationen hin Selektionsdruck auszuüben und seine Resultate innerhalb einer Zeitspanne von nur wenigen Jahren zu untersuchen. Ein Beispiel dafür ist die stammesgeschichtliche Entwicklung der sexuellen Isolation (d.h. das Fehlen von Kreuzungen) zwischen verwandten Tiergruppen – ein Phänomen, das an der Wurzel der stammesgeschichtlichen Divergenzausbildung liegt und oft eine Frage des Paarungsverhaltens ist. Einzelne Arten teilen sich oft in Populationen geringfügig unterschiedlicher Konstitution auf, wenn sie ihren geographischen Bereich ausdehnen. In den verschiedenen Teilen solch eines Bereiches gehen die Populationen einen eigenen Weg stammesgeschichtlicher Entwicklung, zum Teil weil sie von geringfügig unterschiedlichen und nicht ganz repräsentativen Mustern der ursprünglichen heterogenen Population abstammen, zum Teil weil die natürliche Auslese noch zusätzliche Unterschiede hinzufügt, da sie in unterschiedlichen Umgebungen leben. Wenn solche Populationen im Verlauf ihrer späteren Bewegungen wieder miteinander in Berührung kommen, können sich ihre Vertreter immer noch kreuzen. Doch als Folge ihrer unterschiedlichen genetischen Struktur sind die Hybriden gewöhnlich weniger lebensfähig als beide Elterngruppen. Mit anderen Worten benachteiligt die natürliche Auslese von diesem Augenblick an diejenigen Mitglieder der Elterngruppen, die sich kreuzen, dadurch, daß sie deren Nachkommenschaft mehr als die reine Nachkommenschaft beider Gruppen bestraft. Es sind Experimente im Gang, um die (aus Feldstudien stammende) Hypothese zu prüfen, eine solche Auslese, die gegen Hybridbildung gerichtet ist, begünstige bei beiden Gruppen, daß sich die Paarung vorzugsweise innerhalb der Gruppen weiterentwickelt. Die bislang vorliegenden Resultate entsprechen dieser Hypothese; das heißt, die sexuelle Isolation nahm zu. Überdies ließ sich zeigen, daß dies eine Folge bestimmter stammesgeschichtlicher Veränderungen im Paarungsverhalten war (Crossley 1963).

Es gibt auch eine wachsende Anzahl von Untersuchungen (vgl. z.B. Cain 1964, Tinbergen 1965b), die prüfen, ob die Verhaltenseigenschaften einzelner Arten wirklich so beschaffen sind, daß sie jede einzelne Art in optimaler Weise der ökologischen „Nische", in der sie lebt, angepaßt sein lassen, und falls das so ist, welchem Umweltdruck sie ausgesetzt ist, wie dieser Umweltdruck seinen Einfluß ausübt und schließlich wie das Tier sich mit ihm auseinandersetzt. Diese Untersuchungen ähneln sehr den oben erwähnten, eigenständig durchgeführten Forschungen über den Überlebenswert und die Angepaßtheit des Verhaltens; der Unterschied liegt in ihrem Endziel. Taxonomische und geographische Untersuchungen können die Art und Weise aufdecken, in der sich die Populationen in der Vergangenheit ausgebreitet, aufgeteilt, in der Folge oft überlappt haben usw. Wenn solche Studien mit ökologischen Arbeiten verknüpft werden, insbesondere mit Untersuchungen, die der Frage nachgehen, ob das Eindringen in neue Biotope oder das Leben in wechselnden Biotopen usw. Veränderungen in Struktur und Verhalten von Populationen hervorrufen, dann bekommt man eine Vorstellung von dem Ausmaß der Wirkung der natürlichen Auslese.

Gleichzeitig prüfen experimentelle Untersuchungen, ob die Verhaltensunterschiede zwischen verschiedenen Arten tatsächlich so anpassungsfähig sind, wie sie es sein sollten, wenn eine Auslese sie ausgebildet hätte. Man erreicht dies dadurch, daß man den Erfolg einer annähernd normalen Population einer Art mit einer Population vergleicht, die in einer ihrer Eigenschaften in Richtung auf eine andere Art von der Norm abweicht. Zum Beispiel unterscheiden sich die verschiedenen Möwenarten darin, daß im Gegensatz zu den meisten Arten, welche die leere Eierschale entfernen, nachdem jedes Küken geschlüpft ist, einige Arten die Eierschale im Nest lassen. Wie sich zeigen ließ, ist die Entfernung der Eierschale eine natürliche Folge der Tarnung der Brut: Eier und Küken werden durch ihre Farbe vor Beutefeinden geschützt, die bei der Jagd durch optische Reize geleitet werden, während die zerbrochene Eierschale, welche die weiße Innenseite und die weißen Ecken sehen läßt, Beutefeinde anzieht, die dann die Brut finden und fressen (Tinbergen u.a. 1962). Die Arten, welche die Eierschale nicht entfernen, scheinen dafür kein Bedürfnis zu haben. Zum Beispiel nistet eine dieser Arten, die Dreizehenmöwe, auf schmalen Felsriffen an senkrechten Klippen, wo ihre Brut praktisch außer Reichweite von Beutefeinden ist.

Die bisher nach diesen Grundsätzen durchgeführten Untersuchungen zeigen, auf welch eindrucksvolle und verwickelte Weise das Verhalten jeder Art ihren Bedürfnissen angepaßt ist – natürlich innerhalb der Grenzen der gesamten tierischen Fähigkeiten auf jeder stammesgeschichtlichen Entwicklungsstufe. Doch gibt es verschiedene Umstände, die erklären, warum unsere Kenntnisse auf diesem Gebiet noch so unzulänglich sind und warum der Einfluß der natürlichen Auslese auf die Ausbildung des Verhaltens immer noch viel zu sehr unterschätzt wird. Erstens sind nur wenige Biologen mit derartiger Forschung befaßt, da die Erfolge der Naturwissenschaften viele der verfügbaren Begabungen zur Physiologie, Biochemie und Biophysik gezogen haben. Zweitens sind unsere Kenntnisse über die vielfältigen Weisen des Selektionsdrucks, die die natürliche Umwelt auf jede Art ausübt, immer noch außerordentlich spärlich. Drittens zwingt uns das analytische Verfahren dazu, zu Untersuchungszwecken jedesmal eine einzige Verhaltenseigenschaft und eine einzige Weise des Umweltdrucks auszuwählen, und eine sehr natürliche Reaktion nach einer solchen Untersuchung ist der Gedanke, daß ein Tier eine bestimmte Aufgabe viel besser ausführen könnte als es dies in Wirklichkeit tut. Dort jedoch, wo diese Frage in einem größeren Zusammenhang verfolgt wurde, ist es immer deutlich geworden, daß es innerhalb des Tieres einen Wettbewerb zwischen verschiedenen Tätigkeiten gibt, und daß unterschiedliche Weisen des Selektionsdrucks unterschiedliche und nicht immer miteinander vereinbare Arten des Standhaltens erfordern. Um ein einfaches Beispiel zu erwähnen: viele junge Vögel sind zum Schutz vor bestimmten Beutefeinden getarnt. Tarnfarbenmuster sind aber nur dann wirkungsvoll, wenn sich das Tier nicht bewegt. Diese Tiere müssen aber fressen, und das erfordert Bewegung. So muß ihr Verhalten einen Kompromiß darstellen; sie nehmen etwa ganz normal Nahrung auf und „erstarren", wenn die Eltern einen Beutefeind entdecken und Alarm schlagen. Obgleich sie wirkungsvoller fressen könnten, wenn sie niemals erstarren müßten, und obgleich sie besser vor Beutefeinden geschützt wären, wenn sie sich niemals bewegen müßten, können sie nicht beides gleichzeitig tun, und die Auslese, die den Gesamterfolg mehr als eine einzelne isolierte Eigenschaft belohnt, hat Kompromisse erzwungen. Um daher das gesamte Problem der Angepaßtheit völlig zu verstehen, ist eine Synthese aller Daten über einzelne Verhaltenseigenschaften und einzelne Weisen des Umweltdrucks erforderlich.

Untersucht wird gleichfalls die Art und Weise, in der das Verhalten neue Gelegenheiten für eine natürliche Auslese *schafft*. Vielleicht besteht der grundlegendste Beitrag des Verhaltens zur Evolution in der Tatsache, daß jede Tierpopulation dauernd neue Lebensräume erkundet. Treibende Larven von Meerestieren und „Zerstreuungsstadien" vieler Landtiere (etwa Spinnen, die mit Hilfe von Altweibersommer-Fäden im Winde segeln) werden Jahr für Jahr in gewaltigen Massen aus ihrem optimalen Lebensraum getragen; einzelne junge Landtiere werden oft von bereits besetzten Biotopen abgewiesen und dazu gezwungen, irgendwo anders einen Platz zum Niederlassen zu erproben. Die Mehrzahl solcher „Pioniere" stirbt, aber die sich verändernden Bedingungen in solchen neu erkundeten Lebensräumen oder die Veränderungen innerhalb der Tiere selber führen immer aufs neue zum Eindringen in zuvor nicht bewohnte Gebiete. In diesem Fall erzwingt die neue Umwelt jedesmal unerbittlich die weitere Evolution. Das berühmteste Beispiel dafür liefern die südamerikanischen finkenartigen Vögel, die auf den Galapagos-Inseln eingefallen sind, wo sie sich zu einer Gruppe stark divergierender Arten entwickelt haben (Lack 1947).

Äußerst spektakuläre Beispiele für den stammesgeschichtlichen Wandel als Folge des Verhaltens lassen sich immer dort finden, wo der auf ein Tier einwirkende Umweltdruck von einem anderen Tier ausgeübt wird, wie etwa in den Beute-Beutefeind-Beziehungen oder in den Sozialbeziehungen innerhalb der Art, zum Beispiel zwischen Geschlechtspartnern oder zwischen Eltern und Jungen. Bei

Beziehungen innerhalb einer Art, wo der Erfolg oft von einem geeigneten Signalsystem abhängt, ist gewöhnlich eine Aussage darüber schwierig, ob das Signal den Empfänger veranlaßt hat, dafür eine spezifische Sensibilität zu entwickeln, oder ob die spezifische Sensibilität des Empfängers die Entwicklung eines Signals wie etwa einer Bewegung, eines Geräusches, einer Duftdrüse oder einer leuchtend gefärbten Struktur durchgesetzt hat. Aber in einigen Fällen innerartlicher Signalübertragung kann dies definitiv entschieden werden. Wickler (1962) hat eine Maulbrüter-Fischart beschrieben, bei der das Männchen auf seiner Hinterflosse eine Reihe von Farbtupfen hat, die bemerkenswert genaue zweidimensionale „Bilder" der Eier dieser Art darstellen. Während der Paarungszeit nimmt das Weibchen die soeben gelegten Eier in sein Maul; damit sie aber richtig befruchtet werden, muß es das Sperma des Männchens ebenfalls aufnehmen. Dazu veranlaßt wird es dadurch, daß das Männchen die Ei-„Köder" zur Schau stellt; bei seinen Versuchen, diese zu erschnappen, nimmt das Weibchen das Sperma des Männchens auf. Eindeutig ist die Evolution des Signals eine Anpassung an die visuelle Reaktion des Weibchens auf die Eier, die ihrerseits eine Anpassung an die Eier selber ist. Es sind zahlreiche Beispiele bekannt, bei denen das Verhalten eines Beutefeinds die Beuteart dazu zwingt, Verteidigungsmaßnahmen zu entwickeln: ein einfacher Fall ist die Unterdrückung jeglicher Bewegung bei getarnten Tieren (da eine Bewegung ja ein sehr starker Reiz ist, der die Tarnwirkung zerstören würde); komplizierter sind die „Ablenkungsmanöver" vieler Tiere, die auf der Erde brüten, die Beutefeinde von ihrer Brut wegzulocken. Im Kampf zwischen Feind und Beute kann auch das Beutetier die Evolution des Beutefeindes beeinflussen; so haben verschiedene Beutefeinde Köder entwickelt, welche die Nahrung ihrer Beute nachahmen.

IV

In diesem zugegebenermaßen sehr skizzenhaften Abriß der Entwicklung der Ethologie bis zum heutigen Tage mag ich sehr wohl die relative Bedeutung der Beiträge, die diese junge Wissenschaft im Vergleich mit denen ihrer Nachbardisziplinen geliefert hat, falsch beurteilt haben. Der Austausch zwischen diesen verschiedenen Wissenschaften in Veröffentlichungen und, was noch wichtiger ist, in vielen persönlichen Kontakten ist so intensiv und dazu so verflochten gewesen, daß es für einen Einzelnen unmöglich ist, einen guten oder sogar objektiven Bericht zu erstatten. Darüber hinaus sind viele Änderungen von Standpunkt und Ansatz auf einer intuitiven, unbewußten Ebene erfolgt und sind erst in einem späten Stadium klar ausgesprochen worden – sie waren Ausdruck des allgemeinen Trends, der „in der Luft" lag. Doch scheint die Aussage gerechtfertigt, daß sich die Verhaltenswissenschaften in den letzten sechzig Jahren nach und nach in Richtung auf eine zunehmende Nähe zu anderen Naturwissenschaften hin entwickelt haben, und daß die Ethologie wesentlich dazu beigetragen hat. Trotz ihrer anfänglichen kühnen Vereinfachungen, ihrer Extrempositionen als Reaktion auf vorherrschende Anschauungen und ihrer verschiedenen anderen Unzulänglichkeiten und trotz der Tatsache, daß die anderen Verhaltenswissenschaften in unabhängigem Vorgehen Schritte in Richtung auf wissenschaftlichere wie umfassendere methodische Ansätze getan hatten, ist es meiner Ansicht nach angemessen, wenn man sagt, daß die Ethologie eine gesunde, belebende Wirkung gehabt hat – nicht nur auf diesen Prozeß, sondern auch auf einen beschleunigten Zusammenfluß vieler Einzeldisziplinen in einen einzigen umfassenden Hauptstrom echter biologischer Forschung.

Die zukünftigen Folgen dieser Entwicklung werden zweifelsohne von großer Wichtigkeit sein. Die Methoden und Vorstellungen dieser aufstrebenden biologischen Wissenschaft vom Verhalten erweisen sich bei Tierforschungen als so erfolgreich, daß man sie gleichfalls auf menschliches Verhalten wird anwenden müssen; in der Tat setzen solche Untersuchungen auch schon ein. Es wird nur wenige geben, die die Existenz vieler beunruhigender Anzeichen dafür leugnen, daß unser eigenes Verhalten, besonders unser Sozialverhalten schlecht funktioniert. Es ist eine Aufgabe von höchster Dringlichkeit, festzustellen, wie es dazu kam. Die wahrscheinlichste Hypothese dafür ist, daß die kulturell bestimmten Veränderungen in unserer Umwelt (besonders in unserer sozialen Umwelt) Anpassungen in unserem Verhalten überholt haben, daß die genetische Evolution viel zu langsam ist, um solche Anpassung zu erreichen, und daß unser individuelles Verhalten nicht hinreichend modifizierbar ist, weil auch wir genetisch eingeschränkt sind – eine Folge der Tatsache, daß wir immer noch der Umwelt unserer Vorfahren angepaßt sind. Erforscher tierischen Verhaltens stimmen darin überein, daß die Vorstellung vom Menschen als einer unbegrenzt anpassungsfähigen Art, von der jedes einzelne Individuum im Verlauf seines Lebens verhaltensmäßig durch Erziehungsmaßnahmen bis zu jedem gewünschten Ausmaß modifiziert werden kann, nicht zwangsläufig richtig ist; tatsächlich ist es sogar höchst unwahrscheinlich, daß sie stimmt. Und selbst wenn sie im großen und ganzen zutreffend wäre, wäre es immer noch völlig klar, daß wir in unserer Unkenntnis über die natürliche Kontrolle der Ontogenese des Verhaltens bisher noch nicht die besten Methoden gefunden haben, um die Entwicklung Jugendlicher zu lenken.

Diese Überlegung ist wichtig für eine Skizze des Werdens unserer Wissenschaft, weil die weitere Entwicklung durchaus von einer Art sozialer negativer Rückkopplung, einem „toten Raum", gehemmt werden kann. Wenn das wissenschaftliche Verständnis und dadurch die Kontrolle unseres eigenen Verhaltens auch nur entfernt als Möglichkeit anerkannt werden wird, mag der Widerstand gegen diese Art von Selbstanalyse sehr wohl zunehmen. Ob solcher Widerstand selber nun durch Erziehung beseitigt werden kann, ist vielleicht ein noch grundlegenderes Problem, aber selbst dies ist für wissenschaftliche Erforschung offen. So werden die Entwicklungen, die ich zu skizzieren versucht habe, ganz unvermeidlich die Einstellung des Menschen zu sich selber beeinflussen.

Zuerst erschienen unter dem Titel ‚Ethology' in „Scientific Thought 1900–1960". Herausgegeben von L. Harré, Oxford 1969, S. 238–268. Übersetzt von Christine und Jürgen Ahrendts.

Gerhard Roth

Kritik der verhaltensphysiologischen Grundlagen der Lorenzschen Instinkttheorie

I

Dem Verhaltensforscher, der seine Arbeit auf Beobachtung und Verhaltensexperiment gründet, erscheint im allgemeinen der zu untersuchende Organismus als eine „Black box", d.h. als ein System (Automat), von dem vorerst nur Eingangswerte (Versuchsbedingungen, Reize) und Ausgangswerte (Verhalten) bekannt sind, nicht aber Anzahl und Abfolge möglicher Zustände und auch nicht die dieser Abfolge zugrundeliegende Struktur (z.B. Aufbau und Funktion des Nervensystems). Der erste und oft wesentliche Teil seiner Arbeit besteht dann darin, durch Beobachtungen der Eingangswert-Ausgangswert-Zuordnungen (Input-Output-Relationen) auf bestimmte Gesetzmäßigkeiten dieser Zuordnungen zu schließen. Aufgrund solcher festgestellter Gesetzmäßigkeiten und eventuell unter Zuhilfenahme z.B. systemtheoretischer und neurokybernetischer Kenntnisse entwickelt er dann Hypothesen, die zu einem Modell des Systems zusammengefaßt werden. Dies Modell kann aber in diesem Forschungsstadium lediglich ein verhaltensäquivalentes Modell des Originalmodells (des untersuchten Organismus also) sein, d.h. für beide Systeme (Automaten) besteht nur die Forderung, daß sie gleiche Input-Output-Relationen aufweisen, nicht aber, daß sie die gleiche Struktur besitzen. Erst nach vielen weiteren Forschungsschritten, z.B. neurophysiologischen Untersuchungen, kann auch ein strukturäquivalentes Modell des Originalsystems entstehen.

Betrachten wir die Entwicklung der Lorenzschen Instinkttheorie, so können wir, natürlich stark vereinfacht, sagen, daß sie von folgenden Beobachtungen über tierisches Verhalten ausging:

1. Ein Tier reagiert auf einen gleichbleibenden Reiz mit wechseln-

dem Verhalten. Junge Sperlingsvögel, bei denen man durch akustische Reize die „Sperr"-Bewegung auslösen kann, werden nach wiederholter Darbietung des Reizes die Bewegung immer schwächer zeigen, bis diese überhaupt nicht mehr auftritt. Nach einer bestimmten Zeit läßt sich die Bewegung durch den Reiz wieder voll auslösen.

2. Ein Tier reagiert auf sich verändernde Reize mit gleichbleibendem Verhalten. Ein Vogelmännchen in Paarungsstimmung balzt einmal ein Weibchen an, ein andermal eine vereinfachte Attrappe des Weibchens und schließlich vielleicht ein Stück Holz in der Ecke des Käfigs.

3. Ein Tier zeigt eine normalerweise an einen bestimmten Reiz gebundene Verhaltensweise auch ohne Gegenwart dieses Reizes. Ein isoliert von seinen Artgenossen und ohne jede Erfahrung im Fliegenfangen aufgezogener Star führt Beutefangbewegungen aus, ohne daß irgendeine Beute zu entdecken ist.

Gehen wir davon aus, daß im „normal" erscheinenden tierischen Verhalten die beobachtbare Verhaltensweise (Reaktion) eine Funktion des einlaufenden Reizes (bzw. der Reizsituation) *und* des jeweils vorliegenden inneren Zustandes des Tieres ist, der wiederum eine Funktion aller bisher aufgetretenen Reize und Zustände ist, so lassen sich bei den oben genannten Verhaltensweisen erhebliche Abweichungen von einem solchen Verhaltensmodell feststellen: im ersten Fall kann, da der Reiz konstant bleibt, die *Veränderung* des Verhaltens nur die Funktion einer *Veränderung* des inneren Zustands sein. Der einlaufende Reiz setzt offenbar nur eine bestimmte Zuordnungssequenz: Zustand $Z_n \rightarrow$ Reaktion R_n, $Z_{n+1} \rightarrow R_{n+1}$ usw. in Gang, ohne sie (abgesehen von gewissen Einschränkungen) zu beeinflussen. Im zweiten Fall kann, da der Reiz sich ändert, die *Konstanz* des Verhaltens nur die Funktion der *Konstanz* des inneren Zustandes sein (wenn man von der Möglichkeit absieht, daß die Reizveränderung genau durch eine entsprechende Zustandsänderung kompensiert wird, um konstantes Verhalten zu erzeugen). Hier lösen offenbar wechselnde Reize gleiches Verhalten aus. Im dritten Fall ist, da jeder adäquate Reiz fehlt, ganz offenbar die auftretende Verhaltensweise alleinige Funktion des inneren Zustandes. Man kann also aufgrund solcher Beobachtungen auf eine besondere Klasse von Verhaltensweisen schließen. Lorenz nennt sie „Instinkthandlungen", und er definiert sie als solche Handlungen eines Organismus, die „in ihrer Form ... unabhängig von allen rezeptorischen Vorgängen (sind), nicht nur von der ‚Erfahrung' im weitesten Sinne des Wortes, sondern auch von jenen Reizen, die *während* ihres Ablaufes auf den Organismus einwirken" (Lorenz 1938). Sie sind nach Lorenz also unabhängig (1) von der „Vorgeschichte", (2) von Umweltreizen und (3) von sog. propriozeptiven Reizen, die Information über Vorgänge innerhalb des Organismus liefern. Die Instinkthandlung (auch Instinktbewegung oder Erbkoordination genannt)[1] wird ausgelöst durch einen spezifischen Reiz, den „Schlüsselreiz". Dieser wirkt jedoch nicht direkt auf den die Instinkthandlung steuernden Mechanismus, sondern auf eine vorgeschaltete Instanz, den „angeborenen Auslösemechanismus" (AAM), der als Reizfilter wirkt, d. h. nur dann ein Auslösesignal erzeugt, wenn der einwirkende Reiz bestimmten „vorprogrammierten" Ansprüchen genügt, wenn er „adäquat" ist. Einmal ausgelöst, läuft die Instinkthandlung nach Lorenz in charakteristisch starrer Weise ab bis zu einer bestimmten Endhandlung (beim Beutefang z. B. Verzehren der Beute), deren Ausführung die Instinkthandlung „abschaltet". Die Anpassung der Instinkthandlung an die gegebene Situation erfolgt nach Lorenz durch sogenannte Taxien oder Orientierungsreaktionen, die natürlich umweltreizabhängig sind, ihrerseits aber nicht die Instinkthandlung strukturell beeinflussen. Diese kann von Mal zu Mal nur in der Intensität oder dem Grad der Vollständigkeit ihrer Ausführung variieren.

Überblicken wir die bisher von Lorenz gemachten Aussagen über das Modell der Instinkthandlung, so können wir sagen, daß das Modell sich bisher noch eng an die beobachteten Input-Output-Relationen hält, die sich als solche natürlich als richtig oder falsch erweisen können. Lorenz geht nun aber einen entscheidenden Schritt weiter: er entwirft ein Modell des die Instinkthandlung *steuernden* Mechanismus, eines Systems also, zu dem es seinerseits keinerlei beobachtete Input-Output-Relationen gibt und das nach dem oben Gesagten im besten Falle eine *Verhaltens*äquivalenz des

[1] Zuweilen bedeutet „Instinkthandlung" auch die Zusammenfassung von „Instinktbewegung" („Erbkoordination") und – umweltreizabhängigen – „Taxien".

Instinkthandlungsmodells zur tatsächlich beobachteten Instinkthandlung aufweisen kann, nicht aber eine *Struktur*äquivalenz. Dies Modell geht bei Lorenz von der Vorstellung aus, daß es eine für jede Instinkthandlung spezifische „Energie" gibt, die – als ein nicht näher definiertes Mixtum aus Information und Stoffwechselenergie – die Instinkthandlung antreibt und sich in ihr „verbraucht". Diese Energie wird in bestimmten „Zentren" des Zentralnervensystems kontinuierlich und automatisch produziert, und zwar unabhängig von anderen instinkthandlungsspezifischen (oder auch „aktionsspezifischen") Energien. Sie wird jedoch nicht ebenso kontinuierlich verbraucht, sondern kann „aufgestaut" werden, bis eine Instinkthandlung durch einen Schlüsselreiz ausgelöst wird und die Energie in diese „abfließen" kann. Es besteht dabei ein doppelter Hemmungsmechanismus: einmal durch die Abwesenheit des spezifischen Reizes, zum anderen durch das Vorhandensein eines bestimmten Schwellenwertes, den normalerweise die akkumulierte Energie erreichen muß, um überhaupt eine Instinkthandlung antreiben zu können. Daneben gibt es eine weitere, offenbar im AAM angesiedelte Schwelle, die sinken und steigen kann, und zwar als Funktion der Höhe der zentral akkumulierten Energie; diese „Reizschwelle" sinkt umso mehr, je mehr die aktionsspezifische Energie den erstgenannten Schwellenwert übersteigt, oder anders ausgedrückt: je größer der „Triebstau" ist. Das Sinken der Reizschwelle des AAM hat zur Folge, daß nunmehr auch inadäquatere Reize als der Schlüsselreiz in der Lage sind, über den AAM die Instinkthandlung auszulösen. Umgekehrt ist auch der Schlüsselreiz als der adäquate Reiz nicht in der Lage, die Instinkthandlung auszulösen, wenn die aktionsspezifische Energie unter ihrem Schwellenwert liegt; die Reizschwelle des AAM liegt dann sehr hoch und spricht nicht auf den Schlüsselreiz an.

Nimmt man mit Lorenz eine kontinuierliche und automatische Produktion der aktionsspezifischen Energie an, so ist die tatsächlich der Instinkthandlung zur Verfügung stehende aktionsspezifische Energie eine Funktion der seit der letzten Ausführung der betreffenden Instinkthandlung verflossenen Zeit. Ist sie sehr kurz, so hat sich noch nicht genügend Energie akkumuliert, um einer neuen Auslösung der Instinkthandlung zur Verfügung stehen zu können; ist sie sehr lang, so steigt der „Triebstau" stark an und es tritt eine Reizschwellenerniedrigung ein. Der überschwellig werdende „Triebstau“ äußert sich nach Lorenz bei dem betreffenden Tier im sogenannten *Appetenzverhalten*: das Tier zeigt zunehmende motorische Unruhe und geht aktiv auf die Suche nach dem spezifischen Reiz oder der Reizsituation. Dies Appetenzverhalten ist nach Lorenz – im Gegensatz zur Instinkthandlung selbst – durch Erfahrung beeinflußbar: ein Tier kann lernen, wo, wann und wodurch es mit einer bestimmten Wahrscheinlichkeit auf einen auslösenden Reiz trifft. Tritt dennoch in gewissen Situationen (z.B. in Gefangenschaft) der auslösende Reiz nicht auf, so kann der „Triebstau“ so stark werden, daß das Tier die Instinkthandlung auch ohne den Reiz ausführt, d.h. eine *Leerlaufreaktion* zeigt (vgl. oben Beispiel 3). Die Leerlaufreaktion ist also in gewissem Sinne eine extreme Reizschwellenerniedrigung.

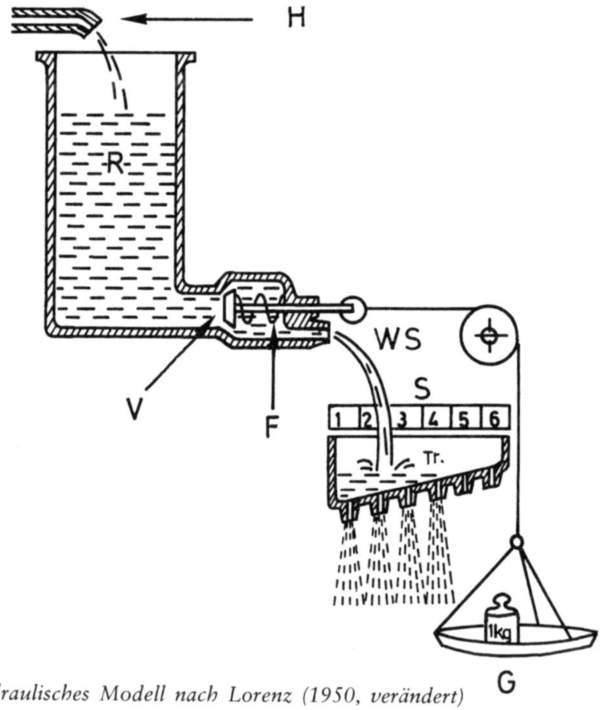

Hydraulisches Modell nach Lorenz (1950, verändert)

Lorenz hat nun zu diesem Modell des Mechanismus, der den Instinkthandlungen zugrundeliegen soll, wiederum ein Modell geliefert, das nun nicht nur zu jenem verhaltens- sondern auch strukturäquivalent ist (zu jeder funktionellen Teilstruktur des einen Modells gibt es eine umkehrbar eindeutige „Abbildung" des anderen Modells): es ist das sogenannte „Hydraulische Modell" (vgl. Abbildung). Es beinhaltet ein Reservoir (R), in das aus dem Hahn (H) kontinuierlich Wasser einströmt (= Produktion aktionsspezifischer Energie). Die im Reservoir jeweils enthaltene Wassermenge entspricht der jeweils vorliegenden akkumulierten Energie. Aufgestaut wird das Wasser durch ein Ventil (V), das durch eine Feder (F) geschlossen gehalten wird (= Reizschwelle), aber durch verschiedene Gewichte (G) (= Spezifität des Schlüsselreizes) mehr oder weniger geöffnet werden kann. Die Instinkthandlung ist der austretende Wasserstrahl (WS); dessen Intensität (Auslenkung an der Skala S) entspricht der Intensität der Ausführung der Instinkthandlung. Je mehr Wasser sich im Reservoir befindet (= erhöhter Triebstau), desto größeren Druck übt es auf V aus und desto weniger Gewicht wird benötigt, um V zu öffnen, d.h. um den Widerstand von F zu überwinden. Bei gleichem Wasserdruck im Reservoir ist die Auslenkung von WS auf S umso größer, je schwerer G ist. Bei extremem Wasserdruck öffnet sich V auch ohne G (= Leerlaufreaktion).

Man kann diesem „Hydraulischen Modell" eine gewisse suggestive Wirkung nicht absprechen, die offenbar darauf beruht, daß es einerseits einfach strukturiert erscheint, andererseits aber die Simulation aller nach der Lorenzschen Instinkttheorie möglichen Zustände und Handlungen zuläßt. Dadurch wird aber sein in Wirklichkeit komplizierter Modellcharakter verschleiert, der in der Überlagerung verschiedener Modellebenen besteht. Die erste Modellebene besteht darin, daß aufgrund beobachteter Input-Output-Relationen ein Modell entwickelt wird, das die Existenz erfahrungsunabhängiger Handlungen (Instinkthandlungen) sowie Beziehungen zwischen bestimmten angenommenen Instanzen (Instinktzentrum, AAM, Schlüsselreiz) darlegt. Die zweite Ebene wird durch die Entwicklung des Triebstaumodells repräsentiert, das bestimmte Mechanismen abbildet, die diesen Beziehungen zugrundeliegen sollen; das „Originalsystem" dieses Modells ist damit selbst ein

Modell, nämlich das der Instinkthandlungen. Die dritte Ebene ist mit dem „Hydraulischen Modell“ erreicht, das wiederum das Triebstaumodell abbildet. Mit dem Erreichen einer höheren Modellebene ist jedoch eine größere Entfernung von der empirischen Basis (den beobachteten Input-Output-Relationen) und damit der experimentellen Kontrolle gegeben. Die „höheren“ Modelle sind dementsprechend nicht unmittelbar beweisbar oder widerlegbar, sondern nur mittelbar durch die Überprüfung der vorgeordneten Modelle. Das birgt die Gefahr in sich, daß sich solche Modelle gegenüber der empirischen Basis verselbständigen. Dies läßt sich besonders anhand des Lorenzschen Triebstaumodells bzw. des „Hydraulischen Modells“ nachweisen.

Im Folgenden soll aus der Fülle der inzwischen vorliegenden Resultate aus der Verhaltens- und Neurophysiologie dasjenige herausgegriffen werden, was zu einer kritischen Überprüfung der Lorenzschen Instinktmodelle geeignet ist. Die angeführten Forschungsergebnisse haben also nur exemplarischen Charakter; zur Ergänzung sei auf die umfangreichen Werke von Tembrock (1961), Marler-Hamilton (1972) und Hinde (1973) hingewiesen. Besonders soll dabei die Rolle untersucht werden, die das Triebstaumodell innerhalb der Lorenzschen Aggressionstheorie spielt. Damit ist nicht ein Beitrag zu der inzwischen fast unüberschaubaren Literatur zum Problem der innerartlichen Aggression beabsichtigt. Die Behandlung der Aggression innerhalb der Diskussion der verhaltensphysiologischen Grundlagen der Lorenzschen Instinkttheorie bietet sich deshalb an, weil einerseits für Lorenz die intraspezifische Aggression eine besonders typische Instinkthandlung ist und sich daher für eine Überprüfung der Lorenzschen Modelle dementsprechend besonders eignet; zum anderen deshalb, weil die Erforschung des Aggressionsverhaltens auf dem Gebiet der Verhaltens- und Neurophysiologie inzwischen oft detailliertere Kenntnisse aufweisen kann als die Erforschung anderer Gebiete tierischen und menschlichen Verhaltens.

II

Die Frage nach der Richtigkeit des Lorenzschen Triebstaumodells setzt die Frage nach der Existenz von Instinkthandlungen im Lorenzschen Sinn als spontan, d.h. unbeeinflußbar durch Erfahrung und Reizung ablaufender Verhaltensweisen voraus und damit letztlich die Frage nach der Existenz zentralnervöser, spontaner Erregungsproduktion, gleichgültig, welche weiteren Merkmale diese besitzt. Diese Frage ist im Prinzip dadurch zu entscheiden, daß man das ZNS oder Teile von ihm von allen einlaufenden Reizleitungen trennt, „deafferentiert", und dann feststellt, ob ein vor dem Eingriff beobachtbares Bewegungsmuster weiterhin auftritt oder nicht. Tritt es auf, so kann man dieses Bewegungsmuster mit Recht als eine spontane Verhaltensweise ansehen; und wenn es zuvor nur auf eine bestimmte Reizung hin auftrat, jetzt aber spontan erfolgt, so läßt sich folgern, daß es zuvor durch bestimmte mit extero- und/oder propriozeptiven Reizen verbundene Systeme nur unter Hemmung gehalten wurde. Tritt es nicht auf, so wird man eine – wie auch geartete – Abhängigkeit von Außenreizen im weitesten Sinne annehmen müssen; das Bewegungsmuster erfolgt dann also nicht im strengen Sinne spontan.

Eingriffe solcher Art sind jedoch besonders bei höher organisierten Tieren z.T. sehr schwierig vorzunehmen; sie können zu schweren Beeinträchtigungen des Verhaltens des untersuchten Organismus führen und damit zu Artefakten. In einigen Fällen ist offenbar dennoch der Nachweis gelungen, daß es zentral gesteuerte Bewegungsmuster ohne Mitwirkung extero- oder propriozeptiver Reize gibt. Dies ist der Fall beim sogenannten Kardiakalganglion bei bestimmten Krebsen, das aus nur neun Nervenzellen besteht. Auch bei vollständiger Deafferentierung bleibt das Muster der in dem ableitenden Nerven meßbaren Impulse für viele tausend Male fast völlig konstant (Maynard 1955; Hagiwara 1961). Das gleich gilt offenbar auch für den Lauterzeugungsmechanismus bei einer Zikadenart *(Graptopsaltria nigrofuscata)*, bei dem die beiden hauptsächlich beteiligten Muskeln über eine einzige Nervenfaser vom sog. Mesothorakalganglion innerviert werden. Auch hier waren bei vollständiger afferenter Isolierung anhaltende Impulse feststellbar

(Hagiwara u. a. 1956). Ähnliches gilt für den Schließmechanismus der Muschel *Mya* (vgl. dazu Hinde 1973).

Versuche auf dem Niveau der Wirbeltiere schienen solche Resultate zu bestätigen. So sendet das im Rückenmark befindliche Atemzentrum beim Goldfisch auch noch nach afferenter Isolierung rhythmisch-koordinierte Nervenimpulsfolgen aus (Adrian und Buytendijk 1931). Von Holst kam bei Versuchen zu den Lokomotionsbewegungen bei Wirbeltieren, insbesondere bei Fischen, ebenso zu der Annahme einer – wie er es nannte – „zentralen Automatie". Wurden Fische (z. B. Schleien und Aale) entlang dem Rükkenmark weitgehend deafferentiert, so traten dennoch Schlängelbewegungen auf, die den natürlichen Bewegungsweisen sehr ähnlich waren und deren Koordination „zentral" erfolgt sein mußte (von Holst 1935, 1939). Es zeigte sich jedoch, besonders anhand von Versuchen Lissmanns (1946a, b) mit Haifischen, daß eine *vollständige* Deafferentierung die lokomotorischen Bewegungen zum Erliegen brachte; es mußte also ein Minimum an afferenter Reizung, die im übrigen völlig unspezifisch sein konnte, vorhanden sein, damit die lokomotorischen Bewegungen auftreten konnten. Diese waren demnach nicht im strengen Sinne „spontan", wenn auch die *Struktur* ihres Ablaufs ganz offenbar „zentral" erzeugt wurde. In ähnlicher Weise konnte festgestellt werden, daß z. B. der Rhythmus des Atemzentrums der Katze abhängig ist von der Reizung durch Zellen, die auf die Anwesenheit von CO_2 ansprechen. Bei Abwesenheit von CO_2, also eines in bezug auf die Atemrhythmik unspezifischen Reizes, tritt die Atemtätigkeit nicht auf (v. Euler u. Söderberg 1952). Scheinbar automatische Zuckungen eines bei einer Aphibienlarve *(Amblystoma)* zusammen mit einem Rückenmarkstück implantierten Beins einer anderen Larve erwiesen sich als abhängig von der Ionenzusammensetzung der Kulturflüssigkeit (Weiss 1940, 1941).

Entsprechende Vorgänge sind inzwischen auch aus sinnesphysiologischen Untersuchungen bekannt. So weiß man, daß die Sinnesorgane wie Auge und Ohr auch nach Entfernung aller afferenten Reizleitungen eine „Spontanaktivität" aufweisen, die sich anhand von scheinbar zufällig auftretenden Aktionspotentialen nachweisen läßt. Besonders interessant ist, daß z. B. bei einem afferent isolierten Ohr diese Spontanaktivität durch die Aktivität des anderen unbeschädigten Ohrs über eine Reihe von Querverbindungen im Gehirn „efferent“ in ihrem Rhythmus „moduliert“ wird, – ein Hinweis darauf, daß je nach der Stärke des einfallenden Reizes das Gehirn den Wirkungsgrad der Sinnesorgane reguliert, um eine optimale Informationsausbeute zu erreichen.

Wir können also davon ausgehen, daß es in der Tat im menschlichen und tierischen Organismus „Zentren“ gibt, die entweder im strengen Sinne „spontan“ oder aktiviert durch eine unspezifische Reizung in der Lage sind, rhythmische Erregungsmuster zu produzieren, die die Aktivität ausführender Organe steuern. Es ist allerdings auch durch Versuche von Franzisket am sog. Rückenmarksfrosch bekannt, daß ein Reflex durch vielfach wiederholte Auslösung „spontan“ werden kann (Franzisket 1963). Ähnliches trat auch bei Versuchen mit elektrischer Hirnreizung bei Hühnern auf, die von Holst und von St. Paul (1962) durchführten: die Reizspannung, die nötig war, um bei den Hühnern „Gackern“ auszulösen, fiel bei häufiger Stimulierung stark ab bis auf Null bei genügend schneller Reizfolge; die Reaktion wurde spontan. Eine genaue neurophysiologische Deutung dieser Vorgänge steht jedoch noch aus.

Es ist nun zu fragen, ob eine solche „endogene“ Erregungsproduktion die Charakteristika aufweist, die Lorenz ihr in seinem Triebstaumodell zuschreibt, d.h. ob sich solche „Erregung“ oder „Energie“ aufstaut und gegen jede Hemmung entlädt, wenn der Stau nur hoch genug ist. Die oben genannten Versuche mit afferenter Isolierung geben darüber keine Auskunft, denn eine Hemmung wird bei „zentraler“ Erregungsproduktion durch propriozeptive Rückkopplungsmechanismen bewirkt, die bei afferenter Isolierung ausgeschaltet werden. Versuchstiere, die in dieser Weise „enthemmt“ wurden, bewegten sich buchstäblich zu Tode.

Die Untersuchung dieser Frage muß also eher indirekt geführt werden, z.B. über das Phänomen der reiz- bzw. reaktionsspezifischen Ermüdung. Wir haben gesehen, daß Lorenz dieses Phänomen – in unserem Beispiel das Nachlassen und schließliche Verschwinden der Sperrbewegungen junger Sperlingsvögel nach wiederholter Darbietung akustischer Reize – durch eine Erschöpfung aktionsspezifischer Energie erklärt hat; die Energieproduktion benötigt eine gewisse Zeit, um wieder einen bestimmten, zum Antrieb einer

Instinkthandlung nötigen Wert zu erreichen, und in dieser Zeit ist die Instinkthandlung nicht auslösbar. Man kann auch nachweisen, daß der Grund der Ermüdung nicht allgemeiner (z.B. muskelphysiologischer) Natur sein kann, denn andere Instinkthandlungen lassen sich sofort in voller Stärke auslösen. Genauere Untersuchungen zeigen aber, daß die Lorenzsche Deutung der Ermüdungsvorgänge nicht zwingend ist. Prechtl (1953) konnte nachweisen, daß nach wiederholter Auslösung der Sperrbewegungen bei jungen Sperlingsvögeln durch *taktile* Reizung (Erschütterung des Nestes) zwar die erwartete Ermüdung eintritt, daß diese Bewegungen jedoch sofort wieder durch *akustische* Reizung auslösbar sind. Bei Umkehrung der Reizartfolge trat das gleiche Ergebnis auf. Da es sich hier um ein und dieselbe Instinkthandlung handelt, kann nicht eine „zentrale", auf Verbrauch spezifischer Energie beruhende Ermüdung vorliegen. Prechtl erklärt die auftretende Ermüdung mit einer Adaptation des für den taktilen bzw. akustischen Reiz spezifischen AAM. Dieser AAM wird bei wiederholter Reizung durch einen bestimmten Reiz für diesen unempfindlicher, er adaptiert, und ist damit weniger imstande, das zentrale Erregungsmuster zu aktivieren.

Auch das umgekehrte Phänomen der steigenden Bereitschaft eines Organismus, auf einen Reiz zu antworten, läßt sich bei Instinkthandlungen als Adaptation des entsprechenden AAM deuten: bei hungrigen jungen Sperlingsvögeln läßt sich das Sperren mit Reizen auslösen, auf die die Tiere im gesättigten Zustand nicht reagieren, die also nicht „adäquat" sind. Nach dem Lorenzschen Modell ist die mit dem Hunger offensichtlich verbundene Reizschwellenerniedrigung und die damit einhergehende zunehmende Unselektivität des AAM eine Folge des zunehmenden Triebstaus, der dadurch hervorgerufen wird, daß die Tiere infolge des Nahrungsentzugs nicht die Instinkthandlung des Sperrens ausführen können. Bei den Versuchen von Prechtl zeigte sich jedoch, daß zwei Gruppen von jungen hungrigen Sperlingsvögeln den gleichen Grad von Unselektivität beim Sperren aufwiesen, obwohl die eine Gruppe zuvor möglichst oft zum Sperren gebracht worden war, die andere aber nicht. Nach dem Lorenzschen Modell hätte bei der ersten Gruppe der „Triebstau" durch die häufige Auslösung der Instinkthandlung völlig oder zumindest weitgehend beseitigt sein müssen.

Dies war jedoch nicht der Fall. Inwieweit die mit dem Nahrungsentzug verbundenen physiologischen Veränderungen im Organismus der Tiere direkt auf den AAM reizschwellenerniedrigend wirken, läßt sich noch nicht sagen. Jedenfalls ist bekannt, daß starke physiologische Reaktionen, z.B. Veränderungen im Hormonhaushalt des Organismus, die dann oft stark affektiv „empfunden" werden, zu erheblichen Veränderungen der Wahrnehmungssysteme führen können.

Zu ähnlichen Ergebnissen über Adaptationsprozesse des AAM kamen Grunt und Young (1952) bei Versuchen mit Meerschweinchen: ein Männchen, das mit einem bestimmten Weibchen kopuliert hatte, zeigte in einem Zeitraum von einer Stunde danach kaum oder gar kein weiteres sexuelles Interesse an dem Weibchen. Bot man ihm aber nach dreißig Minuten ein neues Weibchen an, so erwachte die sexuelle Aktivität sofort. Wenn man das erste Weibchen fortnahm und nach einiger Zeit wieder zurücksetzte, trat dennoch kein sexuelles Interesse innerhalb der genannten Zeit auf. Es lag also auch hier weder allgemeine sexuelle Erschöpfung noch eine Erschöpfung aktionsspezifischer Energie vor, sondern eine *reiz*spezifische Ermüdung des AAM, wobei die Adaptation gegenüber einem bestimmten Reizobjekt (dem ersten Weibchen) erfolgte. Man kann daran sehen, daß der AAM offenbar in sehr differenzierter Weise ermüden kann (weitere Beispiele bei Hinde 1954).

Das Phänomen des „Triebstaus" läßt sich auch anhand der sog. „Endhandlung" (consummatory act) kritisch untersuchen, d.h. derjenigen Handlung, die nach Lorenz das letzte Glied der Instinkthandlung bildet und diese „abschaltet", indem sie den überschwelligen Triebstau beseitigt. Es gibt jedoch eine Reihe von Beispielen, die zeigen, daß ein solches „Abschalten" einer Instinkthandlung nicht aufgrund der *Ausführung* einer Endhandlung (und damit der Triebstaubeseitigung) geschieht, sondern durch die Wahrnehmung bestimmter Signalreize oder Signalreizsituationen. So fand Sevenster-Bol (1962), daß beim Stichling der Anblick der Eier im Nest das Sexualverhalten des Männchens, also den Zickzacktanz und das Führen des Weibchens, hemmt, und nicht etwa der Vorgang der Befruchtung der Eier. Es besteht hier also eine negative Rückkopplung (negatives Feedback) zwischen visuellem Reiz und zentraler Steuerung.

Die Existenz solcher negativen Feedbacks, bei denen auch wesentlich propriozeptive Reize eine Rolle spielen, ist in eindrucksvoller Weise anhand von Versuchen über die Steuerung der Nahrungsaufnahme bei niederen und höheren Tieren gezeigt worden. Nur zwei Beispiele seien hier genannt: bei der Schmeißfliege wird der Vorgang der Nahrungsaufnahme durch den Grad der Füllung des Vorderdarms gesteuert. Der Nervus recurrens übernimmt dabei die Funktion des „Meßfühlers“: ist ein bestimmter Füllungsgrad erreicht, wird der Nahrungsaufnahmeprozeß durch hemmende Impulse des Nerven abgeschaltet. Nach Durchtrennen des Nervus recurrens fällt dieses negative Feedback fort, die Fliege saugt sich buchstäblich zu Tode (Dethier und Bodenstein 1958). Komplizierter sind die Rückkopplungsmechanismen z.B. bei der Flüssigkeitsaufnahme des Hundes. Hier wirken drei – zeitlich unterschiedlich ausgelegte – Rückkopplungsmechanismen zusammen: 1. der Grad der Füllung des Magens mit Flüssigkeit, wobei offensichtlich Dehnungsrezeptoren in der Magenwand als Meßfühler fungieren; 2. Osmorezeptoren im Hypothalamus, die Auskunft über die Blutkonzentration geben und bei Erreichen eines bestimmten Wertes die Flüssigkeitsaufnahme abschalten; 3. die Dauer des Trinkvorgangs: Hunde mit einer Speiseröhrenfistel, durch die das aufgenommene Wasser ablaufen kann, ohne in den Magen zu gelangen, hörten nach einer bestimmten Zeit auf zu trinken, allerdings nur vorübergehend. Man kann dabei annehmen, daß zumindest der erste und der dritte Rückkopplungsmechanismus für sich allein zu einer unphysiologischen Flüssigkeitsaufnahme führen würde: der erste Mechanismus benötigt für seine Rückmeldung offenbar zu lange Zeit, um den Trinkvorgang rechtzeitig abzuschalten, andererseits führt die Hemmung aufgrund eines inneren „Zeitnehmers“ nicht zu einem endgültigen Abschalten. Erst beide bzw. alle drei Mechanismen zusammen bilden den notwendigen Sicherheitsfaktor (Bellows 1939; Berkun, Kessen, Miller 1952).

Die Existenz von inneren „Zeitnehmern“ (bzw. „-gebern“) wird des öfteren in Zusammenhang mit zentralen Triebstau-Prozessen gebracht, d.h. der „Zeitgeber“ ist demnach der Verbrauch aktionsspezifischer Energie. So beruft sich Tinbergen (vgl. vorliegenden Band S. 134) in diesem Sinne auf Versuche von Perdeck (1964), in denen sich zeigte, daß die herbstlichen Wanderungen der Stare nicht durch das Erreichen einer bestimmten Zielsituation beendet werden, sondern durch das Zurücklegen einer bestimmten räumlichen Distanz oder den Ablauf einer bestimmten Flugzeit. Auch führt er Versuche von Blest (1957) an, der an Motten feststellte, daß die Reduktion der Flugbereitschaft nach voraufgegangener Flugaktivität eine Funktion „zentraler" Feedbacks sein müsse, da bei den Versuchen alle extero- und propriozeptiven Reizleitungen unterbunden waren.

Die Existenz „zentraler" Zeitgeber, die in der Lage sind, bestimmte Handlungen an- und abzuschalten, wurde schon im Zusammenhang mit der Regulation der Nahrungsaufnahme erwähnt; sie ist inzwischen bei vielen Tieren im Zusammenhang mit sog. circadianen, lunaren, tidalen usw. Rhythmen nachzuweisen gewesen. Da solche endogenen Rhythmen, die allerdings von Umweltfaktoren z.T. erheblich „mitgenommen" werden können, auch in Einzellern und sogar isolierten Geweben festgestellt werden können, nimmt man mit einigem Recht an, daß sie mit Stoffwechselprozessen innerhalb der Zellen als letztem „Schrittmacher" verbunden sind. Es wäre nun sehr gewagt, auch solchen Prozessen einen „Stau" aktionsspezifischer Energie zusprechen zu wollen, da bisher keinerlei Mechanismen innerhalb der Stoffwechselphysiologie der lebenden Zelle bekannt sind, die Energie anders als in Form hochmolekularer, relativ stabiler „Reservestoffe" zu speichern in der Lage wären.

Da auf die Frage nach der Existenz von Triebstau-Phänomenen noch einmal in Zusammenhang mit der Aggression eingegangen werden wird, soll hier zunächst eine andere wichtige Frage angeschnitten werden: ob es wirklich eine für alle Instinkthandlungen gültige strenge Energiespezifität gibt, wie sie Lorenz fordert. Dies muß aufgrund einer Reihe von Forschungsresultaten bezweifelt werden. So konnte Drees (1952) an Springspinnen nachweisen, daß z.B. Beutefang und Balz sich gegenseitig „erschöpfen" können. Wurde eine der beiden Verhaltensweisen durch wiederholte Auslösung ermüdet, so stieg auch für die andere die Reizschwelle an. Diese gegenseitige Erschöpfung mag darin begründet sein, daß beide Verhaltensweisen in ihrem Ablauf eine gemeinsame Anfangsstrecke aufweisen. Lind (1959) hat an Enten festgestellt, daß die Ausführung einer Teilhandlung eines Instinktes, die auch Teil eines anderen Instinktes ist, auch diesen aktivieren kann. Darüber hinaus ist allgemein bekannt, daß viele Instinkthandlungen sich gegenseitig aktivieren oder auch hemmen können. Gegenseitige Aktivierung liegt z.B. bei Buntbarschen beim Angriffs- und Balzverhalten vor, während sich Fluchtbereitschaft hemmend auf das Balzverhalten auswirkt. Letzteres gilt auch für Stichlingsmännchen (Sevenster 1968). Die solchen Phänomenen zugrundeliegenden Mechanismen sind kaum bekannt. Immerhin sprechen sie stark für eine funktionelle wie energetische Abhängigkeit der Instinkthandlungen untereinander.

Ähnliche Probleme treten auch bei der Deutung der sog. Übersprungbewegung (oder -handlung) auf, die zuerst von Kordtland (1940) und Tinbergen (1940, 1952) unabhängig voneinander beschrieben wurde. Nach Tinbergen (1940) kann die Übersprungbewegung in drei typischen Situationen auftreten:

1. Wenn bei einem Tier zwei widerstreitende Tendenzen gleichzeitig aktiviert werden, z.B. in Kampfsituationen die Tendenz zum Angriff und zur Flucht. Es tritt dann eine, oft völlig „deplaziert" erscheinende, dritte Aktivität auf (bei kämpfenden Hähnen z.B. „Scheinpicken").

2. Wenn ein durch eine Handlung angestrebtes Ziel zu plötzlich erreicht wird, wenn z.B. unerwartet die Flucht eines Kampfgegners eintritt, können ebenfalls solche „deplazierten" Handlungen auftreten. So führt der Kormoran im genannten Fall Handlungen aus dem Paarungsverhalten aus.

3. Wenn ein „erwarteter" adäquater Reiz in einer Handlungskette ausbleibt; so treten z.B. beim Stichling Nestbaubewegungen auf, wenn das Nachfolgen des Weibchens innerhalb des Paarungsverhaltens ausbleibt.

Die Übersprungbewegung wurde von Kordtland und Tinbergen im Sinne des Triebstaumodells gedeutet: in allen drei geschilderten Situationen wird ihrer Ansicht nach eine bereits aktivierte Energie an ihrem „Abfließen" gehindert; die Erregung „springt" nun auf eine andere Bewegung über, die normalerweise durch eine eigene („autochthone") Energie angetrieben wird, und kann diese „allochthon" aktivieren.

Eine solche Deutung wurde jedoch mit Recht angezweifelt (Leyhausen 1952; van Iersel u. Bol 1958). Im folgenden soll besonders auf die Kritik Leyhausens eingegangen werden, da sie die Gültigkeit des Triebstaumodells selbst nicht in Zweifel zieht. Die Einwände Leyhausens sind dabei in etwa folgende:

1. Im ersten Fall des Auftretens einer Übersprungbewegung, d.h. bei gegenseitiger Hemmung zweier bereits ausgelöster Aktivitäten, müßte die Übersprungbewegung besonders intensiv ablaufen, da sie gleichzeitig von zwei aktionsspezifischen Energien allochthon aktiviert wird. In Wirklichkeit aber zeigen solche Übersprungbewegungen sehr oft ausgesprochen schwache Intensität oder sie laufen nicht vollständig ab.

2. Die „gestaute" Energie einer Handlung, z.B. der gehemmten Angriffshandlung, wird offenbar nicht, oder nicht stets, allochthon „aufgebraucht". Denn nach Ausführen der Übersprungbewegung wird oft die gehemmte Handlung mit der früheren oder sogar einer erhöhten Bereitschaft weitergeführt. So stürzen Kampfhähne nach einer kurzen Periode des Scheinpickens wieder heftig aufeinander.

3. Im zweiten und dritten Fall auftretender Übersprungbewegungen stellt das Fehlen eines adäquaten Reizes die Hemmung der aktivierten Handlung dar. Es ist zu fragen, warum – anstatt in eine andere Bahn zu „springen" – die aufgestaute Energie nicht zur Ausführung einer Leerlaufreaktion oder einer Abreaktion an einem Ersatzobjekt führt. Diese Frage stellt sich besonders deshalb, weil die Übersprungbewegung sehr oft selbst eine Leerlaufreaktion ist, z.B. Picken nach nicht vorhandenen Körnern, Sexualhandlungen ohne Gegenwart entsprechender Reize.

Leyhausens Alternativdeutung bewegt sich, wie schon angedeutet, innerhalb der Grenzen des Triebstaumodells. Sie geht davon aus, daß sich die aktionsspezifischen Energien innerhalb des Instinktverhaltens eines Tieres gegenseitig fördern und hemmen, d.h. die „innere Auslöseschwelle" gegenseitig regulieren können. Aktivierte Antriebe, deren Eigenmotorik nicht betätigt werden kann und deren Schwellen sich gegenseitig anheben, können andere Antriebe soweit fördern bzw. ihre Auslöseschwelle soweit senken, daß diese nunmehr aktiviert werden und im „Leerlauf" ablaufen können, und zwar unter Verbrauch *eigener* Energie. Im Falle des Auftretens sexueller Übersprungbewegungen des Kormorans bei plötzlicher Flucht des Gegners wird der Antrieb zur entsprechenden sexuellen Bewegung, dem außerhalb der Paarungszeit zu wenig endogene Erregung zur Verfügung steht, um selbsttätig die „innere Schwelle" zu übersteigen, von der gehemmten Angriffsbewegung kurzfristig „über die Schwelle gehoben". Im dritten Fall aktiviert die gehemmte Bewegung, die selbst zum „autochthonen Leerlauf" nicht ausreicht, eine andere Handlung, die „bereits sehr zum Leerlauf neigt".

Bei dieser Leyhausenschen Deutung der Übersprungbewegung zeigt sich, daß sie nur dann auf dem Boden des Triebstaumodells verbleiben kann, wenn zu diesem z.T. schwerwiegende Zusatzannahmen gemacht werden. So muß auch Leyhausen von der Annahme gegenseitiger „energetischer" Beeinflussung der Instinkthandlungen ausgehen, eine Möglichkeit, die bei Lorenz nicht vorgesehen ist. Allerdings gibt Leyhausen keine weitere Auskunft darüber, wie eine solche „energetische" Beeinflussung innerhalb des Triebstaumodells aussehen soll; in Wirklichkeit ist sie bei strenger Spezifität der Aktionsenergie nicht gut vorstellbar, und die bisher bekannten neuralen Hemm-Mechanismen zeigen keinerlei „Stau"-Charakteristika.

Weiterhin muß Leyhausen fordern, daß z.B. auch in Perioden sexueller Inaktivität, also außerhalb der Fortpflanzungszeit, spezifische Energie der mit der Fortpflanzung verbundenen Aktivitäten produziert wird, allerdings in so geringem Maße, daß sie die sexuellen Aktivitäten nicht anzutreiben vermag. Nun sind solche zyklisch wiederkehrenden Aktivitäten überhaupt ein mit dem Triebstaumodell nur schwer zu deutendes Phänomen, und eine Lösung kann es nur dann geben, wenn man annimmt, daß die „Produktionsrate" der aktionsspezifischen Energien für ein zyklisch auftretendes komplexes Verhalten im Verband gehoben und gesenkt wird. Da man nun weiß, daß viele solcher zyklischen Verhaltensweisen durch Außenreize (z.B. mittlere Temperatur, Tageslichtlänge) und/oder propriozeptive Reize (z.B. Hormone) ausgelöst und auch bestimmt werden, so ist dann die Steuerung der Instinkthandlungen auch im weiteren Sinne nicht mehr „spontan", denn der Produktionsmechanismus für die aktionsspezifischen Energien wird nicht nur unspezifisch angestoßen, sondern in seinem Rhythmus reguliert. Aber auch bei Annahme einer solchen externen Steuerung der Energieproduktionsrate oder auch der „inneren" Schwelle bleibt schwer vorstellbar, daß Handlungen, die nur wenige Male oder nur einmal im

Jahr, dann jedoch mit hoher Intensität, auftreten, in der langen übrigen Zeit trotz stark gedrosselter Energieproduktion nicht doch z.B. als Leerlaufreaktion ausgeführt werden.

Andere Deutungen der Übersprungbewegungen, z.B. von Andrew (1956) und van Iersel und Bol (1958), gehen von der Vorstellung aus, daß eine Handlung, die durch Außenreize nur schwach stimuliert und zugleich durch eine stärker „motivierte" Handlung gehemmt ist (bei Seeschwalben z.B. Gefiederputzen durch intensives Brüten), dann auftritt, wenn die hemmende Handlung durch einen ebenso starken antagonistischen Antrieb (z.B. zur Flucht) selbst unter Hemmung gesetzt wird. In vielen Fällen ist demnach die Übersprungbewegung keineswegs so „deplaziert" wie früher angenommen wurde, da sie durchaus von Außenreizen oder propriozeptiven Reizen gesteuert sein kann. Es ist daher wohl falsch, die Mehrzahl der Übersprungbewegungen als Leerlaufreaktionen zu deuten.

Der Begriff der Leerlaufreaktion selbst gehört zu den am meisten umstrittenen Bestandteilen der Lorenzschen Instinkttheorie. Der Grund liegt nicht zuletzt darin, daß die Leerlaufreaktion experimentell wie methodologisch nur schwer „in den Griff" zu bekommen ist. Sie ist im Verhaltensrepertoire eines Tieres keineswegs häufig zu beobachten; auch ist es in der Praxis oft schwer, eindeutig nachzuweisen, daß das Tier die Reaktion wirklich ohne Gegenwart auch eines inadäquaten Reizes ausgeführt hat. Schließlich wird oft bei der Deutung solcher Reaktionen die starke physiologische Beeinträchtigung eines Organismus durch vollständigen Reizentzug nicht in Rechnung gestellt. Es ist bezeichnend, daß die Diskussion des Begriffs der Leerlaufreaktion sich immer wieder im wesentlichen an einem von Lorenz stammendem Beispiel entzündet, nämlich dem oben schon genannten von Lorenz aufgezogenen jungen Star, der keinerlei Erfahrung im Fliegenfangen gehabt haben soll, von dem aber berichtet wird, daß er einmal jedoch alle zur Instinkthandlung des Fliegenfangens gehörenden Bewegungen wie Beutefixieren, Zuschnappen, Totschütteln, Verschlucken ausgeführt habe, ohne daß irgendein Beutetier zu beobachten gewesen sei. Über die Veränderungen, die dies Beispiel bei Autoren, die sich Lorenz in der Deutung der Leerlaufreaktion anschließen, gemacht hat, ließe sich eine ganze Reihe von Betrachtungen anstellen. So berichten Tinbergen (1952), Eibl-Eibesfeldt (1967/72), Hädecke (1969) davon, daß der

Star „regelmäßig von Zeit zu Zeit" bzw. „wiederholt" auf Beutefang nach imaginären Fliegen gegangen sei. Dies wäre nach der Triebstaudeutung der Leerlaufreaktion auch zu erwarten gewesen. Bei Lorenz ist davon jedoch nirgendwo die Rede (vgl. Lorenz 1932, 1935, 1937, 1963); in „Das sogenannte Böse" heißt es ausdrücklich „eines Tages". Schon 1937 hat Bierens de Haan im Anschluß an dieses Beispiel darauf hingewiesen, daß es einen Unterschied macht, ob der Beobachter keinen Reiz entdecken kann, oder ob für das Tier kein Reiz vorhanden ist. Er zieht in Anschluß an Hinsche die Möglichkeit in Betracht, „Erscheinungen mehr oder weniger halluzinatorischer Art" könnten beim Lorenzschen Star die Leerlaufreaktion des Beutefangs ausgelöst haben. Auch Lorenz selbst spricht davon (1935), daß ihn „das Verfolgen eines in Wirklichkeit nicht vorhandenen beweglichen Zieles mit den Augen ... zwingend an das Verhalten mancher auf optischem Gebiet halluzinierenden Geisteskranken" erinnert und sich ihm die Frage aufgedrängt habe, „welche subjektiven Erscheinungen für den Vogel wohl mit der Leerlaufreaktion verbunden seien".

Nun ist es sicher unangemessen, Spekulationen über „subjektive Erscheinungen" eines Tieres anzustellen. Zudem zeigen Versuche mit Stammhirnreizung bei Hühnern, die von Holst und von St. Paul (1962) ausführten, daß Verhaltensweisen, die normalerweise stimulusgebunden sind, wie Angriff und Verteidigung, auch bei starker Reizung nicht zu einem „Leerlauf" gebracht werden konnten, wenn der normale Reiz wie auch jedes in Frage kommende Ersatzobjekt fehlte; die Tiere zeigten nur eine starke motorische Unruhe. Elektrische Hirnreizungen könnten noch am ehesten als Induktion von „Halluzinationen" gedeutet werden. Man muß vielmehr in vielen Fällen von Leerlaufreaktionen davon ausgehen, daß hier eine Summation verschiedener unterschwelliger Reize vorliegt, die mit einer bestimmten zeitlichen Verzögerung in ihrer Wirkung überschwellig wird, d. h. zu einem Zeitpunkt, da die verschiedenen Reize nicht mehr vorhanden sind. Eigene Beobachtungen innerhalb sinnesphysiologischer Untersuchungen zum Beutefang des italienischen Höhlensalamanders *Hydromantes italicus* mögen dies erläutern. Diese Tiere besitzen eine weit herausschnellbare Schleuderzunge, mit der normalerweise weichhäutige Gliederfüßler innerhalb eines bestimmten Größenintervalls erbeutet werden. Diese Beutefangreaktion ist, wie bei vielen anderen Amphibien, auch durch ganz unspezifische Bewegungsstimuli auslösbar. Gelegentlich geschieht es nach dem Füttern, also einer Situation, in der die Tiere mehrfach die Beute wahrnehmen können, daß leer ausgegangene Tiere bestimmte Stellen an der Glaswand oder auf dem Boden des Terrariums fixieren, sich in typischer Weise „anschleichen" und mit der Zunge nach diesen Stellen schießen. Wenn man davon ausgeht, daß sich an den Stellen wirklich nichts bewegt hat, so kann man annehmen, daß durch den Anblick sich bewegender Beute der Beutefang-„Antrieb" stark erhöht wird und im Zusammentreffen mit anderen längerfristig wirkenden Faktoren wie „Hunger" nach einer bestimmten zeitlichen Verzögerung zur beobachteten Leerlaufreaktion führt. Durch die zeitliche Verzögerung scheint die Reaktion „spontan", ohne jegliche Reizung, abzulaufen. Nun können die Höhlensalamander wie viele andere Amphibien relativ lange hungern, d. h. die Zeit zwischen zwei durch Beutereize ausgelösten Beutefangreaktionen kann sehr lang sein. So berichtet Durand (1970), daß das Hydromantesweibchen bei seinem Gelege ein Jahr ohne zu fressen ausharrt. Da der Beutefang sicherlich kein zyklisches Verhalten ist und also keine Schwankungen in der Produktion aktionsspezifischer Energie bei ihm zu erwarten sind, müßte in den Hungerperioden der Beutefang-Triebstau beträchtlich sein. Die oben genannte Leerlaufreaktion war jedoch auch nach längerem Nahrungsentzug nie zu beobachten, ausgenommen nach unmittelbar vorhergehender Stimulierung durch den Anblick von Beutetieren.

Es kann allerdings nicht ausgeschlossen werden, daß auch organismus-interne Reize allein zu Leerlaufreaktionen führen können. Hinde (1973) berichtet von Kanarienvögeln, die während der Fortpflanzungszeit, also unter dem Einfluß von Sexualhormonen, Nestbaubewegungen ohne entsprechendes Material ausführten. Aber auch hier können mehr unspezifisch wirkende Außenreize fördernden Einfluß gehabt haben. Armstrong (1950) hat anstelle des Terminus „Leerlaufreaktion" den der „overflow activity" vorgeschlagen in der Annahme, daß dabei ein normalerweise unterschwelliger Reiz bei großer Triebstärke (was dies auch immer sein mag) die gesamte gezeigte Handlung auslöse. Auch bei einer solchen Vorstellung wird man nicht ohne Annahme einer Reizsummation, die die große Triebstärke hervorruft, und/oder einer reizinduzierten Schwellenerniedrigung auskommen.

Es läßt sich schon jetzt sagen, daß aufgrund der vorgetragenen Forschungsresultate an einer allgemeinen Gültigkeit des Lorenzschen Modells des Instinktverhaltens gezweifelt werden muß. Zentrale Phänomene, die mit diesem Modell beschrieben werden, wie Reizschwellenerniedrigung, Endhandlung, Leerlaufreaktion, Übersprungbewegung, sind zumindest bei vielen Tieren nicht in dem Maße von Reizen aus der Umwelt oder dem eigenen Organismus unabhängig, wie es vom Modell gefordert wird. Auch muß bei vielen Instinkthandlungen eine Aktionsspezifität der Erregung (bzw. Energie) und damit auch eine weitgehende Unabhängigkeit der einzelnen Instinkthandlungen untereinander bezweifelt werden. Insbesondere hat sich bisher kein überzeugender Hinweis für die Gültigkeit des Triebstaumodells finden können. Die von Lorenz mit Hilfe dieses Modells gedeuteten Vorgänge innerhalb des Instinktverhaltens lassen sich auch – oft sogar befriedigender – ohne die Annahme von Triebstauprozessen erklären.

Im folgenden soll, wie schon angedeutet, an einer von Lorenz als besonders exemplarisch empfundenen Instinkthandlung, der innerartlichen Aggression, noch einmal die Gültigkeit der Lorenzschen Modelle überprüft werden in der Hoffnung, dabei genauere Einsichten in die Steuerungsmechanismen instinktiven Verhaltens zu gewinnen.

III

In seinem Buch „Das sogenannte Böse“ (1963) bezeichnet Lorenz die Aggression als einen „primären, arterhaltenden Instinkt“, und er stellt fest, daß Schwellenerniedrigung und Appetenzverhalten „bei wenigen instinktmäßigen Verhaltensweisen so deutlich ausgeprägt (sind), wie gerade bei denen der intraspezifischen Aggression“. Für Lorenz ist die Aggression nicht, wie für viele andere Aggressionsforscher, eine bloße *Reaktion,* die ohne einen adäquaten Reiz nicht auslösbar ist, sondern eine *spontane* Handlung. D.h. es gibt nach Lorenz eine aggressionsspezifische Energie, die sich in bestimmten „Zentren“ akkumuliert, den Organismus dadurch in aggressive Stimmung versetzt und sich in Aggressionshandlungen

„verbraucht". Dem Triebstaumodell entsprechend kann Lorenz über das Aggressionsverhalten bei Mensch und Tier folgende Aussagen machen:

Ein Organismus wird umso wahrscheinlicher aggressiv reagieren:

1. je länger die letzte Aggressionshandlung zurückliegt;
2. je stärker (adäquater) der aggressionsspezifische Reiz ist.

Er wird umso weniger wahrscheinlich aggressiv reagieren:

1. je kürzer die letzte Aggressionshandlung zeitlich zurückliegt;
2. je unspezifischer der gebotene Reiz für die Aggressionshandlung ist.

Und er wird um so wahrscheinlicher auf einen unspezifischen Reiz aggressiv reagieren bzw. um so intensiver nach auslösenden Reizen suchen, je länger die letzte Aggressionshandlung zurückliegt.

Man kann nach Lorenz die Aggression, wie jede andere triebstaugebundene Instinkthandlung, nicht beliebig lange hemmen; sie wird bei genügend hohem Triebstau von allein, als Leerlaufreaktion, ablaufen. Man kann sie ebensowenig „abdressieren", sondern sie höchstens an Ersatzobjekten bzw. in Ersatzhandlungen sich „abreagieren" lassen. Darin liegt nach Lorenz die besondere Gefährlichkeit der intraspezifischen Aggression.

Die Überprüfung der Lorenzschen Aggressionstheorie in Hinblick auf ihre verhaltensphysiologischen Implikationen muß mit der Frage beginnen: Gibt es nur eine *(die)* Aggression und damit nur *einen* aggressionssteuernden Mechanismus, wie geartet dieser auch sein mag, oder lassen sich etwa mehrere Formen von Aggression unterscheiden, die relativ unabhängig voneinander bestehen und verschiedene steuernde Mechanismen besitzen? Dies läßt sich – und Lorenz tut dies auch ausdrücklich – sofort in Bezug auf die zwischenartliche (interspezifische) und innerartliche (intraspezifische) Aggression sagen; beiden Verhaltensweisen liegen offenbar recht verschiedene Mechanismen zugrunde: eine Katze schlägt ihre Beute meist schnell, effektiv und ohne deutliche Erregung, während sie beim Kampf mit Artgenossen starke affektive Erregung sehr deutlich mit Buckeln, Haarsträuben, Ohrenanlegen, Zischen usw. zeigt. Dies läßt sich auch von sehr vielen anderen Raubtieren sagen (Lorenz 1963; Moyer 1971; Scott 1958, 1971). Oft werden beim innerartlichen Kampf ganz andere Waffen gebraucht als beim Beutefang oder bei der Verteidigung gegen einen Beutefeind. Es ist also in der überwiegenden Zahl von Fällen intraspezifischer Aggression nicht gerechtfertigt, sie stammesgeschichtlich auf Beutefanghandlungen zurückzuführen, wie es in Hinblick auf die menschliche intraspezifische Aggression z.B. Ardrey (1962) tut, – ganz abgesehen von dem Umstand, daß der Mensch wahrscheinlich nie ein echtes Raubtier war. Näherliegend ist dagegen die stammesgeschichtliche Rückführung der intraspezifischen Aggression auf die Verteidigungsreaktion gegen einen Beutefeind. Abgesehen von der Frage nach den verwendeten Verteidigungswaffen treten hier in der Tat starke affektive Erregungen wie bei Revier- und Paarungskämpfen auf (Scott 1971).

Moyer (1971) hat eine Klassifikation verschiedener Aggressionsweisen versucht und für sie entsprechend verschiedene Steuerungsmechanismen („neural circuits") gefordert. Sehen wir dabei von der *inter*spezifischen Aggression ab, so findet man bei ihm aufgezählt 1. Aggression zwischen männlichen Tieren einer Art (inter-male aggression), hervorgerufen durch das Auftreten eines fremden erwachsenen Artgenossen; 2. furchtinduzierte Aggression, die auftritt, wenn gegenüber einem überlegenen Angreifer keine Flucht möglich ist; 3. irritable Aggression aufgrund unlusterzeugender Reizung durch belebte oder unbelebte Objekte; 4. territoriale Verteidigungsaggression; 5. mütterliche Aggression zum Schutz eines Jungtiers gegen einen Angreifer; 6. instrumentelle Aggression, hervorgerufen und verstärkt durch Lernen am Erfolg; 7. mit Paarungsverhalten verbundene Aggression.

Abgesehen von der Frage, ob eine solche Aufgliederung voll gerechtfertigt ist, fallen z.T. deutliche Unterschiede zwischen den angeführten Arten von Aggression auf. So sind einige fast immer auslösbar (z.B. irritable Aggression, instrumentelle Aggression, furchtinduzierte Aggression), andere wiederum treten bei vielen Tieren nur zyklisch auf (Territorialverteidigung, Paarungskampf). Einige sind streng reizgebunden (inter-male Aggression, furchtinduzierte Aggression, mütterliche Aggression), bei anderen kann eine Art „Appetenzverhalten" bzw. eine erhöhte Aggressivität dem eigentlichen Aggressionsakt voraufgehen (z.B. irritable Aggression, Territorialverteidigung, instrumentelle Aggression, Paarungskampf). Wiederum sind einige offenbar (zumindest bei höheren Tieren, z.B. Säugern) durch Lernen erzeugt oder beeinflußbar (wie inter-male

Aggression, instrumentelle Aggression), andere nicht (z. B. furchtinduzierte Aggression, irritable Aggression). Ob man nun in der Tat den verschiedenen Aggressionsarten eigene „Zentren" oder steuernde Mechanismen zuweisen kann, ist noch sehr ungewiß. Immerhin konnten durch elektrische Reizung verschiedener Hirnpartien verschiedene Aggressionsformen oder mit Aggression in Verbindung stehende Verhaltensweisen ausgelöst werden (Hunsperger 1956), wobei allerdings auch die Stärke der Reizung eine wichtige Rolle spielt. So läßt sich bei bestimmten Versuchstieren durch schwache Reizung peripherer Bereiche des Hypothalamus Fluchtverhalten auslösen, stärkere Reizung dagegen führt zu Verteidigungsreaktionen. Eine schwache Reizung zentraler Hypothalamusregionen löst Verteidigungsreaktionen aus, stärkere Reizung Angriff. Reizung der Amygdala (Mandel) führt je nach Stärke zu Flucht- oder Verteidigungsreaktionen, nie jedoch zu Angriffsverhalten (Kaada 1967). Bei den schon erwähnten Versuchen von Holsts (1962) mit Stammhirnreizung bei Hühnern konnten bei einem Hahn durch Reizung verschiedener Hirnpartien einmal die charakteristischen Angriffsbewegungen gegen einen Artgenossen, zum anderen der Angriff gegen einen artfremden Feind ausgelöst werden. Auch ist bekannt (darauf wird weiter unten noch einzugehen sein), daß bestimmte Hormone selektiv auf bestimmte Aggressionsarten wirken können.

Läßt man die Frage nach speziellen Aggressions-„Zentren" oder Steuermechanismen als vorerst unentschieden beiseite, so läßt sich zumindest zeigen, daß es innerhalb des Aggressionsverhaltens ein sehr komplexes, teils unspezifisch, teils spezifisch wirkendes System „zentraler" und „peripherer" Förderung und Hemmung geben muß. Moyer (1971) schlägt folgendes Modell vor: Es liegen für die verschiedenen Aggressionsarten angeborene neurale Steuermechanismen vor, die einen sensibilisierten und einen nichtsensibilisierten Zustand einnehmen können. Sie besitzen bahnende und hemmende Inputs von anderen neuralen Systemen und ebensolche Outputs zu anderen Systemen. Es sind dann vier Grundkonstellationen möglich: 1. Der Steuermechanismus ist nicht sensibilisiert; ein einlaufender Reiz ist dann nicht in der Lage, ihn zu aktivieren und das betreffende Aggressionsverhalten auszulösen. 2. Der Steuermechanismus ist – z. B. durch Hormone – sensibilisiert, aber noch nicht durch Reize aktiviert; die Sensibilisierung kann verschiedene Stufen annehmen, die sich in der Höhe der Reizschwelle ausdrükken. 3. Der Steuermechanismus ist sensibilisiert und wird von einem Reiz aktiviert; das entsprechende Aggressionsverhalten tritt auf. 4. Der Steuermechanismus ist sensibilisiert und spontan aktiviert in Abwesenheit eines auslösenden Reizes; der Organismus zeigt Ruhelosigkeit, das spezifische Aggressionsverhalten tritt aber nicht spontan auf.

Unspezifisch wirkende fördernde und hemmende Systeme konnten durch Experimente mit operativer Entfernung bestimmter Hirnpartien nachgewiesen werden: eine allgemeine Abtragung der Großhirnrinde ruft eine Verhaltensweise hervor, die „sham rage" (Scheinwut) genannt wird (Bard 1950); das Versuchstier zeigt die gleichen Verhaltensweisen wie bei angstvoller Verteidigung, die „sham rage" ist jedoch schon durch minimale Reize auslösbar, die sonst keinerlei Wirkung zeigen würden. Es liegt hier der Gedanke nahe, daß die Hirnrinde insgesamt einen Hemmungsmechanismus gegen eine unangepaßte aggressive Reaktion auf äußere Reize darstellt. Im Gegensatz dazu führt eine weitgehende Zerstörung des Hypothalamus bei manchen Tieren (z.B. Katzen) zu einem schläfrigen, inaktiven Zustand. Aggressives Verhalten ist dann nur durch starke Reizung (z.B. durch einen angreifenden Hund) auszulösen. Der Hypothalamus hat also möglicherweise die Funktion, einlaufende Reize so zu verstärken, daß sie eine Verteidigungsreaktion auslösen bzw. bestimmte Hemmungen herabsetzen oder beseitigen. Die Großhirnrinde und der Hypothalamus wirken hier offenbar als Antagonisten. Aber auch innerhalb der Großhirnrinde selbst scheint es antagonistische Mechanismen zu geben: entfernt man bei Säugetieren das sog. Neopallium, d.h. den sich stammesgeschichtlich am spätesten ausbildenden Teil der Großhirnrinde, so kann, wie bei Entfernung des Hypothalamus, eine starke Aktivitätsabnahme eintreten (Bard u. Mountcastle 1948). Das Neopallium hat eventuell also exzitatorische Funktion, die jedoch durch andere Hirnrindenbereiche unter Hemmung gesetzt wird. Ähnliches scheint auch für die Amygdala zuzutreffen. Ihre Entfernung führt bei Versuchstieren zu einer ausgesprochenen Zahmheit. Aggressionsverhalten läßt sich dann auch nur durch starke Reizung auslösen (Kaada 1967).

Seit längerem ist bekannt, daß ein Zusammenhang zwischen Hormonen, besonders Sexualhormonen, und Aggression besteht. Männliche Mäuse z.B. verlieren nach Kastration ihre intraspezifische Aggression ganz oder zumindest in weitem Maße. Die Aggression kann jedoch durch Injektion des männlichen Keimdrüsenhormons Testosteron wieder hervorgerufen bzw. deutlich verstärkt werden. Die Verabreichung von Testosteron bei Weibchen stimuliert dagegen zwar deren Sexualverhalten, erhöht aber nicht die Aggressivität (King u. Tolman 1956). Die Anwesenheit des männlichen Sexualhormons scheint also bei einer Reihe von Tierarten eine sensibilisierende Wirkung auf bestimmte Steuermechanismen der Aggression zu haben, da ohne dies Hormon die Tiere nicht auf entsprechende Stimuli reagieren. So läßt sich leicht das bei vielen Tieren zyklisch auftretende Revier- und Paarungskampfverhalten erklären, ebenso der Umstand, daß einige Aggressionsarten wie die eben genannten bei nicht geschlechtsreifen Tieren nicht auftreten, jedoch bei ihnen durch Testosteroninjektion hervorrufbar sind (Levy u. King 1953). Testosteron beeinflußt offenbar neben dem Revier- und Paarungskampfverhalten auch die irritable Aggression. Nach Kastration verschwindet diese weitgehend (Hutchinson, Ulrich u. Azrin 1965).

Es ist inzwischen gelungen, den ontogenetischen Mechanismus einigermaßen aufzuklären, der der Wirkung des Sexualhormons auf die Aggressionsbereitschaft zugrundeliegt. Testosteron wirkt offenbar auf normale Tiere nur dann aggressionsfördernd, wenn in einer bestimmten „sensiblen“ Frühphase der Organismus unter Testosteroneinfluß stand. Werden Mäuse sofort nach der Geburt kastriert, so zeigen sie später im erwachsenen Zustand keine Aggression, auch nicht nach Injektion von Testosteron. Wird den gleichen Mäusen aber innerhalb eines bestimmten Zeitraums nach der Geburt Testosteron injiziert, so zeigen die erwachsenen Tiere nach Testosterongabe normale Aggression (Edwards 1968; Bronson u. Desjardins 1968, 1971). Man nimmt an, daß bei normaler Entwicklung durch die gonadotropen Hormone der mütterlichen Hypophyse die Gonaden des Embryos vorübergehend zur Produktion von Testosteron stimuliert werden, und daß so die Sensibilisierung für die Testosteroneinwirkung im erwachsenen Zustand erfolgt. Dies scheint zumindest unter anderem die Grundlage des unterschiedlichen Aggressionsverhaltens bei beiden Geschlechtern zu sein.

Die genauere Wirkungsweise anderer Hormone auf das Aggressionsverhalten ist noch nicht in dem Maße wie bei den Sexualhormonen bekannt. Von den Nebennierenhormonen Adrenalin und Noradrenalin, den sog. Katecholaminen, wird angenommen, daß sie etwas mit Furcht- und Angstzuständen sowie mit Wutzuständen zu tun haben und damit mittelbar mit dem Aggressionsverhalten. Dabei scheint Adrenalin eher mit Furcht und Angst zusammen aufzutreten, Noradrenalin mit Wut und Ärger. Alle diese Zustände sind häufige Begleiterscheinungen von Aggression; ob sie Aggression selbst hervorrufen oder nur eine sensibilisierende Wirkung haben, kann nicht überzeugend dargelegt werden (vgl. Lischke 1972). Da die Katecholamine zu den Überträgersubstanzen des Nervensystems gehören (sie treten bei Wirbeltieren in postganglionären Sympathicus-Neuronen und Neuronen der Basalganglien auf), kann ihre Wirkung auch auf einer Steuerung der Nervenimpulsübertragung beruhen.

Eine deutlich aggressionsfördernde (jedoch wohl hauptsächlich die irritable Aggression beeinflussende) Wirkung ist von einer Reihe anderer langzeitwirkender Faktoren bekannt. So erhöht Hunger bei vielen Tieren stark die Aggressivität (Marler 1955, 1956, 1957). Dabei kann der Hunger bei manchen Tieren durchaus eine mittelbare Wirkung auf die Aggression haben: aufgrund von Versuchen Andrews (1957) mit Buchfinken und mit Goldammern nehmen Marler und Hamilton an, die größere Bereitschaft zum Kampf sei verursacht durch die größere Bereitschaft der hungrigen Vögel, sich ranghöheren Vögeln an der Futterstelle zu nähern; allgemein werde ein Tier aufgrund des Gedränges an der Futter- oder Wasserquelle mehr Aggressivität auslösenden Außenreizen ausgesetzt (Marler u. Hamilton 1972).

Nicht nur von Nahrungsentzug, sondern auch von Schlafentzug oder Drogenentzug bei süchtigen Tieren kann eine starke Reizschwellenerniedrigung für die Aggression ausgehen. Eine für die Problemstellung dieses Aufsatzes besonders wichtige Tatsache ist die bei vielen Tieren zu beobachtende aggressionsfördernde Wirkung von Isolation. Eine Reihe von Autoren versucht diese Wirkung mit Hilfe des Lorenzschen Triebstaumodells zu erklären bzw. sie als Beweis für dessen Richtigkeit anzuführen. Der Gedankengang ist dabei der, daß sich bei isoliert gehaltenen Tieren die Aggression nicht an geeigneten Objekten „abreagieren“ kann und sich deshalb aufstaut. Bringt man diese Tiere nach der Isolation mit Artgenossen zusammen, ist oft eine verstärkte Aggression zu beobachten, wobei die Intensitätszunahme offenbar proportional der Isolationsdauer ist. Eibl-Eibesfeldt (1972) beruft sich bei solcher Argumentation besonders auf Versuche von Rasa (1971), bei denen sich zeigte, daß Riffbarsche um so größere Aggression zeigten, je länger sie isoliert gehalten wurden; die Aggressivität wurde anhand der Zeit bestimmt, während der sich die Versuchstiere in einer „Zielkammer“ aufhielten, von der aus sie hinter Glas Artgenossen bedrohen konnten.

Nun lassen Versuche von Welch und Welch (1971) vermuten, daß die Isolation selbst, d.h. der Entzug normaler Reizsituation, zu einer starken Erregbarkeit und Aggressivität führen kann und nicht nur mittelbar ein durch erzwungene Inaktivität möglicherweise herbeigeführter Triebstau. Es konnten bei den Versuchen deutliche biochemische Veränderungen im Gehirn der Versuchstiere festgestellt werden; so geht die Synthese und der Verbrauch der neuralen Überträgersubstanzen (Neurotransmitter) Norepinephrin, Dopamin und Serotonin zurück, von Stoffen, die sich vermehrt *nach* Aggressionshandlungen feststellen lassen. Man muß allgemein annehmen, daß das Fernhalten gewohnter Umweltreize und erst recht von Reizen überhaupt zu einer starken Beeinträchtigung des physiologischen Gleichgewichts bei Mensch und Tier führen können. Das *Fehlen* der normalen Reizsituation kann also als sehr starker Reiz wirken. Isolationsexperimente an Menschen, wie sie z.B. von Heron (1957) durchgeführt wurden, führten bei den Versuchspersonen zu schweren Verhaltensstörungen, Halluzinationen und starker Erregbarkeit.

Im Hinblick auf das Verhältnis von Aggressivität und Isolation zeigen sich jedoch von Tierart zu Tierart bedeutende Unterschiede. So zeigten Versuche von Heiligenberg und Kramer (1972) mit Buntbarschen, daß die Aggressionsbereitschaft der Versuchstiere nur durch ständige Stimulierung durch den Anblick eines männlichen Artgenossen aufrechterhalten bzw. erhöht werden kann. Ohne diese Stimulierung sinkt die Angriffsbereitschaft innerhalb weniger

Wochen der Isolation auf ein sehr niedriges Niveau ab. Interessant ist, daß bei den obengenannten Versuchen von Rasa nach dem Aggressionsmaximum am 7. Tag die Aggressivität bis zum 10. Tag etwa auf die Hälfte wieder abfiel. Dies ließe sich durchaus als eine teilweise Adaptation des Organismus an die Isolationsbedingungen deuten. In jedem Fall sind die Ergebnisse der Versuche von Heiligenberg und Kramer wie auch das gerade erwähnte Absinken der Aggressivität in den Versuchen von Rasa nicht mit der Vorstellung eines durch die Isolation hervorgerufenen Aggressionstriebstaus zu vereinbaren.

Andere in diesem Zusammenhang von Eibl-Eibesfeldt angeführte Experimente berühren die Frage, ob Aggression gänzlich erlernt oder zumindest stark durch Lernen beeinflußbar sei, oder ob sie als angeborenes Verhalten anzusehen sei, wie Lorenz es tut. Dies läßt sich anhand sogenannter Kaspar-Hauser-Versuche nachprüfen, d.h. man läßt Versuchstiere isoliert von ihren Artgenossen aufwachsen, so daß sie keinerlei Gelegenheit zum Nachahmungslernen haben, und prüft, ob die zu untersuchenden Verhaltensweisen dennoch auftreten. Wir wollen hier nicht auf die methodologischen und praktischen Probleme eingehen, die solche Versuche aufwerfen; dies ist an anderer Stelle dieses Buches ausführlich geschehen. In der Tat zeigten Ratten und Mäuse, die isoliert von ihren Artgenossen aufwuchsen, später gegen diese die artcharakteristischen Aggressionshandlungen, z.T. sogar noch intensiver als die normal aufgewachsenen Artgenossen (Banks 1962; King u. Gurney 1954; Eibl-Eibesfeldt 1963). Das gleiche wird von isoliert aufgezogenen Wildhähnen (Kruijt 1964) und Kampffischen (Laudien 1966) berichtet. Solche Resultate zeigen, daß es bei vielen Tieren offenbar Aggressionsverhaltensweisen gibt, die sich „spontan“ ohne Erfahrung entwickeln. Sie zeigen aber *nicht*, daß diese nicht durch Erfahrung bzw. Lernen beeinflußt werden könnten. Gerade die Tatsache, daß bei isoliert aufgezogenen Versuchstieren die Aggression höher sein kann als bei normal aufgewachsenen, liefert einen Hinweis darauf, daß Aggression im sozialen Leben der Tiere modifizierbar ist. So zeigen nach Scott (1958) männliche Ratten, die gemeinsam aufgezogen wurden, untereinander auch nach der 32-Tage-Periode, nach der unter nicht gemeinsam aufgewachsenen Ratten Aggression auftritt, keinerlei Aggression. Auch lassen sich bei Mäusen natürliche Hemm-Mechanismen so weit durch Lernen verstärken, daß sie jede Aggression dauernd erfolgreich unterdrücken. Solche Tiere, denen die Aggression „abdressiert“ wurde, zeigen nach Auskunft von Scott (1958) keinerlei abnormes Verhalten; schwere Verhaltensstörungen sind jedoch nach Ansicht von Lorenz aufgrund solcher „Abdressur“-Versuche zu erwarten, da der Organismus ständig nach einem „Abfluß“ des Aggressions-Triebstaus suchen muß. Allerdings kann angenommen werden, daß eine solche „Abdressur“ der Aggression nicht bei allen, vielleicht nur bei wenigen Tieren möglich ist; am wenigsten wohl bei denjenigen mit einem ausgeprägten Revier- und Paarungskampfverhalten. Allgemein läßt sich aber sagen, daß bei Tieren, die überhaupt zu weitergehenden Lernleistungen fähig sind, nichts so erfolgreich die Aggression verstärkt wie positive Erfahrung mit Aggressionshandlungen. Lernen kann offenbar die Aggression auch von sonst unabdingbar erscheinenden Voraussetzungen unabhängig machen. So blieben stark aggressive Mäuse nach Kastration, die normalerweise zu einer starken Reduktion der Kampfbereitschaft führt, aggressiv, wenn man ihnen weiterhin Gelegenheit gab zu kämpfen. Wurde ihnen jedoch diese Gelegenheit für einige Wochen genommen, verloren sie ihre Aggression (Scott 1958). Auch können sehr friedliche Tiere durch intensive positive Kampferfahrung sehr aggressiv gemacht und auch dazu gebracht werden, Weibchen und Junge anzugreifen, was Mäuse normalerweise nie tun.

Ein umstrittener Gegenstand ist in der Aggressionsphysiologie auch die Frage nach „spontan“ ausbrechenden Handlungen. Viele Tiere und auch Menschen suchen zuweilen ganz offenbar „Streit“. Nach Lorenz ist dies ein deutliches Appetenzverhalten aufgrund eines hohen Aggressions-Triebstaus. Abgesehen davon, daß ein solches Verhalten zumindest beim Menschen hochgradig (am Erfolg) erlernt sein kann, läßt es sich in vielen Fällen als ein Reizsummations-Phänomen deuten. So kann ein Tier, das durch vorausgegangene intensive Kampferfahrung stark „aggressionsmotiviert“ wurde, auch noch nach längerer Latenzzeit auf einen unbedeutenden Reiz aggressiv reagieren, was dann als „spontane“ Aggressionshandlung erscheint. Eine solche Deutung läßt sich zweifellos auch auf die von Lorenz (1963) angeführten Beobachtungen an Buntbarschen (Cichliden) anwenden, die innerhalb seiner Aggressionstheorie eine wesentliche Rolle für den Beweis des Triebstaumodells spielen. Lorenz berichtet, daß Cichlidenmännchen, die keine Gelegenheit haben, ihren „gesunden Ärger" an Reviernachbarn abzureagieren (ihren Aggressions-Triebstau zu reduzieren), ihre Weibchen angreifen. Es ist wichtig, zu beachten, daß sich diese Vorgänge während der Paarungs- und Fortpflanzungszeit abspielen, zu einer Zeit also, in der die Aggressivität des Männchens durch Sexualhormone beträchtlich erhöht wird und also auch inadäquate Reize (z. B. das Weibchen im Vergleich zum männlichen Reviergegner) Aggression auszulösen vermögen, besonders wenn die Reizobjekte – wie das Weibchen – sich innerhalb des Reviers aufhalten. Dies wird besonders dann der Fall sein, wenn das Männchen zuvor mit Reviergegnern genügend Kampferfahrung und damit eine erhöhte Kampfbereitschaft erworben hat. Das Phänomen, daß Aggression – wie auch andere Handlungen – „umdirigiert", d. h. an Ersatzobjekten abreagiert werden kann, ist zudem im Tierreich und bei Menschen häufig zu beobachten. So kann innerhalb einer Hierarchie-Struktur (Hackordnung) eine erlittene Aggression bis zum untersten Tier „weitergegeben" werden.

Überblickt man das hier wiederum nur exemplarisch vorgetragene Material an Forschungsresultaten zum Problem der intraspezifischen Aggression, so läßt sich folgendes sagen: Es soll nicht angezweifelt werden, daß Aggression angeborene Komponenten haben kann, wobei das Mischungsverhältnis von Angeborenem, Geprägtem und Erlerntem von Tierart zu Tierart sehr verschieden sein kann. Es zeigen sich aber auch hier keine überzeugenden Beweise dafür, daß die angeborenen Komponenten, sofern sie als solche überhaupt zweifelsfrei nachgewiesen werden können, durch Triebstau-Mechanismen gesteuert werden. Vielmehr haben wir gesehen, daß Aggressionshandlungen durch eine Vielzahl äußerer wie innerer Reize und Faktoren und durch Lernen nicht nur bloß ausgelöst, sondern in Intensität und Ablauf entscheidend bestimmt werden können. Von einigen dieser Faktoren (z. B. Hormone) läßt sich bei bestimmten Tierarten definitiv sagen, daß ihr Fehlen das Auftreten von Aggression auch langzeitlich verhindert, ganz abgesehen von der Möglichkeit der „Abdressur" von Aggression. Ein solcher Umstand widerspricht jedoch fundamental dem Lorenzschen Triebstaumodell.

IV

Kehren wir zu dem eingangs gestellten Problem zurück, ein Modell instinktiven Verhaltens zu entwerfen, so lassen sich aufgrund der vorgetragenen Input-Output-Relationen zumindest folgende Modifikationen des Lorenzschen Modells machen:

1. Eine Verhaltensweise kann schon dann als spontan, d.h. als unabhängig von extero- und propriozeptiven Reizen ablaufend erscheinen, wenn zwischen dem Einlaufen der Reize und dem beobachteten Verhalten eine mehr oder weniger lange Zeit „innerer Verarbeitung" liegt, so daß der Reiz nicht mehr präsent ist, wenn das Verhalten auftritt. Dies kann z. B. bei Prozessen von Reizsummation der Fall sein, die längere Zeit unterschwellig bleiben, oder auch beim Auslösen hormonaler Prozesse durch Außenreize.

2. Liegt eine *zentrale* Impulsproduktion vor, so kann diese a) abhängig sein von unspezifischen Reizen; b) abhängig sein von spezifischen Außenreizen, die die Impulsproduktion entweder nur auslösen oder die Impulsfrequenz und/oder den Impulsrhythmus beeinflussen. Eine von einem Außenreiz ausgelöste Impulsproduktion kann durch propriozeptive Rückkopplung automatisch weiterlaufen.

3. Im Falle *spontaner* zentraler Impulsproduktion können sowohl Außenreize wie propriozeptive Reize a) den zentralen Schrittmacher in seiner Frequenz und/oder in seinem Rhythmus verändern, b) dem Schrittmacher nachgeordnete Instanzen beeinflussen, so z. B. bestimmte Effektorgane.

4. Nur in wenigen Fällen wird eine spontane zentrale Impulsproduktion ohne jedes extero- oder propriozeptive Rückkopplungssystem eine Verhaltensweise steuern. Diese werden meist kurzzeitige Handlungen sein.

Eine wesentliche Rolle bei der Steuerung instinktiven Verhaltens muß dem angeborenen Auslösemechanismus zugeschrieben werden. Der AAM kann, anders als Lorenz annimmt, offenbar nicht nur durch das Instinkt„zentrum", sondern auch durch Außenreize (adaptiv) und durch organismusinterne Faktoren, z.B. Hormone, gesteuert werden. Zwischen dem AAM und dem Instinkt-„Zentrum" kann – wie an der Steuerung des Aggressionsverhaltens zu sehen war – eine Reihe fördernder und hemmender Instanzen liegen, die spezifisch oder unspezifisch auf die einlaufenden Reize wirken und oft untereinander rückgekoppelt sind. Innerhalb des Gesamtsystems der Instinkthandlungen muß ein komplexes System gegenseitiger Bahnung und Hemmung angenommen werden, d.h. eine ablaufende Instinkthandlung kann die Steuermechanismen anderer Instinkthandlungen positiv oder negativ beeinflussen. Auch Instinkthandlungen können also mehr oder weniger von der „Vorgeschichte" des betreffenden Organismus abhängen. Wenn wir, wie zu Beginn dieses Aufsatzes geschehen, *nicht-instinktives* Verhalten dahingehend beschreiben, daß hierbei die beobachtbare Verhaltensweise eine Funktion des einlaufenden Reizes *und* des jeweils vorliegenden inneren Zustandes des Organismus ist (der wiederum von seiner „Vorgeschichte" abhängt), so werden wir beim Versuch der Modellierung *instinktiven* Verhaltens keine *grundsätzlichen* Unterschiede dazu feststellen können. Dennoch kann eine Unterscheidung zwischen instinktivem und nicht-instinktivem Verhalten durchaus sinnvoll sein; nur muß dabei beachtet werden, daß zwischen den Extremen einer stark außenreizabhängigen Verhaltensweise einerseits und einer „spontan" ablaufenden Handlung andererseits eine ganze Reihe von verschiedenen Interaktionsstufen von Außenreiz, propriozeptiven Reizen bzw. Feedbacks und „Zentrum" liegen kann. Eine Handlung erscheint dann um so weniger instinkthaft, je mehr ein vorhandener zentraler Schrittmacher von extero- und propriozeptiven Feedbacks in Frequenz und Rhythmus (wenn rhythmisches Verhalten vorliegt) gesteuert wird. Solche Steuerungsmechanismen stellen natürlich große Anforderungen an die Komplexität des Nervensystems; und so ist es nicht verwunderlich, daß starr erscheinendes Verhalten vermehrt bei niederen Tieren auftritt, und daß auf höheren evolutiven Stufen erlerntes und instinkthaftes Verhalten immer schwerer zu unterscheiden ist und letzteres durch ersteres wohl immer mehr ersetzt oder überlagert wird.

Ein Modell instinktiven Verhaltens, sofern es die oben genannten verschiedenen Steuermechanismen zwischen Außenreizen, propriozeptiven Reizen, angeborenem Auslösemechanismus und Instinktzentrum berücksichtigt, kam also ohne die Annahme einer aktionsspezifischen Energie und der ihr von Lorenz zugeschriebenen Triebstaueigenschaften auskommen. Aufgrund der heutigen Erkenntnisse aus der Neuro- und Stoffwechselphysiologie läßt sich sagen, daß die im Verhalten eines Organismus verbrauchte Energie relativ unspezifisch ist; ebenso relativ unspezifisch sind auch die bei der Übertragung von Impulsen im Nervensystem auftretenden elektrischen und chemischen Prozesse. Spezifisch ist offenbar allein die neurale Information, die in verschiedenen Energieformen verschlüsselt sein kann, um bestimmte Mechanismen innerhalb des Organismus zu steuern. Auf die Information als solche lassen sich jedoch keinerlei Vorstellungen von Stau-Phänomenen anwenden; gerade mit der Tatsache, daß Information – zumindest in hochmolekularen Strukturen – fast beliebig lange gespeichert und je nach Bedarf mehr oder weniger schnell abgerufen werden kann, ohne dabei selbst zerstört zu werden, ist die Möglichkeit eines Informations-Staus analog zum Energiestau im Lorenzschen Modell unvereinbar.

Hinde (1960) hat darauf hingewiesen, daß das Lorenzsche Modell instinktiven Verhaltens einschließlich des Triebstaumodells auf einer minimalen Basis verhaltensphysiologischer Daten entwikkelt wurde. Ein solches Modell muß aber so angelegt sein, daß es ohne große Schwierigkeiten den neu gewonnenen wissenschaftlichen Erkenntnissen entsprechend modifiziert werden kann. Das bedeutet, daß es innerhalb seines hypothetischen Charakters im wesentlichen auf der Extrapolation und der Verknüpfung bereits gesicherter oder als sehr wahrscheinlich geltender Fakten aufbaut. Ein solches Modell wird seinen Zweck, Anstöße zu neuen Ansätzen experimenteller Arbeit zu liefern und somit seinen eigenen hypothetischen Charakter abzubauen, gut erfüllen. Mit der Einführung eines prinzipiell oder zumindest vorläufig nicht nachprüfbaren Modells, wie es das Lorenzsche Triebstaumodell lange Zeit war und teilweise auch noch ist, wird der für den wissenschaftlichen Fortschritt notwendige Rückkopplungsmechanismus zwischen experimenteller Arbeit und Theoriebildung nachhaltig gestört.

Klaus Horn

Die humanwissenschaftliche Relevanz der Ethologie im Lichte einer sozialwissenschaftlich verstandenen Psychoanalyse

Die Ethologie, die in den letzten Jahren nicht nur im deutschsprachigen Raum, sondern auch in den USA (Alexander 1972) wieder humanwissenschaftliche Interessen entwickelte, wird sich gegen eine Subsumtion unter „Sozialwissenschaft" verwahren; ihr Beitrag zur Menschenwissenschaft soll ja gerade naturwissenschaftlicher und das heißt letzten Endes „exakter" Art sein insofern, als eine unhistorisch-naturhafte, d.h. stammesgeschichtliche Determiniertheit von Verhalten hervorzuheben sei, die als relativ unveränderlich angesehen werden kann. Der Verhaltensbiologe Hassenstein (1973, S. 287) fordert: „Um die bestimmenden Faktoren des menschlichen sozialen Lebens zu erfassen, müssen ... die Humanwissenschaften auch bei der Anerkennung einer prinzipiellen Willensfreiheit etwaige biologische Verhaltenstendenzen kennen und berücksichtigen – nicht, weil ihnen der Mensch widerstandslos unterworfen wäre, sondern weil sie an der Bestimmung der Verhaltensrichtungen einen mehr oder weniger gewichtigen Anteil haben." Dieses Programm, repräsentativ für die deutschsprachige Diskussion, soll vorwiegend unter methodologischen Aspekten diskutiert werden: Wie kann dieses mehr oder weniger wichtige Anteilhaben des Biologischen am menschlichen Verhalten bestimmt werden? Unter diesem Aspekt lassen sich Humanethologie und Verhaltensbiologie gemeinsam behandeln.

Schwierigkeiten ergeben sich bereits, insofern die Evolutionstheorie selber, deren Erklärungswert nicht etwa angezweifelt werden soll, und die als zentrales Theorem auch der humanwissenschaftlichen Ethologie und Biologie gelten kann, nicht etwa eine empirisch-analytische, also keine „naturwissenschaftliche" Aussage im strengen Sinn ist. Der ethologische und verhaltensbiologische

Anspruch auf humanwissenschaftlich relevante Aussagen beruft sich aber zumindest insgeheim auf das gesellschaftliche Prestige der Naturwissenschaften; schließlich ist (Verhaltens-)Biologie eine Naturwissenschaft. Die Tatsache, daß in der Biologie teilweise naturwissenschaftliche Methoden im strengen Sinn verwandt werden, bedeutet freilich nicht, daß eine solche Wissenschaft als Ganze von den gesellschaftlichen Entstehungs- und Wirkungszusammenhängen isoliert gesehen werden kann. Young (1971, S. 247) spricht in diesem Sinne von der „trügerische(n) Objektivität der ideologisch neutralen positiven Wissenschaft" und konstatiert, daß es „unmöglich ist, die eigentlich ‚harte' Wissenschaft von ihrem wirtschaftlichen und politischen Kontext und von den Verallgemeinerungen zu trennen, ... die wieder in die soziale und politische Debatte eingebracht werden". Das legt er anhand der Darwinismusdiskussion des 19. Jahrhunderts und des Falls Lyssenko dar. Dementsprechend zeigen Rose/Rose (1971, S. 167ff.) die Machtabhängigkeit der zeitgenössischen naturwissenschaftlichen Entwicklung, ihre Abhängigkeit von der Geldvergabe und den Interessen der Geldgeber. Darüber hinaus zeigt Young, daß gerade die Biologie vom Status ihrer Schlüsselbegriffe her zu den Human- und Sozialwissenschaften ebenso eng in Beziehung steht wie zu den physikalisch-chemischen.

Der auf den ersten Blick als „naturwissenschaftlich" begründete Anspruch der Humanethologie und Verhaltensbiologie beruft sich bei näherer Betrachtung jedoch nicht eigentlich auf ein spezifisches Methodenprogramm – und nur dort könnte er begründet sein –, sondern die bloße Rede von „Natur", von menschlicher Natur, begründet ihn. So ist es also wesentlich der (wie sich zeigen wird: ontologisierte) Gegenstand, der erst zu untersuchen wäre; es ist die klassisch-ideologische Autorität des Naturhaften, die den Anspruch der in der deutschsprachigen Diskussion vorherrschenden Ansätze konstituiert, die strenge Wenn-Dann-Zusammenhänge bisher nur in sozialwissenschaftlich randständigen Bereichen nachweisen konnte und darüber hinaus mehr Vermutungen äußern als Beweise antreten konnte: „Ich bin dezidiert nicht der Meinung, daß dem Menschen ausgerechnet diese Form der Aggressivität (die „aggressive soziale Exploration", K.H.) im Laufe seiner Evolution verloren gegangen sein sollte" (Hassenstein 1973, S. 290). Der gleiche Autor ist an anderer Stelle vorsichtiger, wenn er das „spezifisch Menschliche nach den Resultaten der Verhaltensforschung" hervorhebt; diese soll „sich vorwiegend mit *typisch menschlichem* Verhalten und dessen *vermutlichen* letzten (Hervorhebung von mir, K.H.) biologischen Grundlagen" (1972, S. 60) befassen. Streiflichtartig soll in dieser Arbeit gezeigt werden, daß die sozialwissenschaftlich verstandene Psychoanalyse ein anderes, ein angemessenes Verhältnis zu dem zweifelsohne vorhandenen Naturmoment des Menschen hat.

Lepenies hebt hervor (1971, S. 123), daß die Ethologen „den Rückgriff auf die Natur aus antirevolutionärem Impuls genutzt" haben. In der Tat ist die Art und Weise, wie das Moment erster Natur von der Ethologie ins humanwissenschaftliche Sprachspiel gebracht wird, notwendig eine konservative in dem Sinn, daß die Machbarkeit des Menschen eingeschränkt gesehen wird, – was freilich kein Einwand ist, falls Meinungen und Vermutungen durch Beweise zu wissenschaftlichen Ergebnissen sich erhärten lassen. So werden Zweifel geäußert am „erzieherischen Optimismus" einer Menschenwissenschaft, daran, „daß man die Entwicklung unerwünschter Neigungen einfach durch entsprechende Erziehung verhindern kann und so etwa eine Gesellschaft ohne Rangordnung und ohne Aggression schafft" (Eibl-Eibesfeldt 1972, S. 3). Der methodenkritische Ethologe argumentiert zwar selber gegen voreilige Übertragungen der Ergebnisse von Tierbeobachtungen auf Menschen, die z.B. Frank (1969) in eindeutiger politischer Absicht vornimmt. Aber auch für ihn können stammesgeschichtliche Anpassungen „durchaus als Schlüssel zum Verständnis menschlichen Verhaltens dienen", wenn ähnliche Neigungen bei Tier und Mensch „(Aggression, Rangstreben)" *nachweislich* auf die gleiche Grundlage zurückzuführen sind (Eibl-Eibesfeldt 1972, S. 11).

Die Frage ist zu stellen, ob die humanethologischen Versuche hinsichtlich dieser Nachweise zureichend selbstkritisch sind. Bei dieser Prüfung kann es keineswegs darum gehen, das von der Ethologie gar nicht zuerst zur Sprache gebrachte Moment „erster Natur" in seiner Relevanz für menschliches Verhalten zu leugnen; Künzler (1967) hatte gezeigt, daß die Psychoanalyse menschlicher Natur bereits zu ihrem Recht zu verhelfen suchte, als es Ethologie noch nicht gab (Freud 1905). Die Kontroverse kann nicht mehr sein, ob dieses Naturmoment überhaupt, sondern allein, in welcher

Weise es sozialwissenschaftlich so aufzugreifen ist, daß es nicht in ideologisch-verdinglichter Form, positiv blockhaft in einem Argumentationszusammenhang steht, welcher die menschliche Bearbeitung äußerer und eigener Natur, den Menschen als historisches Wesen zum Gegenstand hat. Leider knüpft die Verhaltensbiologie bis dato nur mutig, jedoch nicht zureichend informiert an die entwicklungstheoretischen bzw. sozialisationstheoretischen Ansätze, an das in den Sozialwissenschaften vorliegende Wissen über die kombinierte Vergesellschaftung und Individuation menschlicher Sinnlichkeit an. Vielmehr scheint es, wenngleich das eher aus den Lücken des Beitrages, auf den ich mich hier beziehe, zu entnehmen ist, als ob „das spezifisch Menschliche nach den Resultaten der Verhaltensforschung" (Hassenstein 1972) überhaupt erst im 4. Lebensjahr beginnt, während der Säugling zwischen dem 3. und dem 18. Lebensmonat sich nur mit dem Einprägen und dem Unterscheiden von Gesichtszügen beschäftigt, das offenbar als etwas qualitativ anderes erachtet wird. Allerdings spielen vom 2. Lebensjahr an „Erkennen, Neugierde, Spielen, Nachahmen" eine wichtige Rolle. Hassenstein bedauert es, daß die Psychoanalyse für diesen Lebensabschnitt den Ausdruck „anale Phase" geprägt hat und sich mit der Beherrschung des analen Schließmuskels und der Sauberkeitsdressur beschäftigt, statt eine der vier von ihm genannten Eigenschaften hervorzuheben (Erkennen, Neugierde, Spiel, Nachahmen), denn „in Wirklichkeit aber legen alle vier genannten Triebfedern den Grund zur eigentlich menschlichen Entfaltung des Kindes über das mit Tieren gemeinsame Niveau hinaus" (S. 68). Das nenne ich offene Türen mit gesenktem Kopf einrennen, denn gerade an die Vorstellung vom analen Modus der Libidoentwicklung hat sich eine besonders reiche Literatur über die psychosoziale Ausformung der Libido angeknüpft, die schon Freud mit seiner bekannten Arbeit „Charakter und Analerotik" aus dem Jahr 1908 beginnt. Allerdings versucht Psychoanalyse stets Eigenschaften (in Freuds Fall ordentlich, sparsam und eigensinnig) aus der gesellschaftlichen Bearbeitung menschlicher Sinnlichkeit zu erklären und sie nicht einfach zu postulieren (vgl. Landauers Arbeit „Zur psychosexuellen Genese der Dummheit" (1929)).

Insgesamt könnte man die für einen lexikalischen Beitrag formulierten Aussagen über das „spezifisch Menschliche nach den Resultaten der Verhaltensforschung“ die Theorie der „sprunghaften und rudimentären Sinnlichkeit“ nennen. Wenn das die von der Verhaltensforschung zur Sprache gebrachte menschliche Natur sein soll („ein naturgegebenes Aktionsprogramm zum Kennenlernen der Umwelt, zur Entwicklung eigener Fähigkeiten und zur Übernahme des Verhaltens der Erwachsenen“ – S. 67), so wird sich mancher Naturwissenschaftler (zu schweigen von den Sozialwissenschaftlern) damit so wenig identifizieren können wie mit der ebenda geäußerten Vorstellung, daß (sofern spielerische Verhaltensweisen „auf ihre körperliche Grundlage und auf ihr Zustandekommen hin“ betrachtet werden, „die sich als ganz verschiedenartig“ erweisen) „Herumrennen“ z.B. „ganz von inneren Triebfedern gespeist“ sein soll. Diese Art „Naturwissenschaft“ im Sinne einer Wissenschaft vom Natürlichen ist nun wirklich der Prototyp des Verfahrens, das sich der kleine soziologische Moritz als Typ der ideologischen Wissenschaft vom Menschen vorstellt, weil irgend etwas zur „Natur“ erklärt wird. „Irgend etwas“ schreibe ich, weil man Zweifel haben kann, daß wenigstens der konventionalistische Konsensus der betreffenden Forschergemeinschaft sich mit diesen Naturalisierungen deckt. Nicht nur ergeben sich Abgrenzungsschwierigkeiten zwischen den vier Begriffen dieses „naturgegebenen Aktionsprogramms“ (Erkennen, Neugierde, Spielen, Nachahmen), es ergibt sich auch das McDougall-Problem: Sind das nicht zu wenige oder zu viele „Triebfedern“? (Zur Kritik solcher unhistorischer anthropologischer Ansätze vgl. Lepenies (1971).)

Wohlgemerkt, so wenig wie erste Natur sozialwissenschaftlich eskamotiert werden kann, sind in diesem Kontext die Ergebnisse der Naturwissenschaft über den Menschen irrelevant. Vielmehr sind sie aus ihrer Ontologisierung zu lösen und als der Stand des gesellschaftlichen Bewußtseins von bestimmten Aspekten der gesellschaftlichen Bearbeitung menschlicher Natur zu entziffern. Gegenüber der Psychoanalyse, deren „szientistisches Selbstmißverständnis“ (Habermas 1968) in jüngster Zeit nicht nur kritisiert wurde, sondern deren sozialwissenschaftliches Potential auch methodenkritisch entfaltet werden konnte (Dahmer 1973, Horn 1971 a, Lorenzer 1970 a, b, 1973, Lorenzer u. a. 1971, Sonnemann 1969), scheint mir allerdings auch die vorsichtige Ethologie im Nachteil zu sein, wenn sie sich mit ihrem „Natur“-Argument lediglich kritisch auf eine diesem gegenüber blinde Milieutheorie (Eibl-Eibesfeldt 1972, Hassenstein 1972) oder Skinner (Eibl-Eibesfeldt 1967, S. 252ff. sowie S. 399f.) bezieht, der aus Chomskys Perspektive wenig sozialwissenschaftliche Relevanz hat (1959). Gegen die sozialwissenschaftliche Relevanz der Milieutheorie argumentierend, hatte Baran (1966) in jüngerer Zeit wieder darauf hingewiesen, daß die abstrakte Gegenüberstellung von Milieu und Subjekt dem methodischen Ansatz einer kritischen Sozialwissenschaft nicht Rechnung trägt. Auch die Position der „Geisteswissenschaft", die Eibl-Eibesfeldt (1967, S. 448) in einer Kritik Rosenkötters (1966) an der mangelnden Tragfähigkeit der humanethologischen Beweisführung von Konrad Lorenz zu erkennen glaubt, ist spätestens seit Habermas' „Erkenntnis und Interesse" (1968), Apels Aufsätzen (z.B. 1968) und den metatheoretischen Arbeiten Lorenzers (1970a, b, 1973) über die Psychoanalyse als systematische Hermeneutik und materialistische Interaktionstheorie – ja eigentlich schon seit Marx – ohne aktuelle sozialwissenschaftliche Bedeutung; eine Geisterposition.

Die Ethologie wird, sofern sie humanwissenschaftlichen Ehrgeiz entwickelt, sich vor allem mit einem ihr nicht fremden, einem evolutorischen Argument auseinanderzusetzen haben, dessen Relevanz Mitscherlich (1963, S. 69ff.) im Anschluß an Julian Huxley wieder und als in der Psychoanalyse gültig hervorgehoben hat: Auf der menschlichen, der psychosozialen Stufe der Evolution wird die erbgenetisch geregelte Verhaltenssteuerung abgelöst durch eine zugleich sozio- und psychogenetische. Gesetzmäßigkeiten dieser humanen Stufe lassen sich nicht auf solche der vorhumanen reduzieren. Auch René Spitz, der von Ethologen wegen seiner auch verhaltenswissenschaftlich relevanten Kinderarbeiten gern zitiert wird, ohne daß sie deren Bedeutung ausschöpften, beruft sich auf diesen in der heutigen Systemtheorie ebenfalls gängigen Grundsatz: „Die moderne wissenschaftliche Methodik (Novikoff 1945) lehnt die Übertragung von Gesetzen, die auf einer weniger differenzierten Organisationsstufe gelten, auf eine Stufe mit höher differenzierter Organisation ab" (Spitz 1965, S. 176; vgl. auch 1964/65, S. 245).

Wegen unzureichender Reflexion der Logik des methodischen Vorgehens in diesem Bereich sind die humanethologischen Anstrengungen groß. Eibl-Eibesfeldt (1967, S. 403) findet es deshalb „unglaublich“, daß „das Ethogramm des Menschen . . . bis heute noch nicht in der Weise archiviert (ist), die es dem Forscher erlaubt, Fremdmaterial unabhängig von der Interpretation eines anderen Beobachters zu examinieren“. Man kann aufgrund methodologischer Überlegungen allerdings die Befürchtung haben, daß dieser Mangel ein systematisch begründeter ist und Ausdruck gerade jenes evolutorischen Sprungs, mit dem der Mensch zwar nicht aus der Natur, aber von jener Natur weitgehend aus erbgenetisch fixierten Objektbeziehungen – und das heißt: in Gesellschaft – entlassen ist. Dazu einige Hinweise; danach möchte ich die Vorstellung eines menschlichen Ethogramms diskutieren.

Um seine Bedürfnisse zu befriedigen, muß der Mensch seine Objektbeziehungen selbst herstellen. Er muß, seiner Natur nach auf Gesellschaft verwiesen, Verhältnisse zur äußeren Natur und zu seiner eigenen produzieren – beide muß er bearbeiten. Deshalb macht der Mensch Geschichte, denn die Herstellung der Mittel zur Bedürfnisbefriedigung produziert stets neue Bedürfnisse. Untrennbar von Arbeit und doch zu unterscheiden davon ist die Interaktionspraxis, die nicht (wie Arbeit) in erster Linie herrschaftlicher Verfügung über Mittel der Bedürfnisbefriedigung und den eigenen Körper dient, sondern der gegenseitigen Verständigung und zugleich der Selbstverständigung. Denn von einer gesellschaftlichen Praxis kann und muß sich der Mensch aufgrund seiner Sprachlichkeit ein Bild machen, er kann, wie Freud es nannte, (vermittels Symbolen) „probehandeln“. Sprache ist – unbeschadet des ständigen Praxisvorlaufs und der Posteriorität der Theorie – die entscheidende Kompetenz, die das evolutorische Kontinuum zwischen Mensch und Tier unterbricht (vgl. Lepenies 1971, S. 29 ff.); Sprache heißt das Vermögen, intersubjektiv kommunizierbare Symbole systematisch bilden zu können, die Träger von Bedeutungen sind. In dem Sinn unterscheidet Sprache sich von anderen, insbesondere tierischen Modi der Kommunikation (vgl. Lorenzer 1972b, S. 92 ff.). Lenneberg (1967) hat die wohl entscheidende Untersuchung darüber geliefert, daß gerade die biologische Ausrüstung des Menschen das Spezifikum seiner Form der Kommunikation ausmacht (vgl. dazu auch Count 1970). Sprache oder auch Interaktionspraxis setzt sich auch nicht im entferntesten zusammen aus naturhaften Momenten, wie die bereits nach theoretischen Gesichtspunkten und nicht etwa im strengen Sinn zufällig ausgewählten, in ethologischen Büchern reproduzierten Grimassen und andere Ausdruckswerte glauben machen wollen; auch nicht aus Saug- und Greifreflexen oder der angeborenen Lächelreaktion. Entscheidend ist vielmehr umgekehrt, was im Verlaufe der gesellschaftlichen Bearbeitung mit all diesen Momenten (und seien sie erster Natur wie Greif- und Saugreflex) geschieht, ob und wie sie in den lebensgeschichtlichen und gesellschaftlichen Praxis- und Theoriezusammenhang integriert werden. Künzler (1967, insbes. S. 177ff.) hatte schon anhand der Arbeiten von Spitz gezeigt, daß phylogenetisch angelegte Automatismen latent bleiben, wenn die entsprechenden Reize (die nur aus Objektbeziehungen stammen können) nicht kommen.

Seit es den homo sapiens, seit es also systematisch aktive Anpassung an die Natur gibt, sind Mutation, Vererbung und Selektion in seinem Bereich nicht mehr blinde Naturvorgänge, sondern solche, die in der genannten Reihenfolge gesellschaftlich gesteuert werden, was nicht etwa heißt: planmäßig und bewußt. Die auf der Basis des genetischen Code angelegte Sprachlichkeit des Menschen und die damit prinzipiell verbundenen, aber historisch variierenden Formen der Vergesellschaftung werden von den Ethologen und Verhaltensbiologen in dieser ihrer fundamentalen Bedeutung unterschätzt und nur isoliert, gewissermaßen als ein Faktum unter anderen, gesehen (z.B. Eibl-Eibesfeldt 1967, S. 446ff.)

Die komplexen, sozialisationstheoretisch dargestellten Verhältnisse, jene gesellschaftlichen Übermittlungs- und Veränderungsformen von Verhaltenstraditionen, für die Lorenzer (1972) den Begriff „Einigungssituation" geprägt hat, in welche die jeweiligen objektiven gesellschaftlichen Verhältnisse ebenso eingehen wie die Natur des zugleich zu vergesellschaftenden und zu individualisierenden Kindes, lassen jene Eibl-Eibesfeldsche Idee eines naturwissenschaftlichen, unhistorischen Ethogramms als fragwürdig erscheinen; Lepenies (1971, S. 42ff.) hat auf die Gefahr ethnozentrischer Interpretation und deren politische Bedeutung ausdrücklich hingewiesen. Ein interkultureller Vergleich von Ausdrucksgesten müßte ebenso eine gewisse Vielfalt von Praxis- und Interpretationszusammenhängen ergeben, unter welche phänomenologisch ähnliche Gesten subsumiert sind; wie unterschiedliche Ähnliches bedeuten. Auch wird man den, der ein menschliches Ethogramm zusammenstellen will, darauf hinweisen müssen, daß es nicht nur eine Vielfalt im zeitlichen Querschnitt gibt, sondern auch eine Geschichte der gesellschaftlichen Bearbeitung menschlicher Natur (Elias 1969). Aber das sind Problemzusammenhänge, die jenseits des kategorialen Rahmens dieser humanwissenschaftlichen Ansprüche liegen, die auf die „Kenntnis der menschlichen Natur" (Hassenstein 1973, S. 288) ganz unmittelbar aus sind.

Von jenen menschlich konstituierten, interaktionistisch und gesellschaftlich als Norm verankerten Sinnzusammenhängen, in welche Gesten und Ausdrucksformen integriert sind, auf die bloße objektivierte Geste abstrahieren zu wollen, ist gleichbedeutend damit, das Lächeln eines Kindes der Hochland-Indianer aus Pisac, Peru, gleichzusetzen mit dem seiner Mutter ihm und ihrem Mann gegenüber (Eibl-Eibesfeldt 1967, S. 404f.) oder mit dem der US-Filmstars bei der Truppenbetreuung in Vietnam. Der humanwissenschaftliche Erkenntniswert der zum Ethogramm erstarrten, sinnentleerten, gleichsam naturwissenschaftlich objektivierten Grimasse des Lächelns wäre nichts weniger als trivial; diese lächelnden Menschen können die ihnen phylogenetisch vorgegebene Kompetenz des Lächeln realisieren – welche interaktionistischen, welche gesellschaftlichen und persönlichen Voraussetzungen und Folgen das Lächeln jeweils lebenspraktisch für Kind, Mann, Frau (und den Fotografen) haben, gibt dem Lächeln zwar erst seinen menschlichen Stellenwert, könnte aber nicht auf den Blättern der Ethologen und Verhaltensbiologen stehen, denn die verschiedenen Sinnzusammenhänge (z.B. als Formen der Liebe), die mimisch signalisiert werden, stehen ja im Verdacht, „geisteswissenschaftliche" Gegenstände zu sein. Menschliche Gesten bedürfen der Interpretation, wenn wir einmal unterstellen, daß derjenige, welcher sie optisch fixiert hat, sie kompetent, d.h. im Kulturzusammenhang immanent deuten kann. Andernfalls werden sie sinnlos oder sind Tummelfeld für Projektionen, eine große Versuchung für interkulturelle Studien.

Wenn Eibl-Eibesfeldt (1967, S. 407ff.) Filmaufnahmen statt Standfotos fordert, weist er indirekt selbst darauf hin, daß menschliche Mimik in historische Sinnzusammenhänge integriert ist. Zumindest eine Sequenz der „flirtenden Turkanafrau" (1967, S. 411, Bild d) läßt sich ohne weiteres mit der ihrem Kind zulächelnden Hochland-Indianerin (1967, S. 404, Bild b) gleichsetzen – wenn einem der Fotograf nicht erlaubte, sein, d.h. für uns, „Fremdmaterial“ gerade im Kontext seiner Interpretation zu „examinieren“ – um wieder auf Eibl-Eibesfeldt selbst zu verweisen. Was ich hier für ein mimetisches Moment erläuterte, gilt für alle ethologischen Befunde: Menschliche Sozialbeziehungen – und davon ist hier die Rede – schließen menschliche Natur ein; aber diese ist (wie noch weiter zu erläutern sein wird) nie unmittelbar, sondern nur als spezifisch gesellschaftlich bearbeitete zugänglich. Es sei denn, eben in Formen der Abstraktion, wie sie z.B. auch in der Therapie der sich naturwissenschaftlich verstehenden Medizin üblich sind, wo vom an der Galle Erkrankten als von „der Galle“ usf. gesprochen wird. Solche auf Abstraktion beruhenden Therapieformen stoßen allerdings bald auf Grenzen ihrer Wirksamkeit, dann nämlich, wenn in die Genese der Krankheit lebensgeschichtliche Probleme, d.h. verborgene Sinnzusammenhänge, hineinspielen (Brede 1971, 1972, Mitscherlich 1966, 1967, Mitscherlich u.a. 1967).

Der naturwissenschaftliche Objektivismus, der glaubt, Natur sei unmittelbar, unverstellt zugänglich, ist Ideologie im klassischen Sinn. Sein Erkenntnisideal kommt allerdings für die Menschenwissenschaft gewissermaßen zu spät, nachdem im originären, physikalischen Bereich der unausweichliche Funktionszusammenhang zwischen der die Beobachtung strukturierenden Methode und ihren Ergebnissen endgültig anerkannt wurde. Die Übertragung dieses veralteten empirisch-analytischen Erkenntnisideals, das gegenüber äußerer Natur vorherrscht, auf gesellschaftliche Verhältnisse und die in sie integrierte und gleichwohl darin nicht aufgehende „eigne Natur“ (Marx) hat ihre eigene strategische Bedeutung; andere Naturwissenschaften (im engeren Sinn) sind in dieser Hinsicht viel näher an der Erkenntnis menschlicher „Natur“ (Delgado 1967, Fuller 1971, Kapitel II, III). Es kann angezweifelt werden, ob diese Übertragung auf interaktionistische Probleme und andere Fragen menschlicher institutionalisierter Verhältnisse wirklich in innerem Zusammenhang mit Emanzipationsbestrebungen steht, denn die Wege der Befreiung von Determinismen erster Natur, die der nominell naturwissenschaftlich orientierte Ethologe gehen kann und will (Eibl-Eibesfeldt 1967, S. 448f. sowie Hassenstein 1972, S. 90f.), sind notwendig andere als die der Befreiung von zweiter Natur (Ritsert 1972, Horn 1973c).

Eibl-Eibesfeldt (1967, S. 421 ff.) vermutet eine Fülle von Auslösemechanismen, Schlüsselreizen und Auslösern beim Menschen und spricht in diesem Kontext vom „Reagieren auf Situationsklischees“ (ebenda, S. 430). Darunter befindet sich seiner Ansicht nach eine besondere Zahnschutzreaktion, die akustisch gesichert ist: Bei scharfen knirschenden Geräuschen werden die Wangen zwischen die Zähne gezogen und mit der Zunge Reinigungsbewegungen ausgeführt. Der mit solchen artspezifischen Anpassungen notwendig in Verbindung zu bringende Überlebenswert will in diesem Zusammenhang noch einleuchten (S. 428). Wie verhält es sich aber gerade in dieser Hinsicht mit den von Konrad Lorenz ausgerechnet 1943 entdeckten und heute von Eibl-Eibesfeldt wieder hervorgeholten „Situationsklischees“ „Freundestreue, Mannesmut, Heimatliebe, Gattenliebe und Elternliebe“, diesen „edlen Grundmotive(n) des menschlichen Handelns, denen wir aus innerer Neigung folgen“ (1967, S. 430)? Ich will diese Form der Objektbeziehungen nicht verspotten, sondern lediglich an die historischen Indices erinnern, welche ihnen in der damaligen Zeit zugeschrieben wurden. Da Ethologen sich in diesem Kontext stets auf schöne Literatur berufen, könnte man auf die Idee kommen zu behaupten, daß ein Teil solcher „Situationsklischees“ aus den Köpfen der Ethologen verschwände, wenn sie einmal Becketts „Endspiel“, Ionescos „Kahle Sängerin“ oder Karin Strucks „Klassenliebe“ läsen.

Solche „Situationsklischees“ wurden von der Psychoanalyse (Lorenzer 1970 a, b) aus ganz anderer Perspektive, nämlich als Ergebnisse spezifischer Bildungsprozesse interpretiert: Dem Bewußtsein unerträgliche Situationsaspekte bekommen keine dem Bewußtsein ohne weiteres zugängliche sprachliche Repräsentanz, sondern werden „verdrängt“. Auf diese Weise entsteht die Bedingungslosigkeit jener Treue, jenes Mutes und jener Liebe. Solche Klischees, deren Praxisrelevanz wir kennen lernten, sind in aller Regel zweiter, und nicht erster Natur. Sie können nur in einem komplizierten Prozeß der Rekonstruktion wieder zugänglich gemacht werden. Um diesen Prozeß in Gang zu setzen, bedient sich der Psychoanalytiker der Dynamik des Verdrängten, das zwar aus dem Bewußtsein, nicht aber aus dem Lebensprozeß des Betreffenden verschwunden ist: In der Tat wird jemand, der Probleme mit seinem autoritären Vater hatte, auch auf andere irrationale Autoritäten klischeehaft reagieren. Aber er reagiert so aufgrund seiner in der Kindheit erfahrenen Lebenspraxis, die auch anders hätte verlaufen können, nicht aufgrund stammesgeschichtlicher Anpassungsvorgänge. Gerade „Situationsklischees", die auch in ihrer sozialpsychologischen Funktion, nicht nur in ihrer lebensgeschichtlichen Genese auf der Basis einer sozialwissenschaftlich verstandenen Psychoanalyse untersucht wurden (z.B. Horn 1967, 1970, 1972a), zeigen die unterschiedlichen Annahmen über Genese und Aufhebung von Herrschaft bzw. Fremdbestimmtheit zwischen Ethologie und Psychoanalyse deutlich. Die Frage an die Humanethologie ist wohl nicht unberechtigt, wie man sich von den von ihr festgestellten Determinismen, die ja notwendig Überlebenswert haben, zugleich auch befreien können soll. Diese Frage ist bei der sehr formalen, für alles mögliche einsetzbaren Tugend „Mannesmut" natürlich gravierender als im Falle des Mannes, der die „Jungfrau befreit und schützt" (Eibl-Eibesfeldt 1967, S. 430). Im letzteren Fall wäre es interessant und legitim, im Rahmen ethologischer Prämissen die Frage nach dem Überlebenswert für die Menschheit als ganze, für die Art, einmal durchzuspielen.

Die Kontroverse zwischen den Sozialwissenschaften – zu denen ich die Psychoanalyse zähle (vgl. Lorenzer u.a. 1971) – und der Tierverhaltensforschung, die sich als Naturwissenschaft versteht, wurde vor einigen Jahren entfacht, als Konrad Lorenz (1963) mit seinem Buch „Das sogenannte Böse" kontrovers beurteilte „Exkursionen in die Menschenkunde" (Rosenkötter 1966) unternahm und beanspruchte, den Soziologen wichtige Argumente zu liefern mit seiner Feststellung, daß die Entritualisierung der intraspezifischen Aggression eine große Gefahr für das Überleben der menschlichen Art bilde und daß man – sofern man nicht den „großen Konstrukteuren des Artenwandels" (Lorenz 1963, S. 401) vertrauen will – dem evolutionsgeschichtlichen Manko mit Mitteln gesellschaftlicher Manipulation zu begegnen habe. Lorenz sah gewissermaßen die Gefahr eines Luxurierens einer ständig vom Zentralnervensystem produzierten, doch nicht mehr vermittels stammesgeschichtlicher, im genetischen Code verankerter Sperren gehemmten Aggressionsenergie.

Heute ist die Verhaltensforschung hinsichtlich der Lorenzschen Aggressionstheorie *etwas* vorsichtiger geworden. Wenn auch hinsichtlich des problematischen Schlusses vom Tier auf den Menschen keine neuen Ergebnisse vorgetragen werden, so möchte z. B. Hassenstein (1972, S. 82ff.) für den Menschen doch keinen autonomen Aggressionstrieb postulieren, weil Aggressionsverhalten im Tierreich in mindestens neun Zusammenhängen vorkommt. Er hält allerdings die Aktivierbarkeit der Menschen zur Massenaggression „mit an Sicherheit grenzender Wahrscheinlichkeit" für „naturbedingt; sie entspricht der ansteckenden Aggression beim Angriff auf den Gruppenfeind" (ebenda, S. 86). Diese Aggressionsart ist „übertragbar und ansteckend" (ebenda, S. 84) und wird im Bereich des Denkens relevant. Zwei weitere Aggressionsformen, „an deren biologischer Grundlage wir (d. h. B. Hassenstein, K. H.) nicht zweifeln" (ebenda), sind das Umschlagen von Angst in Aggression („kritische Reaktion") und Frustrationsaggression; insbesondere letztere soll die entscheidende Rolle bei „kollektiven Gruppenaggressionen" spielen. Es wäre für die Sozialwissenschaften äußerst interessant und von großem denkökonomischen Vorteil, mehr und vor allem Verbindliches über diese vereinfachenden Modelle zu erfahren. Denn in jüngerer Zeit sind Forschungen über Volksbewegungen relativ komplex angelegt gewesen (Horn 1969, S. 219ff., 1973a, Narr 1973) und selbst komplexitätsreduzierende Modelle (Gantzel 1972) kommen im Prinzip nicht ohne Annahmen über gesellschaftliche Formen der Bearbeitung menschlicher Natur, d. h. nicht ohne komplexe Annahmen darüber aus, was seit Marx „zweite Natur" heißt, in welche die erste eingegangen ist; zweite Natur im Sinne der von Menschen geschaffenen Institutionen, im Sinne gesellschaftlicher wie psychischer Strukturen. Vorläufig ist allerdings auch die von Hassenstein postulierte biologische Grundlage gerade der Frustrationsaggression noch nicht von gesellschaftlichen Vermittlungen befreit, welche jenes gegenständliche erste Naturmoment ständig wieder in den Nebel historischer Sinnzusammenhänge stellen und so den direkten Zugang verbieten. Die geschichtliche Erfahrung hat ja gezeigt, daß jene Nichterfüllung von Bedürfnissen, die zu Akten kollektiver Aggression führt, nicht objektiviert, sondern nur historisch ermittelt werden kann. Nicht zuletzt an diesem Objektivierbarkeitsmanko ist ja die psychologische Frustrations-Aggressionstheorie, in welche von den Operationalisten so große Hoffnungen setzt waren, gescheitert (Berkowitz 1969); selbst die behavioristische Psychologie ist neuerdings geneigt, im Anschluß an amerikanische Entwicklungen Sinnzusammenhänge in ihre Überlegungen aufzunehmen (Schmidt-Mummendey 1972, 1973). Mit Spannung müssen die Sozialwissenschaftler erwarten, wie Ethologie und Verhaltensbiologie die bisher nur postulierten biologischen Grundlagen kollektiven Verhaltens beim Menschen unter Beweis stellen.

Zwar spielt auch beim Menschen phylogenetisch vorgegebenes Instinktverhalten noch eine Rolle – gerade René Spitz (1965) hat das in verschiedenen Zusammenhängen nachgewiesen. Doch sind die Reste phylogenetisch vorgegebener Verhaltensweisen beim Menschen rudimentär und vor allem außerhalb von Sozialbeziehungen ohne jeden Überlebenswert. Auch diese Ergebnisse unterstützen das Argument, daß auf der menschlichen Stufe der Evolution nicht mehr sinnvoll mit Modellen der Tierverhaltensforschung gearbeitet werden kann. Gerade das Spezifikum des menschlichen stammesgeschichtlichen Erbes: sprechen zu können, Bewußtsein zu haben, in ihrer Bedeutung erst gesellschaftlich erarbeitete und individuell angeeignete, signifikante Gesten zur Kommunikation zu benutzen, demonstriert, worum es beim Menschen geht: nicht um seine Naturhaftigkeit, sondern darum: was damit gemacht wird. Die zeitgenössische sozialwissenschaftliche Forschung zeigt, daß die Konkretion der abstrakten, zunächst nur artspezifisch bereitliegenden Fähigkeit zum Bewußtsein, daß der Spracherwerb ein äußerst komplexer Prozeß ist, der an vielen Stellen scheitern oder Defizite hervorbringen kann.

Aufgrund von Mutation und Selektion kann die Gattung Mensch über Sprache verfügen. Dieser biologisch vorgegebene Sachverhalt ist jedoch sozialwissenschaftlich nicht von zentraler Bedeutung. Wichtig im sozialwissenschaftlichen Sinn ist vielmehr, was in den verschiedenen Gesellschaften, sozialen Schichten, Familien mit diesem phylogenetischen Erbe gemacht wird, wie die Möglichkeit des Sprechenkönnens gesellschaftlich entwickelt, wie sie in der gesellschaftlichen Hierarchie verteilt und wie sie von den Individuen in den unterschiedlichen gesellschaftlichen Lagen aktualisiert wird. „Sprechenkönnen" schließt natürlich Praxis ein. Wir müssen generell festhalten: In dem Maße, wie naturhafte, instinktmäßige Verhaltenssteuerungen im Verlauf der Evolution von Verhaltenssteuerungen abgelöst werden, an deren Zustandekommen Erfahrung und Lernen, d.h. Bildungsprozesse zunehmenden Anteil haben, in dem Maße verlängert sich der Zeitraum, den diese Bildungsprozesse benötigen. Portmann sprach beim Menschen vom „extrauterinen Frühjahr", denn der Mensch ist ein Nestflüchter, dessen extreme Hilflosigkeit ihn bei der Geburt auf eine langewährende Periode körperlicher und psychischer Pflege verweist. Die in dieser Zeit stattfindenden Bildungsprozesse vergrößern das Risiko der verschiedenen Formen des Scheiterns von Sozialisation. Indem Menschen real und symbolisch arbeiten, indem sie Natur verändern und sich ihrer Sprache bedienen, realisieren sie das, was allgemein als „Freiheit" verstanden wird. Diese ist beim Neugeborenen zunächst nur begründet in der relativen Freiheit von umfassenden stammesgeschichtlich ritualisierten Beziehungen zu den Angehörigen der Gattung und nach außerhalb. Was aus dieser Offenheit, der anthropologischen Basis von Freiheit, gemacht wird, ist eine Frage des Machens. Dieses Machen bezieht alles andere Menschliche in seinen Prozeß ein und es gibt nichts, was sich beim Menschen unabhängig von dieser gesellschaftlichen Arbeit an eigener und äußerer Natur betrachten ließe; es wäre ja sprachlich gar nicht zugänglich.

Wiederum ist das von der Ethologie angebotene (doch erklärtermaßen „für die Entwicklung der inneren Haltung im *Sozialbereich* – Mitleid, Verantwortungsgefühl, Wahrheitsliebe, Achtung fremden Besitzes" noch nicht entwickelte) Denkmodell der „Prägung" (Hassenstein 1972, S. 61; vgl. auch Eibl-Eibesfeldt 1967, S. 438f.) vergleichsweise einfach gegenüber den sozialwissenschaftlichen Sozialisationstheorien. Es soll für die Mutter-Kind-Bindung und für die Sexualentwicklung gelten und hat eine gewisse Ähnlichkeit mit der ersten Freudschen Traumatheorie, die eine reale Verführungsszene postulierte. Wenn es gelänge, das von Lorenz (1935) entwikkelte Prägungs-Modell tatsächlich als humanwissenschaftlich relevant zu beweisen – Hassenstein (1972, S. 61) kann bisher nur von „überzeugenden Hinweisen" sprechen – dann wäre z.B. auch die jüngste im Zuge der sozialwissenschaftlichen Entwicklung der Psychoanalyse entworfene materialistische Sozialisationstheorie (Lorenzer 1972) hinfällig, die die interaktionistische Bearbeitung menschlicher Natur bereits im Mutterleib beginnen läßt. Dann könnten auch so komplexe Beziehungsmuster, deren Genese in der

Soziologie bislang als gesellschaftlich, als historisch galt wie jene „innere(n) Haltungen im *Sozialbereich* – Mitleid, Verantwortungsgefühl, Wahrheitsliebe, Achtung fremden Besitzes" mit Aussicht auf Erfolg daraufhin untersucht werden, ob sie auf eigene Prägungsvorgänge zurückgehen, was bis jetzt, nach Hassenstein (1972, S. 61) „noch unentschieden" ist. Freilich setzte diese Art Unterstützung der Sozialwissenschaften ebenso den einwandfreien Nachweis z.B. eines arteigenen Funktionskreises Eigentumsrespekt beim Menschen voraus. Auf diesen Funktionskreis müßten die von Lorenz (1935, vgl. auch Eibl-Eibesfeldt 1967, S. 226ff.) genannten typischen Merkmale des Prägungslernens zutreffen. Es ist interessant, dazu die Ausführungen des englischen Zoologen S.A. Barnett (1971, S. 123ff.) zu vergleichen, der ausdrücklich für das Verhältnis zum Eigentum geltend macht, daß eine entsprechende stammesgeschichtliche Anpassung ausnahmslos für die gesamte Art und unwiderruflich gelten muß. Angesichts der historischen Vielfalt der Verhältnisse, die die Menschen zum Eigentum entwickelt haben, ist deshalb nicht einsichtig, welchen Sinn diese Bemerkung Hassensteins haben soll, wenn nicht den, daß es womöglich natürliche und denaturierte gesellschaftliche Eigentumsverhältnisse gibt, die kraft Gesetz eingeführt wurden. Streng biologisch genommen könnten „Geprägte" nach falschen Gesetzen aber gar nicht leben, denn Prägung ist nicht revozierbar. Oder haben die denaturiert Lebenden womöglich systematisch die sensible Periode verpaßt, in der eine Prägung in aller Regel nur möglich ist?

Allerdings hätte die Humanethologie im Sinne ihrer humanwissenschaftlichen Bewährung wenigstens die Spitzsche Insistenz auf der Relevanz des Unterscheidens von „Reifung" und „Entwicklung" (Spitz 1965) zurückzuweisen und im Idealfall Lorenzers Modell einer materialistischen Sozialisationstheorie (1972) als nächstliegendes Konkurrenzmodell (insofern es auch beansprucht, menschliche Natur argumentativ zur Geltung zu bringen) einer detaillierten Kritik zu unterziehen. Bisher stand dem allerdings eine gewisse Verständnisbarriere entgegen, denn psychoanalytische Theorieteile wurden – wie bereits gezeigt – unzureichend begründet zurückgewiesen, weil Psychoanalyse in einer Form aufgenommen und kritisiert wurde, die Helmut Dahmer (ich verallgemeinere hier) „das Gerücht über die Psychoanalyse" genannt hat (1973a): Eibl-

Eibesfeldt z.B. griff auf das Klischee der „Hypersexualisierung“ des Menschen durch die Psychoanalyse zurück (1970, S. 177ff.). Bei näherem Hinsehen wird deutlich, daß die Psychoanalyse in diesem Kontext eine Reduktion auf natur-wissenschaftlichem Denken angenäherte, dem Ethologen naheliegende Schemata erfährt, die die Möglichkeit einer zureichenden, immanent geführten Kritik bislang verstellt haben. Hier kann die Ethologie noch fruchtbare Arbeit leisten.

Wenn man mit Norbert Elias (1970, S. 114f.) der Ansicht ist, daß die bisherigen Ergebnisse der Tierverhaltensforschung gegen die Intention der Humanethologen eher die entscheidenden Differenzen als die Gemeinsamkeiten zwischen Tier- und Menschengesellschaften hervorgehoben haben, stellt sich die Frage nach dem Sinn der hier geführten Auseinandersetzung. Geht es nur darum, den „übersteigerten Relevanzanspruch“ der Ethologie im humanwissenschaftlichen Bereich (Lepenies 1971, S. 124) zurückzuweisen? Ich halte dafür, daß es in dieser Kontroverse einen „übersteigerten Relevanzanspruch“ der Ethologie im Sinne der humanwissenschaftlichen Relevanz ihres Ansatzes insofern nicht geben kann, als ihre Denkmodelle entweder relevant sind oder nicht. Gemessen an ihrem Anspruch, (wenigstens von ihrem Gegenstand her) Naturwissenschaft zu sein, tragen ihre diesbezüglichen Beweisversuche nicht. Für jede menschliche Szene, die ethologisch *interpretiert* wird, gibt es konkurrierende und nicht widerlegte Deutungen sozialwissenschaftlicher Art. Vor allem fällt die naive Art der Beweisführung auf; dafür ein Beispiel. Eibl-Eibesfeldt (1967, S. 417) möchte die Relevanz des bei Tieren beobachteten Futterüberreichens als Geste der Kontaktbereitschaft für Menschen im Sinne eines angeborenen Auslösemechanismus unterstreichen und schildert u.a. folgende Szene: „Die Geste befriedet sogar einander feindlich Gegenüberstehende, wie ein Bekannter von mir im Kriege erleben konnte. Er hatte die Aufgabe, einen Wachtposten aus einem feindlichen Schützengraben zum Verhör gefangenzunehmen, eine Kriegshandlung, die er schon öfter mit Erfolg durchgeführt hatte. Als er in den Graben sprang und mit vorgehaltener Pistole seinen Gegner bedrohte, hielt ihm dieser in seinem Entsetzen spontan ein Stück Brot hin, das er gerade in der Hand hielt. Das stimmte meinen Bekannten so um, daß er seinen Auftrag nicht durchführen konnte. Er zog sich unverrichteter Dinge zurück und war auch später nicht mehr für solche Aufträge zu gebrauchen. Die Nahrungsmittelindustrie nützt die bandstiftende Funktion der Lebensmittel und Getränke für ihre Werbung..." (1967, S. 418). Eine konkurrierende Interpretation wäre nur nach einer gründlichen psychoanalytischen Exploration des Bekannten von E.-E. sinnvoll. Es läßt sich nur vermuten, daß das Überreichen von Brot (Nahrung überhaupt?) für ihn eine zum Kriegführen derart kontrastierende, lebensgeschichtlich erworbene Bedeutung gehabt hat, daß er mit dem situativen Widerspruch nicht anders als auf diese seine Weise fertig wurde, allerdings im Verein mit dem Interaktionspartner.

Soll man die Interpretation von Eibl-Eibesfeldt als Beweis ernstnehmen, müßte ethologisch auch ausgeführt werden können, warum sich auf diese Weise keine Kriege beenden oder gar vermeiden lassen bzw. aufgrund welcher humanethologischer Gesetze andere gleiche Interaktionen gewissermaßen kriegerisch normal ausgingen und warum es bei dem Bekannten von Irenäus Eibl-Eibesfeldt und seinem Gegner zu einem glücklichen Durchbruch dessen kam, was der Ethologe für erste Natur hält. Auch vermittels Inanspruchnahme der Milgramschen Gehorsamsexperimente (Milgram 1965) wird nicht einmal „wahrscheinlich" (Eibl-Eibesfeldt 1967, S. 437), daß dabei angeborene Dispositionen eine Rolle spielen, „deren Wurzeln wahrscheinlich in die Rangstruktur unserer Primatenahnen zurückreichen". Auch hier verweist die unterschiedliche vermeintliche Relevanz des phylogenetischen Erbes bei den Versuchspersonen ebensogut auf die jeweilige gesellschaftlich vermittelte Sozialisationsverarbeitung erster Natur und die persönliche und gesellschaftliche Bedeutung der betreffenden aktuellen Szene, nicht aber auf erste Natur unmittelbar. Diese hat in ihrer unspezifischen Allgemeinheit als Kausalmodell nicht den geringsten Erklärungswert, weil man mit ihrer Hilfe nahezu alles erklären kann. Auf dieses Problem habe ich im Kontext der Diskussion über den Aggressionstrieb hingewiesen (Horn 1972b). Insofern bestreite ich der Ethologie jedwede humanwissenschaftliche Relevanz, solange sie komplexe Szenen unmittelbar naturalistisch erklären will, ohne mehr als Meinungen (wenn auch dezidierte), Vermutungen und Wahrscheinlichkeiten (allerdings im umgangssprachlichen, nicht im stochastischen Sinne) vorbringen zu können.

Aber gerade dieser Naturalismus und seine Einfachheit sind ein zentrales Problem. Und deshalb sind diese Fragen einer Diskussion wert. Sofern

1. alle ideologiekritische Wissenschaft der Versuch ist, Verdinglichungen aufzulösen, und sofern
2. ein großer Teil menschenwissenschaftlicher Verdinglichungen Naturalisierungen sind, und insofern
3. solche Naturalisierungen gegenüber komplexeren Denkmodellen in einer so arbeitsteilig organisierten Gesellschaft mit weitgehender Inkompetenz der je unterschiedlichen Mehrheiten fürs allgemein Relevante stets den appeal der (ideologischen) Plausibilität haben,

hat diese Auseinandersetzung vor allem auch eine politische Funktion.

Im Sinne der Verdeutlichung dieses Aspekts möchte ich noch in einigen Punkten auf den besonders spektakulär aufgenommenen und jüngst sogar mit dem Nobelpreis ausgezeichneten Konrad Lorenz eingehen, dessen Wirkungsgeschichte in den Sozialwissenschaften links und rechts eine eigene Arbeit wert wäre. Das Eingehen auf Lorenz gibt zugleich Gelegenheit, eine Reihe von Einwänden seitens der sozialwissenschaftlich verstandenen Psychoanalyse gegen humanethologische Versuche etwas zu systematisieren und in diesem Sinne auch über die Ethologie selber zu informieren.

Die von Lorenz insbesondere an der Beobachtung von Vögeln gewonnenen Vorstellungen über die tierisches Verhalten determinierenden Faktoren versuchen, zwischen der alten, noch teleologisch konzipierten Instinktlehre und der Reflextheorie zu vermitteln. Auf einer bestimmten Stufe der Evolution treten im Sinne einer Differenzierung des Zentralnervensystems arteigen vererbte, angeborene Instinktbewegungen (auch „Bewegungskoordinationen") an die Stelle der bloßen Reaktionen auf Außenreize. Im Zentralnervensystem selber sind vor allem das arteigene Sozialverhalten, weniger das Verhalten der entsprechenden Tiere gegenüber anderen Arten als autonome Reize verankert. Zu diesem großen „Parlament der Instinkte" (Lorenz 1963) – eine Formulierung, die wie viele andere sich bloß terminologisch in die Sozialwissenschaft einschleicht (vgl. Künzler 1965) – gehört weiter das „Appetenzverhalten": Die vom Zentralnervensystem autonom produzierte Energie treibt die entsprechenden Tiere an, jene Objekte aufzusuchen, die sich – ebenfalls (mit Auslösereizen) programmiert – dazu eignen, die sich stauende Energie abzuführen. „Leerlaufreaktionen" demonstrieren diese Autonomie der zentralnervösen Vorgänge. Lorenz (1969 I, S. 107) beschreibt z.B. einen „jung aufgezogenen Star", der imaginäre Insekten fing, sie totschlug und dann schluckte.

Tierisches Verhalten ist generell so geregelt: Ein Merkmal oder Merkmalskombinationen eines „Objekts" sprechen „angeborene Auslösemechanismen" eines „Subjekts" an. Es gibt also biologisch standardisierte Reize und Antworten, die wie in sich geschlossene Regelkreise funktionieren. Das Tier reagiert auf Reize, es kann nichts intentional bewußt mitteilen. Für viele Nuancen von Sozialbeziehungen der Tiere gibt es solche Regelkreise, die, wie Jakob von Uexküll feststellte, getrennt voneinander arbeiten. So berichtet z.B. Lorenz (1937, S. 319f., vgl. auch 1935, S. 119), daß eine Türkenente ein Stockentenküken auf dessen Notruf hin zwar aus den Händen des Experimentators befreite – die Notrufe der Türken- und Stockentenjungen sind einander sehr ähnlich –, es dann aber feindlich behandelte und tötete, weil Rücken- und Kopfzeichnungen dieses Kükens anders sind als bei den eigenen. Verteidigungsreaktion und Betreuungsreaktion werden in diesem Fall also von verschiedenen, nicht aufeinander beziehbaren Automatismen gesteuert.

Solche Regelkreise sind im äußersten Sinn konservativ, ihr stammesgeschichtliches Leben währt lange; kein Individuum einer Art kann „aus der Art fallen". Ja, es gibt im strengen Sinne – verglichen mit den Menschen – keine Individuen.

Nicht nur sind die einzelnen ritualisierten Instinktbewegungen starr; ebenso starr ist auch die Trennung der einzelnen Regelkreise hinsichtlich ihrer Energiequelle und -abfuhr. Und so formuliert Lorenz bereits 1935 (S. 119f.) selbst das entscheidende Kriterium tierischen Verhaltens, über welches die Menschen mit Hilfe ihrer Fähigkeit, Symbole zu bilden, sprechen zu können, durch einen evolutorischen Sprung hinausgelangt sind: „Die einheitliche Behandlung eines Artgenossen, wie wir sie unter natürlichen Umständen, beim normalen Ablauf der Triebhandlungen, zu sehen bekommen, muß also nicht notwendigerweise in einem inneren Zusammenhang der Reaktionen im handelnden Subjekt begründet sein. Sie wird vielmehr häufig durch den rein äußeren Umstand gesichert, daß das Objekt der Reaktionen, der Artgenosse, die zu verschiedenen Auslöseschemata gehörenden Reize vereint aussendet. Der Funktionsplan der arteigenen Triebhandlungen verlegt also das biologisch notwendige vereinheitlichende Moment in das Reiz aussendende Objekt, anstatt in das handelnde Subjekt." Und über die Scharbildung bei Vögeln und deren Sozietätsregeln heißt es: „Ein ... Zusammenarbeiten von Individuen der Siedlung beruht bei Vögeln, ganz wie bei Insekten, ausschließlich auf angeborenen Triebhandlungen und nirgends auf traditionell erworbenen Verhaltensweisen oder gar auf der Einsicht, daß die Zusammenarbeit zur Förderung der Allgemeinheit auch für das Einzelwesen nutzbringend sei." (Lorenz 1935, S. 240) Es sind also die biologisch vorgegebenen, autonomen „Systeme von Auslösern und angeborenen Schemata ... bei vielen Tieren, insbesondere bei Vögeln, die Grundlage der gesamten Soziologie und leisten Gewähr für die einheitliche und biologisch sinnvolle Behandlung des Geschlechtspartners, des Jungen, kurz jedes Artgenossen" (Lorenz 1937, S. 229).

Der Sinn aber, demgemäß Menschen miteinander verkehren, ist nicht stammesgeschichtlich vorgegeben, sondern, wie Lorenz selber schreibt, *tradiert*, d. h. durch gesellschaftlich organisierte Praxis vermittelt. Zwischen dieser Praxis und dem ihr unterlegten Sinn kann der Mensch aufgrund seines Bewußtseins, der Sprachlichkeit, Differenzen wahrnehmen – in der Regel ein Zurückbleiben der Praxis hinter den Ansprüchen, die damit verbunden sind. Er kann auf die Einheit von Theorie und Praxis hinarbeiten im Sinne einer wie immer verstandenen Verbesserung der gesellschaftlichen Verhältnisse. Diese *Möglichkeit:* nämlich ein *einheitliches Bewußtsein zu entwickeln, das Widersprüche umfaßt,* sich ihnen stellt, diese Widersprüche zueinander theoretisch in Beziehung setzt und dann praktisch zu bearbeiten sucht – diese Möglichkeit hebt die Menschen potentiell über die Tiere mit ihren getrennten Funktionskreisen hinaus. Menschen können zwar in ähnlich widersprüchliche Handlungen verwickelt werden wie Lorenz sie von der Türkenente schildert, die erst das Stockentenküken „rettet" und es dann tötet. Aber ähnlich widersprüchliche Handlungsformen beim Menschen – daß die Mutter in einer schizophrenogenen Familie im Sinne des

„double-blind" zugleich ihre Zu- und Abneigung dem Kind gegenüber zum Ausdruck bringt, ohne zu dieser offen praktizierten Ambivalenz die prinzipiell menschenmögliche Stellung beziehen zu können, ist nicht das Ergebnis des blinden Funktionierens von Funktionskreisen (also nicht die Wirkung „erster Natur"), sondern „zweite Natur": bei der Mutter schon das Ergebnis zu psychischer Struktur gewordener, defizienter Sozialisation, deren praktische Antagonismen so groß waren, daß sie nicht anders als vermittels der Zerstörung der Möglichkeit der Entwicklung eines im weltläufigen Sinn einheitlichen Bewußtseins auf diese Form der Lebenspraxis antworten konnte. Triebregulation und Objektbeziehungen verliefen in spezifischer Weise asynchron; Sozialisation wie Individuation waren in charakteristischer Form gescheitert.

Die Tierverhaltensforschung hat allerdings (vor allem gegen den kruden Behaviorismus) zunächst einmal recht, wenn sie generell auf das phylogenetische Erbe der Menschen aufmerksam macht. Jeder bekommt bei sich selber und anderen den Widerspruch zu spüren, den seine „Natur" ihrer Kultivierung, ihrer Vergesellschaftung entgegensetzt. Freud (1925, S. 106) hat den Begriff „Kulturheuchelei" geprägt, der auf eine bloß oberflächliche Anpassung der Individuen an die normativen Forderungen der Gesellschaft hinweist, auf eine Diskrepanz zwischen menschlichen Wünschen und gesellschaftlich geduldeter Wunscherfüllung, die dazu führen kann, daß das unkultiviert Gebliebene, das Verleugnete, in archaischer Weise, eben unkultiviert, sich Geltung verschafft und allein aufgrund seiner (sozialisationsvermittelten) Unkultiviertheit als „erste Natur" mißverstanden werden kann; so insbesondere aggressives Verhalten. „Unkultiviert" ist jedoch nicht gleichbedeutend mit „natürlich" bzw. „naturhaft".

Während der Versuch, die Subjekt-Objekt-Spaltung zu überwinden, den Nerv menschlichen Denkens ausmacht und Anstoß für Praxis ist, kann hinsichtlich des Verhaltens der Tiere im strengen Sinn von Subjekt und Objekt – wie Lorenz es tut – evolutionsgeschichtlich noch nicht die Rede sein. Das ist ein Anthropomorphismus; Tiere haben kein diesbezügliches Bewußtsein, sondern automatisierte, getrennt geschaltete Funktionskreise. Doch machen solche Reden die Tiere menschenähnlicher, und das mag der Erschleichung humanwissenschaftlicher Bedeutung der Ethologie dienen. Im Funktionsplan der arteigenen Triebhandlungen ist das vereinheitlichende Moment auch nicht nur – wie Lorenz an jener Stelle schreibt – im Reiz aussendenden „Objekt“ – nämlich als „Schlüsselreiz“ –, sondern als angeborene Instinkthandlung und angeborener Auslösemechanismus ebenso im „Subjekt“ verankert, ohne daß das eine oder das andere davon wüßte. Der Plan, nach dem die Lorenz'schen Tiere sich verhalten, ist ein Plan an sich, keiner für sie. Im Gegensatz zu Menschen können sie nicht bewußt an der Veränderung ihres Lebens arbeiten; sie wissen nichts von dem, was man einst Sündenfall nannte; sie sind, im Gegensatz zum Menschen, „unschuldig“ – und das heißt: ohne Bewußtsein von sich selbst, sie können nicht „ich“ sagen.

Im Lichte gerade psychoanalytischer Sozialisationsforschung ist die Frage, inwieweit der Mensch Natur- und inwiefern er Kulturwesen ist, nicht so einfach zu beantworten, wie jene es wünschen, die einfache Kausalbeziehungen schätzen: Wer einen Feind füttert, realisiert ein Moment stammesgeschichtlicher Anpassung, das diesen blindlings zwingt, darauf einzugehen. Zwar läßt sich eine Reihe archaischer Determinanten von Verhalten auch beim Menschen aufweisen, z.B. der Greifreflex und die stereotype Lächelreaktion des Säuglings nach dem 3. Monat auf alles, was ihm als Augen-Nase-Konfiguration erscheint. Aber diese Rudimente des phylogenetischen Erbes starrer Reaktionen, unsere gesamte organische Basis überhaupt, werden in langen Bildungsprozessen bearbeitet und in kulturelle Traditionen mehr oder weniger geschickt eingeschmolzen. Kein Mensch bekommt Natur – Objektives, von dem er nur insofern weiß, als er es zu bearbeiten hat – je zu Gesicht außerhalb dieser seiner Tätigkeit, nie an sich. Diese Position wird auch von konservativen Soziologen geteilt. Gehlen (1958, S. 113) folgert aus der Tatsache, „daß der Mensch von Natur ein Kulturwesen“ ist, „... daß wir alles Natürliche am Menschen nur in der Imprägnierung durch ganz bestimmte kulturelle Färbungen erfahren können. Dies ist ein weitgehend zugestandener, aber selten ausgewerteter Satz. Wenn die Kultur dem Menschen natürlich ist, so bekommen wir auch umgekehrt seine Natur nie als solche, sondern nur in der Durchdringung mit je ganz bestimmten kulturellen Zusammenhängen zu Gesicht.“ Und wenn die amerikanischen Biologen Dunn und Dobzhansky (1970, S. 125) feststellen, daß die

Frage, „ob Menschenrassen sich in psychischen Erbmerkmalen unterscheiden oder nicht, ... vorläufig noch als offen angesehen werden" muß; wenn die gleichen Autoren ebenfalls die Erziehbarkeit ins Zentrum ihrer Vorstellungen über den Menschen rücken, dann unterstützt das die hier vorgetragene Position ebenso wie die Arbeiten des Schweizer Biologen Portmann, obgleich dieser generell eine teleologische Position vertritt. Er schreibt: „Die ‚Künstlichkeit' unserer Sozietät ist ein Ausdruck der besonderen Situation des Menschen, von der wir ausgegangen sind. Wir können den Menschen gar nie als ‚Natur' kennen, als die uns auch das höchste Tier noch erscheint" (1970, S. 289).

Das Denkmodell, in Menschliches gehe immer zugleich Natürliches und Gesellschaftliches ein, d. h. die Vorstellung, daß Naturhaftes der Menschen immer nur in von ihnen selber – durch Arbeit – gestifteten Sinnzusammenhängen sichtbar wird, stellt uns in jedem einzelnen Fall, den wir analysieren wollen, vor eine spezifische Aufgabe: Die Grenzen dessen, was wir als „Natur" hinnehmen müssen, als vorläufige Grenzen unserer Bearbeitungsmöglichkeiten zu erkennen und diese Grenzen, die uns einengen, hinauszuschieben. Bei Ulcus-Erkrankungen ist das ebenso der Fall wie bei der Diskussion von Bedürfnissen bzw. Wünschen, die nicht naturalistisch verkürzt werden sollen; bei einer Schädelverletzung, die aus einem Autounfall resultiert wie bei kollektiv-aggressivem Vorgehen ist jeweils anhand der Konkretion der Sinnzusammenhänge, die sich historisch und lebensgeschichtlich konstituiert haben, die Genese des Problems zu verfolgen. In jedem Fall sind im Rahmen des hier skizzierten Verständnisses vom Menschen jeweils alle zur Verfügung stehenden Ansätze bis zu ihrer Widerlegung oder zu ihrer Aufhebung in umfassenderen Modellen heranzuziehen. Im je einzelnen Fall muß sich herausstellen, wie weit ethologisches, naturwissenschaftlich-medizinisches, psychosomatisches, psychologisches und soziologisches Denken trägt.

Alle Faktoren, welche die naturwissenschaftlich objektivierende Methode aus dem lebensgeschichtlichen und gattungsgeschichtlichen Kontinuum im Sinne einer Momentaufnahme als naturhafte (und zugleich zum Menchen gehörende) ausmacht, sind für den kritischen Sozialwissenschaftler von Interesse. Allein, er muß sie wieder in jenes Kontinuum zurückstellen, ihren Entstehungs- und

Wirkungszusammenhang erkennen. Das gilt für die psychosomatische Genese eines Magenulcus ebenso wie für die Entwicklung spezifischer naturwissenschaftlicher und technischer Praktiken und Systeme. Nur wenn auf solche Weise erkennbar wird, welche Bedeutung diese Phänomene im sozialen Kontext haben, wie sie gefördert und gehindert werden, durch Normen und Interessen vermittelt sind, läßt sich in solche Wirkungszusammenhänge auch eingreifen. Man muß deren Komplexität erfassen. Andernfalls entgehen einem wichtige Determinanten, man wundert sich über die Widerständigkeit eines Problems und erklärt es flugs zur „Natur", zur „ersten Natur", obgleich es allein aufgrund unangemessener Erkenntnisformen nicht als „zweite Natur" erkannt werden kann.

Diese logisch und praktisch nicht zu überwindende Schwierigkeit: keine andere Aussage über die erste Natur eines sich selbst produzierenden (und reproduzierenden) Wesens machen zu können, als daß seine Natur in allen ihren Aspekten zugleich auch „künstlich", gemacht, eben gesellschaftlich vermittelt ist, hat eine handfeste politische Bedeutung. Wer die logischen Schwierigkeiten beiseiteschiebt und positive Aussagen über die „Natur des Menschen", z.B. über die der Frau macht, der verdinglicht jene historische Momentaufnahme zum Wesensbild. Damit sind in der Regel Vorstellungen über gute und schlechte gesellschaftliche Ordnungsprinzipien verbunden; die Verdinglichung – d.h. daß Verhältnisse zwischen gesellschaftlich vermittelten Größen als Dinge rezipiert werden – dient deren Rechtfertigung. Daß jede Aussage z.B. über die „Natur der Frau" eine solche Verdinglichung ist, hat uns die Kulturanthropologie gezeigt. Allein was die Menschen aus der vermeintlich nüchternen Tatsache machen können, daß es zwei Geschlechter gibt und die Frau Kinder gebären muß, kann die Ideologie von der natürlichen Natürlichkeit der Menschen zerstören; man vergleiche dazu die kulturanthropologischen Arbeiten (Mead 1958, 1959; Benedict 1955).

René Spitz nimmt innerhalb der traditionellen Psychoanalyse, die sich (noch weitgehend implizit) als Sozialwissenschaft um das Problem der gesellschaftlichen Bearbeitung innerer, menschlicher Natur bemüht, hinsichtlich der Beantwortung unserer Fragestellung eine Schlüsselstellung ein. Denn obwohl er mit dem Suchverhalten an der Mutterbrust und dem Lächeln des Säuglings beim Anblick einer Augen-Nase-Konfiguration (vgl. z.B. Spitz 1965) zwei angeborene Verhaltensweisen der Menschen entdeckt hat, sieht er das Zentrum seiner Fragestellungen woanders; er schreibt: „Das Suchverhalten ist ohne Frage ein archaisches phylogenetisches Erbteil im Verhalten, das bei der Geburt präformiert vorhanden ist. Uns interessiert hauptsächlich, was der Mensch aus diesem Verhaltensautomatismus macht.“ (Spitz o.J., S. 33) Hier liegt die entscheidende Differenz zur Ethologie, die festzustellen versucht, was erste Natur mit den Tieren bzw. mit den Menschen macht. Spitz' Untersuchungen beziehen sich zugleich auf die stammesgeschichtlichen Anpassungen und ihre sozialisationsspezifische Bearbeitung. So berichtet er (o.J., S. 61ff.) von einem Mädchen, das mit einer Atresie des Oesophagus geboren und deshalb ab dem 4. Lebenstag für 21 Monate durch eine gastrische Fistel an der Bauchdecke ernährt wurde. Aus dem Ausfall einer endogenen Instinktbewegung (des Suchverhaltens) und seiner fehlenden Stimulierung zieht Spitz (auch aufgrund der Aussagen anderer mit dem Mädchen umgehender Personen) den Schluß, daß es den Beteiligten schien, als ob das zweijährige Kind den Gebrauch des Kopfes für semantische Gesten noch nicht erlernt hätte. Und er versucht den Mangel zu erklären, indem er darauf verweist, daß das orale Erleben von der Nahrungsaufnahme, d.h. aber von den Objektbeziehungen des Kindes, getrennt war. Künzler (1967, S. 180f., Anm.) hat darauf hingewiesen, daß dieser „Fall Monika“ eingehender Diskussion von ethologischer und psychoanalytischer Seite wert wäre, weil das Kind andererseits zugleich oral stimuliert wurde.

Das sozialwissenschaftliche Erkenntnisinteresse geht dahin, Determinationen von Verhalten aufzudecken, indem die gesellschaftlichen Formen der *Bearbeitung* menschlicher Natur und ihre Resultate untersucht werden, die – im übertragenen Sinn – zu hohen lebensgeschichtlichen und gesellschaftlichen Kosten führen. Bereits der semantische Gebrauch des Kopfes einer Zweijährigen wird als eine komplex zusammengesetzte Größe verstanden, in welcher erstnatürliche Ausstattung und die Weise der Vergesellschaftung (die Sozialisation) bereits zu *einer* Größe vermittelt sind. Das ethologische Erkenntnisinteresse hingegen – wenngleich auch explizit an Aufhebung von Determinismen orientiert (z.B. Eibl-Eibesfeldt

1967, S. 448f., Hassenstein 1972, S. 90ff.) – richtet sich offenbar auch in so komplexen Sachverhalten wie der „Achtung fremden Besitzes“ (Hassenstein 1972, S. 61) auf den Nachweis erstnatürlicher Determination. Muß das nicht notwendig auf Empfehlungen für ein natürliches Leben hinauslaufen, die die jeweilige zweite Natur zu verewigen trachten? Auf ethologisch fundierte politische Empfehlungen in einzelnen Zusammenhängen darf man auf jeden Fall neugierig sein, denn das Modell der Genese der Determination bestimmt die Strategie der Befreiung (Horn 1973c).

Demgegenüber stellt sich die Geschichte der Wissenschaft und die der gesellschaftlichen Praxis als kontinuierliche Kritik begrifflicher Verdinglichungen und Überwindung vorfindlicher Verhältnisse dar. Nur indem so die Grenze dessen, was als gesellschaftlich vermittelt erkannt wird, eine Erweiterung erfährt, kann, was bis dorthin als „Natur“ erschien, anders *gemacht* werden. So hat sich z.B. in der neueren Schizophrenieforschung gezeigt, daß diese Form abweichenden Verhaltens sich in der Regel nicht etwa vererbt, sondern durch Erziehung erzeugt wird (vgl. z.B. Lidz (1971), Zur Familienumwelt … (1959), Schizophrenie und Familie (1969), Freeman u.a. (1969)). Genauso ist es dem Faktor „Begabung“ ergangen, der noch bis in die jüngste Vergangenheit hinein von dem deutschen Psychologen Karl Valentin Müller als eine natürliche, vererbbare Eigenschaft angesehen wurde. Wir wissen heute, daß intellektuelle Fähigkeiten durch – schichtspezifische – Erziehungspraktiken vermittelt werden, Erziehungspraktiken, die aus der gesellschaftlichen Lage und Funktion der betreffenden Schicht hervorgehen. In beiden Zusammenhängen eröffnet die sozialwissenschaftlich begründete Erkenntnis der Genese der Verhaltensstörung (oder des Sprachdefizits) auch dementsprechende therapeutische bzw. politische, prophylaktische Möglichkeiten; es leuchtet ein, daß die Betroffenen dann aus einem bis dahin „natürlich“ verstandenen Zwang befreit werden können. Alle wissenschaftliche Arbeit, die sich in dieser Weise der Aufklärung verbunden weiß, ist zugleich politische Arbeit.

Es war davon die Rede, daß „die Natur des Menschen“ „gesellschaftlich vermittelt“ ist. Der Begriff „vermittelt“ weist darauf hin, daß in diese Vergesellschaftung etwas anderes noch als Gemachtes, anderes noch außer Gesellschaftlichem eingegangen ist. Dieses

Andere ist jene „erste Natur", die natürliche Natur, über die wir keine positiven Aussagen machen können, wenn wir nicht – wie bereits kritisiert – in Verdinglichungen verfallen wollen. Jene natürliche Natur, die im Prozeß der Sozialisation kultiviert, im Idealfall mit Gesellschaft versöhnt werden soll, geht in den gesellschaftlichen Formen ihrer Bearbeitung nicht auf und wir können sie zunächst einmal als Widerstand bezeichnen, der sich der Bearbeitung entgegenstellt. Nur in dieser negativen Weise läßt sich eine Aussage über jene „natürliche Natur" des Menschen machen. Alle Begriffe wie „Konstitution" oder „Anlage" sind von dieser Verlegenheit geprägt, etwas feststellen, ein Moment beim Namen nennen zu wollen, das – außerhalb lebensgeschichtlicher und gattungsgeschichtlicher Kontinuität – nur entweder hypostasiert oder als noch Unbekanntes gekennzeichnet werden kann.

Was den Menschen als jenes Objektive gegenübersteht, das zu praktischer und theoretischer Arbeit zwingt, ist, wie wir seit Marx wissen, durchaus nicht nur „erste Natur" (zur freundlichen zu machende, wissenschaftlich und technisch zu bearbeitende „feindliche" äußere Natur), sondern auch „zweite Natur": aus menschlicher Praxis hervorgegangene gesellschaftliche Verhältnisse, hinter denen die entsprechende Theorie, das Selbstverständnis zurückbleibt, weshalb jene Verhältnisse praktische Gewalt, Herrschaft über uns gewinnen. Als deren Verursacher sind Menschen, bestimmte Gruppen, Interessenten, eigenes theoretisches und praktisches Versagen, zu entdecken. Dieses doppelte Objektive, in zweite Natur eingegangene erste, ist jedoch nicht nur außer uns, es ist auch als gesellschaftlich vermittelte Lebensgeschichte in uns. Vor der Psychoanalyse konnte davon nur höchst formal die Rede sein. Erst Freud hat die gesellschaftliche Bearbeitung „innerer Natur" wissenschaftlich zugänglich gemacht, indem er in der Medizin den Schritt von der Physiologie zur Psychologie tat (vgl. Freud 1895), und damit Lebensgeschichte als Gemachtes deutlich und das heißt: sozialwissenschaftlich verfügbar wurde (Lorenzer u. a. 1971).

Freilich ist Psychoanalyse, auf welche ich jetzt noch eingehen will, die – entgegen ihrem Selbstverständnis – nie im klassischen Sinn Naturwissenschaft war, nicht etwa Geisteswissenschaft, wenn sie Sinnzusammenhänge interpretiert, keine „reine" Hermeneutik; ihre Triebtheorie verweist auf materielle Momente. Man könnte sie vielmehr als „nichtsubjektivistische Theorie des Subjekts" bezeichnen, die Roger Garaudy (1968, S. 59) im historischen Materialismus vermißt, oder auch als „kritische Theorie des Subjekts". Diese Bezeichnung wurde analog zur kritischen Theorie der Gesellschaft gewählt. Während letztere gesellschaftliche Strukturbildungen kritisiert, die sich aus der gesellschaftlichen Arbeit an äußerer Natur ergeben, sind Gegenstand der Psychoanalyse jene psychischen Strukturbildungen, die sich bei der Sozialisation genannten gesellschaftlichen Bearbeitung „eigener Natur" ergeben. Biologistische, familialistische und kulturistische Beschränkungen des psychoanalytischen Modells, welche die Vermittlung zwischen den objektiven gesellschaftlichen Bedingungen und den objektiven Naturbedingungen im Subjekt selber verkürzen, sind in jüngster Zeit ausführlich in konsequenter Weiterentwicklung der bei René Spitz gezeigten Intentionen kritisiert worden (Dahmer 1973 b, Horn 1973 b, Lorenzer 1973).

Im Sinne einer so verstandenen Psychoanalyse ist der Mensch von seiner Natur her ein gesellschaftlich vermitteltes Wesen, eines, dessen (im ethologischen Sinn intra- und extraspezifische) Objektbeziehungen von der Phylogenese inhaltlich und formal nur in rudimentärer Form fixiert sind und deshalb von ihm selber konstituiert, erarbeitet werden müssen. Zwar stoßen die Menschen bei dieser Bearbeitung immer wieder an Grenzen; aber ob es solche der „ersten" oder solche der „zweiten Natur" sind, läßt sich nie apodiktisch und ein für allemal, sondern nur historisch lösen. Das ist eine Antwort, die dem Fortschritt von Natur- und Gesellschaftswissenschaft überlassen bleibt.

Psychoanalyse hat auf ihre Weise sowohl die Geisteswissenschaft vom Menschen überwunden, sofern sie den Menschen als Triebwesen, d.h. als naturverhaftet zeigt; sie hat aber auch eine (ihrem Selbstverständnis nach) Naturwissenschaft vom Menschen, die Medizin, mit der zentral menschlichen Fähigkeit, der Symbolbildung, vermittelt, indem sie die erlebnisbedingte Krankheit entdeckte, gegen welche die traditionelle Medizin kein angemessenes Mittel hatte. Als Theorie, die die subjektive Dimension der Selbstproduktion und Selbstreproduktion des Menschen zum Gegenstand hat, sucht Psychoanalyse – in Kooperation mit kritischer Soziologie, die die objektive, die gesellschaftliche Dimension des gleichen Prozesses bearbeitet – den Widerstand zu erkunden, welchen das phylogenetische Erbe und die zu erlebnisvermittelten Erkrankungen geronnenen psychischen Strukturen ihrer Weiterbearbeitung entgegensetzen. Im Gegensatz zur Ethologie (so Lorenz 1954), welche verdinglichte Naturmomente in die Soziologie und die Psychologie eingeführt wissen will, hat die Psychoanalyse von jener „ersten Natur" des Menschen weniger hypostasierte Vorstellungen, obgleich auch in ihrem Rahmen noch ideologiekritisch gearbeitet werden muß (Brede 1971, 1972, Horn 1971 a, 1973 b, Lorenzer 1973). Das archaische Erbe formuliert sie vor allem als „Drang" von Trieben. Dieser Drang ist nur sehr formal – sieht man von den Benennungen Libido und Aggression ab – als „Maß der Arbeitsanforderung, die dem Seelischen infolge seines Zusammenhangs mit dem Körperlichen auferlegt ist" (Freud 1915, S. 214) konzipiert; im Zentrum des psychoanalytischen Interesses stehen die „Triebschicksale" (Freud 1915) – und die sind gesellschaftlicher Natur, denn ein Mensch reift nicht, sondern entwickelt sich nur in seinen sozialen Beziehungen. René Spitz hat 1968 in einem Vortragszyklus in Frankfurt gezeigt, daß die Psychoanalyse auf das genetisch Verankerte als fixen Faktor nicht zurückzugreifen braucht, wenn sie Verhalten erklären will. Die früheste Lebensgeschichte eineiiger Zwillingsschwestern verfolgte er bis in den Mutterleib eben als Geschichte: Kathy war dort physisch stärker und hatte eine leichtere Geburt; sie wurde ein selbstzufriedener Säugling, der die Beziehung zu Menschen zunächst weniger beachtete, weil er sich die Dinge physisch eroberte. Währenddessen wurde bei der schwächeren Rosy der Kontakt zur Mutter das Mittel, um Kontrolle über die Umwelt zu gewinnen. Die genetisch angelegten Reifungsschrittmacher riefen – da es sich um eineiige Zwillinge handelte – erwartungsgemäß Analoges hervor (bald nach der Geburt z. B. gleiche Körpergröße, gleiches Schlafverhalten); doch die Ich-Entwicklung von Rosy und Kathy verlief gemäß ihrem unterschiedlichen Erleben deutlich different. Obwohl auch der Intelligenzquotient der beiden gleich war, hatte das je spezifische Erleben von Menschen und Dingen zwei sehr verschiedene Persönlichkeiten zur Folge. Als die sozial geschicktere Rosy nach längerer Zeit von Kathy (die lange die „erste" gewesen war) um ihre Soziabilität beneidet wurde, suchte Kathy sich mit ihrer Schwester zu identifizieren, indem sie deren wesentlich ungeschickter gebliebenes physisches Verhalten nachahmte. Während Rosy infolge des regen emotionalen Austausches mit der Mutter sehr bald wußte, wer sie war, blieb Kathy mit einer gewissen Verbissenheit an ihrem originären Können kleben: sich die Dinge zu unterwerfen. Sie hatte Identitätsprobleme; noch nach ihrem zweiten Lebensjahr wußte sie nicht, ob sie Rosy oder Kathy war. Natürlich hatte die Reaktion der Eltern, insbesondere der Mutter, auf die unterschiedlichen Kommunikationsangebote der Kinder deren Besonderheit gefördert. Spitz' Ausführungen belegen in überzeugender Weise an diesen beiden Zwillingen mit gleicher genetischer Ausrüstung, daß deren soziale Beziehungen jenes „Schicksal" sind, welches gerne im Schlußverfahren einer wie immer vorgestellten „Natur" angelastet wird. Entscheidend ist, wie „Natur" kultiviert wird. Dieser Prozeß ergibt die gesellschaftliche Natur des Menschen.

Seine Beobachtungen an Säuglingen und Kleinkindern haben René Spitz (1967) generell in jenen Grenzbereich des extrauterinen Frühjahrs geführt, in welchem die Mutter-Kind-Dyade (Lorenzer 1973) als erste Interaktionsform Gesellschaft und Natur vermittelt. In diesen Zusammenhängen zeigt sich: Die biologische Ausstattung des Kindes ist so ausgefallen, daß sie sich nur in adäquaten sozialen Beziehungen entfalten kann und nur darin überhaupt Überlebenswert gewinnt. Physiologische Reifungsprozesse und psychologische Entwicklungen müssen zusammentreffen, wenn der psychische Apparat eine Stufe der Integration erreichen soll, die – wenn wir an das Dreimonatslächeln denken – darin besteht, daß der Säugling beginnt, Innen- und Außenreize voneinander zu unterscheiden; mit diesem Entwicklungsprozeß differenziert sich sein Ich vom Es; Gedächtnisspuren bilden sich und psychische Energie wird verschiebbar zwischen den im Gedächtnis haftenden Eindrücken und der aktuellen Wahrnehmung: das Kind kann ein Gesicht erkennen. Spitz (1965, S. 174) weist darauf hin, daß dieses Dreimonatslächeln ein komplexer Vorgang ist, an dem ein angeborener Auslösemechanismus, eine Art Prägevorgang, aber auch Lernprozesse beteiligt sind. Mit diesem Lächeln beginnt der Säugling rudimentär seine gezielte soziale Interaktion, die sich auf *ein* Objekt richtet, an dem er sich als *ein* Subjekt zu erfahren beginnt. Das ist ein manifester Unterschied zum Tier mit seinen verschiedenen Funktionskreisen.

Aus den Forschungen von René Spitz läßt sich folgern – und er selbst hat es getan –, daß das Schicksal der Menschen nicht ihre biologische Ausstattung ist, sondern das, was sie daraus machen. Durch einen phylogenetischen Entwicklungssprung ist die beim Tier relativ feste Beziehung zwischen den zentralnervösen Vorgängen und den Objekten, an denen sie sich manifestieren können, für den Menschen entfallen. Diese evolutionsgeschichtliche Vorbedingung dessen, was in verschiedensten Zusammenhängen im allgemeinen Freiheit genannt wird, ermöglicht Geschichte: Menschen können ihr Verhältnis zur „ersten Natur" und ihre Verhältnisse zueinander machen, sie können gemachte Verhältnisse ändern. Die Tatsache, daß der Mensch ohne wesentliche Instinktbindungen, aber eben auch selber ein Naturwesen ist, welches physische und psychische Bedürfnisse hat, konstituiert zwar diese Machbarkeit und zwingt ihn zur Arbeit, setzt jedoch der Machbarkeit Grenzen und der Arbeit Widerstand entgegen.

Mit dem Hinweis auf diese Schranke der ersten Natur im Menschen hat die Ethologie recht; es dürfte jedoch schwerfallen, solche gesellschaftlich relevanten Schranken positiv ein für alle Mal, als naturhafte, namhaft zu machen. Es läßt sich keine positive Anthropologie (vgl. Adorno 1966, Sonnemann 1969) entfalten, die nicht zugleich der Kritik verfiele. Wir können nur umgekehrt, negierend, vorgehen: die eigene gesellschaftliche Praxis kritisieren, sofern sie ihren Ansprüchen nicht genügt, sofern die Ergebnisse unseres Handelns von den Vorstellungen, die sich unser Probehandeln davon gemacht hat, abweichen. So lassen sich „erste" und „zweite" Natur ineins verändern. Ihre Grenzen sind historische. Was der Ethologie und der Verhaltensbiologie als erste Natur erscheint, sind Momentaufnahmen des Selbstbearbeitungsprozesses der Gattung. Dieser Prozeß verhindert eine naturwissenschaftliche, eine „exakte" Anthropologie, die humanwissenschaftlich interessierten Ethologen vorschwebt, wenn sie die vermaledeiten Probleme, welche die Sozialwissenschaften mit ihrem Gegenstand haben, methodologisch unreflektiert, im Handstreich, lösen wollen.

Literaturverzeichnis

ADORNO, TH. W. (1966): *Negative Dialektik,* Frankfurt.

ADRIAANSE, M. S. C. (1947): *Ammophila campestris* Latr. und *Ammophila adriaansei* Wilcke. Ein Beitrag zur vergleichenden Verhaltensforschung. *Behaviour,* 1, 1–34.

ADRIAN, E. D. und BUYTENDIJK, F. J. J. (1931): Potential changes in the isolated brainstem of the goldfish. *J. Physiol.* 71, 121–135.

ALEXANDER, T. (1972): The social engineers retreat under fire. *Fortune,* October 1972, 132–148.

ANASTASI, A. und J. P. FOLEY, JR. (1948): A proposed reorientation in the heredity-environment controversy. *Psychol. Rev.* 55, 239–249.

ANDREW, R. J. (1956): Some remarks on behaviour in conflict situations, with special reference to *Emberiza* ssp. *Brit. J. anim. Beh.* 4, 41–45.

– (1957): Influence of hunger on aggressive behavior in certain buntings of the genus *Emberiza. Physiol. Zool.* 30, 177–185.

APEL, K. O. (1968): Szientistik, Hermeneutik und Ideologiekritik, Frankfurt, 1971.

ARDREY, R. (1961): *African Genesis.* New York, Atheneum.

– (1966): *The Territorial Imperative.* New York, Atheneum.

ARMSTRONG, E. A. (1947): *Bird Display and Behaviour.* Lindsay Drummond & Co., London.

– (1950): The nature and function of displacement activities. *Symp. Soc. exp. Biol.,* 4, 361–384.

BAERENDS, G. P. (1941): Fortpflanzungsverhalten und Orientierung der Grabwespe *Ammophila campestris* Jur. *Tijdschr. Ent.,* 84, 68–275.

– (1950): Specializations in organs and movements with a releasing function. *Symp. Soc. exp. Biol.,* 4, 337–360.

– und J. M. BAERENDS-VAN ROON (1950): An introduction to the study of the ethology of cichlid fishes. *Behaviour,* suppl. 1, 1–242.

BANKS, E. M. (1962): A time and motion study of prefighting behavior in mice. *J. Gen. Psychol.,* 101, 165–183.

BARAN, P. M. (1966): Marxismus und Psychoanalyse, in: P. B., Unterdrükkung und Fortschritt. Frankfurt, S. 71–98.

BARD, P. (1950): Central nervous mechanisms for the expression of anger in animals. In: M. L. Reymart (Ed.), *Feelings and Emotions.* New York.

– und MOUNTCASTLE, V. B. (1948): Some forebrain mechanisms involved in expression of rage with special reference to suppression of angry behavior. *Proc. Assn. Res. Nerv. Ment. Disease*, 27, 362–404.

BARNETT, S. A. (1971): Instinkt und Intelligenz. Rätsel tierischen und menschlichen Verhaltens. Frankfurt.

BATESON, G. u. a. (1969); Schizophrenie und Familie. Bern-Stuttgart-Wien.

BATESON, P. P. G. (1966): The characteristics and context of imprinting. *Biol. Rev.* 41, 177–220.

BEACH, F. A. (1942): Analysis of factors involved in the arousal, maintenance and manifestation of sexual excitement in male animals. *Psychosom. Med.*, 4, 173–198.

– (1947a): Evolutionary changes in the physiological control of mating behavior in mammals. *Psychol. Rev.*, 54, 297–315.

– (1947b): A review of physiological and psychological studies of sexual behavior in mammals. *Physiol. Rev.*, 27, 240–307.

– (1948): *Hormones and Behavior.* New York.

– (1951a): Instinctive behavior: reproductive activities. In: S. S. Stevens (Ed.), *Handbook of Experimental Psychology*, 387–434. New York.

– (1951b): Body chemistry and perception. In R. R. Blake und G. V. Ramsey
(Ed.), *Perception: an Approach to Personality.* New York.

– (1955): The descent of instinct. *Psychol. Rev.* 62, 401–10.

– und J. JAYNES (1954): Effects of early experience upon the behavior of animals. *Psychol. Bull.* 51, 239–263.

BELLOWS, R. T. (1939): Time factors in water drinking in dogs. *Am. J. Physiol.* 125, 87–97.

BENEDICT, R. (1955): Urformen der Kultur. Reinbek b. Hamburg.

BERKOWITZ, L. (Ed.) (1969): *Roots of Aggression. A Re-Examination of the Frustration-Aggression-Hypothesis.* New York.

BERKUN, M. M., KESSEN, M. L. und MILLER, N. E. (1952): Hunger-reducing effects of food by stomach fistula versus food by mouth measured by a consummatory response. *J. comp. physiol. Psychol.* 45, 550–4.

BERLYNE, D. E. (1960): *Conflict, arousal and curiosity.* New York.

BERNSTEIN, B. (1970): Soziale Struktur, Sozialisation und Sprachverhalten. Aufsätze 1958–1970. Amsterdam.

BIERENS DE HAAN, J. A. (1937): Über den Begriff des Instinktes in der Tierpsychologie. In: *Folia biotheoretica*, II Leiden.

BIRCH, H. G. und G. CLARK (1946): Hormonal modification of social behavior. II. The effects of sex-hormone administration on the social dominance status of the female-castrate chimpanzee. *Psychosom. Med.*, 8, 320–331.

– und – (1950): Hormonal modification of social behavior. IV. The mechanism of estrogen-induced dominance in chimpanzees. *J. comp. physiol. Psychol.*, 43, 181–193.

BIRD, C. (1925): The relative importance of maturation and habit in the development of an instinct. *Pedagog. Semin.*, 32, 68–91.

– (1933): Maturation and practise; their effects upon the feeding reaction of chicks. *J. comp. Psychol.* 16, 343–366.

BLEST, A.D. (1957): The evolution of protective displays in the Saturnioidea and Sphingidae (Lepidoptera). *Behaviour* 11, 257–309.

BOWLBY, J. (1960): Ethology and the development of object relations. *Int. J. Psycho-Analysis* 41, 313–17.

BREDE, K. (1971): Die Pseudo-Logik psychosomatischer Störungen. Überlegungen zu einem soziologischen Organismuskonzept. In: Lorenzer u.a. (1971), 152–198.

– (1972): Sozioanalyse psychosomatischer Störungen. Zum Verhältnis von Soziologie und Psychosomatischer Medizin. Sozialwissenschaftliche Paperbacks, Sonderserie: Psychoanalyse als Sozialwissenschaft, Bd. I, hrsg. von K. Horn und A. Lorenzer, Frankfurt.

BREED, F. (1911): The development of certain instincts and habits in chicks. *Behav. Monogr.*, 1, 1–78.

BRONSON, F. H. und DESJARDINS, C. (1968): Aggression in adult mice: modification by neonatal injections of gonadal hormones. *Science*, 161, 705–706.

– und – (1971): Steroid hormones and aggressive behavior in mammals. In: B.E. Eleftheriou und J.P. Scott (Ed.), *The physiology of aggression and defeat.* New York-London.

BROWMAN, L.G. (1943): The effect of controlled temperatures upon the spontaneous activity rhythms of the albino rat. *J. exp. Zool.*, 94, 477–489.

BYKOV, K.M. (1957): *The cerebral cortex and the internal organs.* New York.

CAIN, A.J. (1964): The perfection of animals. *Viewpoints Biol.* 3, 37–63.

CARMICHAEL, L. (1936): A re-evaluation of the concepts of maturation and learning as applied to the early development of behavior. *Psychol. Rev.*, 43, 450–470.

– (1941): The experimental embryology of mind. *Psychol. Bull.*, 38, 1–28.

– (1946): The onset and early development of behavior. In: L. Carmichael (Ed.), *Manual of child psychology.* New York, 43–166.

– (1947): The growth of the sensory control of behavior before birth. *Psychol. Rev.*, 54, 316–324.

CHEIN, I. (1936): The problems of heredity and environment. *J. Psychol.*, 2, 229–244.

CHOMSKY, N. (1959): Review of Skinner's Verbal Behavior. Language, 35, 26–58.

CLARK, G. (1948): The mode of representation in the motor cortex. *Brain,* 71, 320–331.

– und J.W. WARD (1948): Responses elicited from the cortex of monkeys by electrical stimulation through fixed electrodes. *Brain,* 71, 332 –342.

COGHILL, G.E. (1929): *Anatomy and the Problem of Behavior.* London.

COUNT, E.W. (1970): *Das Biogramm. Anthropologische Studien.* Frankfurt.

CRAIG, W. (1918): Appetites and aversions as constituents of instincts. *Biol. Bull.,* 34, 91–107.

CROSSLEY, S.A. (1963): Doctor's thesis, Oxford.

CRUZE, W.W. (1935): Maturation and learning in chicks. *J. comp. Psychol.,* 19, 371–409.

CULLEN, E. (1957): Adaptations of cliff-nesting in the Kittiwake. *Ibis* 99, 275–302.

– (1961): The effect of isolation from the father on the behaviour of male Threespined Sticklebacks to models. *Tech. (Final) Rep. on Contract AF* 61(052)–29, *USAFRDC.*

DAHMER, H. (1973 a): Wer hat Angst vor der Psychoanalyse? in: Dahmer u.a. (Ed.), Das Elend der Psychoanalyse-Kritik (Beispiel Kursbuch 29). Subjektverleugnung als politische Magie. Frankfurt, 7–22.

– (1973 b): Libido und Gesellschaft. Studien über Freud und die Freudsche Linke. Frankfurt.

– u.a., (1973): Das Elend der Psychoanalyse-Kritik (Beispiel Kursbuch 29). Subjektverleugnung als politische Magie. Frankfurt.

DARWIN, C. (1859): *On the origin of species by natural selection.* London.

– (1872): *The expression of emotions in man and animals.* London.

DELACOUR, J. und E. MAYR (1945): The family Anatidae. *Wilson Bull.,* 57, 3–55.

DELGADO, J.M.R. (1969): *Physical Control of the Mind. Toward a Psychocivilized Society.* New York-Evanston-London.

DENENBERG, V. und A.E. WHIMBEY (1963): Behavior of adult rats is modified by the experiences their mothers had as infants. *Science* 142, 1192–1193.

DESMEDT, J.E. und MONACO, P. (1961): Mode of action of the efferent olivo-cochlear bundle on the inner ear. *Nature, Lond.* 192, 1263–5.

DETHIER, V.G. und BODENSTEIN, D. (1958): Hunger in the Blowfly. Z. *Tierpsychol.* 15, 129–40.

DRACHMAN, D.B. und L. SOKOLOFF (1966): The role of movement in embryonic joint development. *Develop. Biol.* 14, 401–420.

Drees, O. (1952): Untersuchungen über die angeborenen Verhaltensweisen bei Springspinnen. *Z. Tierpsychol.* 9, 169–207.

Dunn, L. L. und Dobzhansky, Th. (1970): Vererbung, Rasse und Gesellschaft. Frankfurt.

Durand, J. (1970): Fortpflanzung und Entwicklung von Hydromantes, dem Höhlenmolch. *Aqua Terra* 5, 7. Jahrg.

Eccles, J. C. (1953): *The neurophysiological basis of mind.* Oxford University Press.

Edwards, D. E. (1969): Early androgen stimulation and aggressive behavior in male and female mice. *Physiol. Behav.* 4, 333–338.

Eibl-Eibesfeldt, I. (1961): The interactions of unlearned behaviour patterns and learning in mammals. In J. F. Delafresnaye (Ed.), *Brain mechanisms and learning.* Oxford, 53–73.

– (1963): Angeborenes und Erworbenes im Verhalten einiger Säuger. *Z. Tierpsychol.* 20, 705–54.

– (1967): Grundriß der vergleichenden Verhaltensforschung. Ethologie. München.

– (1970): Liebe und Haß. Zur Naturgeschichte elementarer Verhaltensweisen. München.

– (1972): Stammesgeschichtliche Anpassungen im Verhalten des Menschen. In: H.-G. Gadamer und P. Vogler (Ed.), Neue Anthropologie, Bd. 2: Biologische Anthropologie. Stuttgart und München, 3–59.

Elias, N. (1969): Über den Prozeß der Zivilisation, Bd. I: Soziogenetische und psychogenetische Untersuchungen. Bd. II: Wandlungen des Verhaltens in den weltlichen Schichten des Abendlandes. Bern und München.

– (1970): Was ist Soziologie? München.

Euler, C. v. und Söderberg, U. (1952 a): Medullary sensitive receptors. *J. Physiol.* 118, 555–564.

– (1952 b): Slow potentials in the respiratory centres. Ebd. 545–554.

Ford, E. B. und J. S. Huxley (1927): Mendelian genes and rates of development in *Gammarus chevreuxi. Brit. J. Exp. Biol.* 5, 112–133.

Frank, F. (1969): APO und Establishment aus biologischer Sicht. Oldenburg und Hamburg.

Franzisket, C. (1963): Characteristics of instinctive behaviour and learning in reflex activity of the frog. *Anim. Behav.* 11, 318–324.

Freeman, Th., u. a. (1958): Chronic Schizophrenia. Preface Anna Freud (deutsch: Studie zur chronischen Schizophrenie, Frankfurt 1969).

Freud, S. (1895): Studien über Hysterie. Fräulein Elisabeth v. R. ... in: Ders., Gesammelte Werke, Bd. I (London-Frankfurt ab 1940), 196–251.

– (1905): Drei Abhandlungen zur Sexualtheorie, in: Ders., GW, Bd. V, 27–145.

– (1914): Zur Einführung des Narzißmus, in: Ders., GW, Bd X, 137–170.

– (1915): Triebe und Triebschicksale, in: Ders., GW, Bd. X, 209–232.
– (1925): Die Widerstände gegen die Psychoanalyse, in: Ders., GW, Bd. XIV, 97–110.
FULLER, J.L., und W.R. THOMPSON (1960): *Behavior genetics*. New York.
FULLER, W. (Ed.) (1971): Biologie und Gesellschaft. München.
FULTON, J.F. (1949): *Physiology of the Nervous System*, New York.
GANTZEL, K.J. (1972): System und Akteur. Beiträge zur vergleichenden Kriegsursachenforschung. Düsseldorf.
GARAUDY, R. (1968): Thesen zu einer Diskussion der Grundlagen der Moral. In: Košik u.a., *Moral und Gesellschaft*, Frankfurt, 58–81.
GEHLEN, A. (1958): Über Kultur, Natur und Natürlichkeit. In: G. Funke (Ed.), Konkrete Vernunft. Festschrift für Erich Rothacker, Bonn. 113–123.
GOS, E. (1933): Les reflexes conditionnels chez l'embryon d'oiseau. *Bull. Soc. Sci. Liège*, Nr. 4–5, 194–199; Nr. 6–7, 246–250.
GOTTLIEB, G. (1968): Prenatal behavior of birds. *Quart. Rev. Biol.* 43. 148–174.
GRAY, J. (1939): Aspects of animal locomotion. *Proc. roy. Soc., B*, 128, 28–62.
– (1950): The role of peripheral sense organs during locomotion in the vertebrates. *Symp. Soc. exp. Biol.*, 4, 112–126.
– und H.W. LISSMANN (1940): The effect of deafferentation upon the locomotory activity of amphibian limbs. *J. exp. Biol.*, 17, 227–236.
– und – (1946a): Further observations on the effect of deafferentation on the locomotory activity of amphibian limbs. *J. exp. Biol.* 23, 121–132.
– und – (1946b): The co-ordination of limb movements in the amphibia. *J. exp. Biol.*, 23, 133–142.
GROHMANN, J. (1938): Modifikation oder Funktionsreifung? Ein Beitrag zur Klärung der wechselseitigen Beziehungen zwischen Instinkthandlung und Erfahrung. *Z. Tierpsychol.*, 2, 132–144.
GRUNT, J.A. und YOUNG, W.C. (1952): Psychological modification of fatigue following orgasm (ejaculation) in the male guinea pig. *J. comp. Physiol.* 46, 508–510.
HABERMAS, J. (1968): Erkenntnis und Interesse. Frankfurt.
HÄDECKE, W. (1969): Verhaltensforschung – Resultate und Perspektiven. *Neue Rundschau*, 80, 447–462.
HAGIWARA, S. (1961): Nervous activities of the heart in crustacea. *Ergebn. Biol.*, 24, 287–311.
– und WATANABE, A. (1956): Discharges in motoneurons of cicada. *J. cell. comp. Physiol.*, 47, 415–428.
HALDANE, J.B.S. (1946): The interaction of nature and nurture. *Ann. Eugen.* 13, 197–205.

Hamburger, V. (1963): Some aspects of the embryology of behavior. *Quart. Rev. Biol.* 38, 342–365.

– (1970): Development of embryonic motility. In: E. Tobach, L. R. Aronson und E. Shaw (Ed.), *Biopsychology of development.* New York.

– und M. Balaban (1963): Observations and experiments on spontaneous rhythmical behavior in the chick embryo. *Develop. Biol.* 7, 533–545.

–, –, R. Oppenheim und E. Wenger (1965): Periodic motility of normal and spinal chick embryos between 8 and 17 days of incubation. *J. Exp. Zool.* 159, 1–14.

–, E. Wenger und R. Oppenheim (1966): Motility in the chick embryo in the absence of sensory input. *J. Exp. Zool.* 162, 133–160

Harlow, H. F. und M. K. Harlow (1965): The affectional systems. In: A. M. Schrier, H. F. Harlow und F. Stollnetz (Ed.), *Behavior of nonhuman primates,* vol. 2. New York, 287–334.

Harnly, M. H. (1941): Flight capacity in relation to phenotypic and genotypic variations in the wings of Drosophila melanogaster. *J. Exp. Zool.* 88, 263–273.

Harris, G. W., Michael, R. P. und Scott, P. P. (1958): Neurological site of action of stilboestrol in eliciting sexual behaviour. *Ciba Foundation Symposium on the Neurological Basis of Behaviour,* London, 236–251.

Hartig, M. und Kurz, U. (1971): Sprache als soziale Kontrolle. Neue Aufsätze zur Soziolinguistik. Frankfurt.

Hartley, P. H. T. (1950): An experimental analysis of interspecific recognition. *Symp. Soc. exp. Biol.,* 4, 313–336.

Hassenstein, B. (1961): Wie sehen Insekten Bewegungen? *Naturwissenschaften* 48, 207–14.

– (1972): Das spezifisch Menschliche nach den Resultaten der Verhaltensforschung. In: Gadamer/Vogler, (Ed.), *Neue Anthropologie,* Bd. 2: *Biologische Anthropologie.* Stuttgart-München, 60–97.

– (1973): Wesensverschiedene Formen menschlicher Aggressivität in der Sicht der Verhaltensforschung. *Universitas* 28, 287–296.

Hebb, D. O. (1937a): The innate organization of visual activity: I. Perception of figures by rats reared in total darkness. *J. genet. Psychol.,* 51, 101–126.

– (1937b): The innate organization of visual activity: II. Transfer of response in the discrimination of brightness and size by rats reared in total darkness. *J. comp. Psychol.,* 24, 277–299.

– (1949): The Organization of Behavior. New York.

– (1953): Heredity and environment in mammalian behaviour. *Brit. J. Anim. Behav.* 1, 43–47.

HEILIGENBERG, W. und KRAMER, U. (1972): Aggressiveness as a function of external stimulation. *J. comp. Physiol.*, 77, 332–340.

HEINROTH, O. (1910): Beiträge zur Biologie, namentlich Ethologie und Psychologie der Anatiden. *Int. orn. Congr.*, 5 (Berlin), 589–702.

– (1930): Über bestimmte Bewegungsweisen bei Wirbeltieren. *S. Ges. naturf. Fr.*, Berl., 1929, 333–342.

– und HEINROTH, M. (1928): Die Vögel Mitteleuropas. Berlin.

HELD, R. und A. HEIN (1963): Movement-produced stimulation in the development of visually guided behavior. *J. Comp. Physiol. Psychol.* 56, 872–876.

HEPPEL, L. A. und C. L. A. SCHMIDT (1938): Studies on the potassium metabolism of the rat during pregnancy, lactation and growth. *Univ. Calif. Publ. Physiol.*, 8, 189–205.

HERON, W. (1957): The pathology of boredom. *Scient. Am.* 196, 1, 52–56.

HESS, W. R. (1949): Das Zwischenhirn. Syndrome Lokalisationen, Funktionen. Basel.

– und M. BRÜGGER (1943): Das subkortikale Zentrum der affektiven Abwehrreaktion. *Helv. physiol. acta*, 1, 33–52.

HINDE, R. A. (1954): Changes in responsiveness to a constant stimulus. *Brit. J. anim. Beh.*, 2, 41–55.

– (1956): Ethological models and the concept of drive. *Brit. J. Philos. Sci.*, 6, 321–331.

– (1960): Energy models of motivation. *Sym. Soc. exp. Biol.*, 14, 199 –213.

– (1962): Some aspects of the imprinting problem. *Symp. Zool. Soc. Lond.* 8, 129–138.

– (1965): The integration of the reproductive behaviour of female canaries. F. A. Beach (Ed.), Sex and behaviour, 381–416. New York.

– (1966): Animal behaviour: a synthesis of ethology and comparative psychology. New York.

– (1968): Dichotomies in the study of development. In: I. M. Thoday und A. S. Parkes (Ed.), *Genetic and environmental influences on behaviour.* Eugenics Soc. Symp. Nr. 4. Edinburgh, Oliver and Boyd. 3–12.

HINES, M. (1947): The motor areas. Fed. Proc., 6, 44–447.

HOCHBERG, J. (1963): Nativism and empiricism in perception. In: L. Postman (Ed.), *Psychology in the making.* New York, 225–330.

HOLST, E. VON (1935): Alles oder Nichts. Block, Alternans, Bigemini und verwandte Phänomene als Eigenschaften des Rückenmarks. *Pflüg. Arch. ges. Physiol*, 236, 149–159.

– (1936a): Versuche zur relativen Koordination. *Pflüg. Arch. ges. Physiol.*, 237, 93–122.

– (1936b): Vom Dualismus der motorischen und der automatischrhythmischen Funktion im Rückenmark und vom Wesen des automatischen Rhythmus. *Pflüg. Arch. ges. Physiol.*, 237, 356–378.

– (1936c): Über den „Magnet-Effekt" als koordinierendes Prinzip im Rükkenmark. *Pflüg. Arch. ges. Physiol.*, 237, 655–682.

– (1937): Regulationsfähigkeit im Zentralnervensystem. *Naturwissenschaften,* 25, 625–631, 641–647.

– (1939): Entwurf eines Systems der lokomotorischen Periodenbildungen bei Fischen. *Z. vergl. Physiol.* 26, 481–528.

– und MITTELSTAEDT, H. (1950): Das Reafferenzprinzip. *Naturwissenschaften* 37, 464–76.

– und ST. PAUL, U. VON (1960): Vom Wirkungsgefüge der Triebe. *Naturwissenschaften* 47, 409–22.

– und – (1962): Electrically controlled behavior. *Scient. Am.* 206, 3, 50–59.

HORN, K. (1967): Dressur oder Erziehung. Schlagrituale und ihre gesellschaftliche Funktion. Frankfurt 1972⁵.

– (1969): Politische Psychologie. Erkenntnisinteresse, Themen, Materialien. In: Kress/Senghaas (Ed.), Politikwissenschaft. Eine Einführung in ihre Probleme. Frankfurt 1973².

– (1970a): Sozialpsychologische Aspekte des Faschismus. In: *Fascism and Europe. An International Symposium. Prague 28th – 29th August 1969,* Vol. II, edited by the Institute of History, Czechoslovac Academy of Sciences, February 1970, 107ff.; Funkfassung in: K.H.: Psychoanalyse – Kritische Theorie des Subjekts. Aufsätze. Frankfurt, 57ff.

– (1970): Menschliche Aggressivität und internationale Politik. In: Dieter Senghaas (Ed.), *Friedensforschung und Gesellschaftskritik.* München, 133–178.

– (1971a): Insgeheime kulturistische Tendenzen der modernen psychoanalytischen Orthodoxie. In: Lorenzer u.a., *Psychoanalyse als Sozialwissenschaft.* Frankfurt, 93–151.

– (1971b): Psychoanalyse – Anpassungslehre oder kritische Theorie des Subjekts? I: Lukács' Theorie vom Klassenbewußtsein; II: Gegen den antipsychologischen Affekt der Marx-Epigonen. *Frankfurter Hefte* 26, 532–543, 617–625.

– (1972a): Entwicklungen einer psychoanalytischen Sozialpsychologie; überarbeitete Fassung von: Fragen einer psychoanalytischen Sozialpsychologie. *Psyche* 22, 1968, 896ff. In: H.U. Wehler (Ed.), *Psychoanalyse und Soziologie,* München, sowie in: K.H., Psychoanalyse – Kritische Theorie des Subjekts. Aufsätze. Frankfurt, 214ff.

– (1972b): Gibt es einen Aggressionstrieb? *Psyche* 26, 799–817.

(1973a): Gesellschaftliche Produktion von Gewalt. Vorschlage zur politpsychologischen Untersuchung. *Leviathan* 1, Heft 3.

– (1973b): Bemerkungen zur politischen Konsequenz des Psychologismus psychologischer Denkmodelle und Vorschläge zu dessen Überwindung. Der Beitrag der Psychoanalyse zu einer Theorie des Konflikts. *Die Deutsche Schule* 65, 481–492.

– (1973c): Emanzipation aus der Perspektive einer zu entwickelnden Kritischen Theorie des Subjekts. In: Martin Greiffenhagen (Ed.), *Emanzipation.* Reihe Kritische Wissenschaft. Hamburg, 277–324.

HOWELLS, T.H. (1945): The obsolete dogmas of heredity. *Psychol. Rev.*, 52, 23–34.

– und D.O. VINE (1940): The innate differential in social learning. *J. abnorm. (soc.) Psychol.*, 35, 537–548.

HUBEL, D.H., und T.N. WIESEL (1959): Receptive fields of single neurones in the cat's striate cortex. *J. Physiol.* 148, 574–591.

– und – (1962): Receptive fields, binocular interaction and functional architecture in the cat's visual cortex. *J. Physiol.* 160, 106–154.

– und – (1963): Receptive fields of cells in striate cortex of very young, visually inexperienced kittens. *J. Neurophysiol.* 26, 994–1002.

HUNSPERGER, R.W. (1956): Affektreaktionen auf elektrische Reizung im Hirnstamm der Katze. *Helv. Physiol. Pharmacol. Acta,* 4, 147–149.

HUNT, E.L. (1949): Establishment of conditioned responses in chick embryos. *J. Comp. Psychol.* 42, 107–117.

HUTCHINSON, R.R., ULRICH, R.E. und AZRIN, N.H. (1965): Effects of age and related factors on the pain-aggression reaction. *J. comp. Physiol. Psychol.* 59, 365.

HUXLEY, J.S. (1914): The courtship habits of the Great Crested Grebe (Prodiceps cristatus); with an addition to the theory of sexual selection. *Proc. zool. Soc. Lond.* 419–562.

– (1923): Courtship activities in the Red-throated Diver (Colymbus stellatus Pontopp.); together with a discussion on the evolution of courtship in birds. *J. Linn. Soc.* 35, 253–92.

– (1963): Lorenzian ethology. *Z. Tierpsychol.* 20, 402–09.

VAN IERSEL, J.J.A. und BOL, A.C.A. (1958): Preening of two tern species. A study on displacement activities. *Behaviour,* 13, 1–88.

JENNINGS, H.S. (1923): The behavior of lower organisms. New York.

– (1930): The Biological Basis of Human Nature. New York.

JENSEN, D.D. (1961): Operationism and the question „Is this behaviour learned or innate?“ *Behaviour* 17, 1–8.

KAADA, B. (1967): Brain mechanisms related to aggressive behavior. In: C.D. Clements und D.B. Lindsley (Ed.), *Aggression and Defense: Neural Mechanisms and Social Patterns.* Los Angeles.

KEELER, C. (1931): The Laboratory Mouse. Cambridge.

KEIDEL, W.D. (1971): *Sinnesphysiologie. Teil I, Allgemeine Sinnesphysiologie. Visuelles System.* Berlin-Heidelberg-New York.

KIMBLE, G.A. (1967): Foundations of conditioning and learning. New York.

KINDER, E.F. (1927): A study of the nest-building activity of the albino rat. *J. exp. Zool.*, 47, 117–161.

KING, J.A. und GURNEY, N.L. (1954): Effect of early social experience on adult aggressive behavior in C 57 BL/10 mice. *J. comp. Physiol. Psychol.* 47, 326–336.

– und TOLMAN, J. (1956): The effect of testosterone propionate on aggression in male and female C 57 BL/10 mice. *Brit. J. anim. Beh.* 4, 147–149.

KNOLL, M.D. (1956): Über die Entwicklung einiger Funktionen im Auge des Grasfrosches. *Z. vergl. Physiol.* 38, 219–37.

KOEHLER, O. (1950): Die Analyse der Taxisanteile instinktartigen Verhaltens. *Symp. Soc. exp. Biol.*, 4, 269–303.

KONISHI, M. (1965): The role of auditory feedback in the control of vocalisation in the White-crowned Sparrow. *Z. Tierpsychol.* 22, 770–83.

KOOPMAN, K.F. (1950): Natural selection for reproductive isolation between Drosophila pseudoobscura and Drosophila persimilis. *Evolution* 4, 135–148.

KORTLANDT, A. (1940): Eine Übersicht über die angeborenen Verhaltensweisen des mitteleuropäischen Kormorans (Phalacrocorax carbo sinensis SHAW et NODD.). *Arch. Neerl. Zool.*, 4, 401–442.

KRAMER, G. (1937): Beobachtungen über Paarungsbiologie und soziales Verhalten von Mauereidechsen. *Z. Morph. Ökol. Tiere*, 32, 752–784.

KRÄTZIG, H. (1940): Untersuchungen zur Lebensweise des Moorschneehuhns, Lagopus l. lagopus, während der Jugendentwicklung. *J. Orn., Lpz.*, 88, 139–166.

KRUIJT, J. (1964): Ontogeny of social behaviour in Burmese Red Jungle Fowl (Gallus gallus spadiceus). *Behaviour* Suppl., 12.

KÜHN, A. (1919): Die Orientierung der Tiere im Raum. Jena.

KÜNZLER, E. (1965): Verhalten der Tiere und Menschen. Eine Auseinandersetzung mit Konrad Lorenz. Sendung im Westdeutschen Rundfunk vom 14.6.1965, III. Programm.

– (1967): Über die Möglichkeit einer Zusammenarbeit von Ethologie und Psychoanalyse. Frühkindliche Verhaltensweisen in ethologischer und psychoanalytischer Sicht. *Psyche* 20, 166–192.

KUO, Z.-Y. (1932a): Ontogeny of embryonic behavior in Aves. I. The chronology and general nature of the behavior of the chick embryo. *J. Exp. Zool.* 61, 395–430.

– (1932b): Ontogeny of embryonic behavior in Aves. II. The mechanical

factors in the various stages leading to hatching. *J. Exp. Zool.* 62, 453–489.
– (1932c): Ontogeny of embryonic behavior in Aves. III. The structure and environmental factors in embryonic behavior. *J. Comp. Psychol.* 13, 245–272.
– (1932d): Ontogeny of embryonic behavior in Aves. IV. The influence of embryonic movements upon the behavior after hatching. *J. Comp. Psychol.* 14, 109–122.
LACK, D. (1947): Darwin's finches. London.
LANDAUER, K. (1929): Zur psychosexuellen Genese der Dummheit. In: *Almanach der Psychoanalyse,* Wien 1930, 157–183; nachgedruckt in *Psyche* 24, 1970, 463–484.
LASHLEY, K.S. (1923): Temporal variation in the function of the gyrus precentralis in primates. *Amer. J. Physiol.* 65, 585–602.
– (1938): Experimental analysis of instinctive behavior. *Psychol. Rev.*, 45, 445–471.
– (1942): The problem of cerebral organization in vision. *Biol. Symp.*, 7, 301–322.
– (1949): Persistent problems in the evolution of mind. *Quart. Rev. Biol.*, 24, 28–42.
– und J. T. RUSSELL (1934): The Mechanism of Vision: XI. A preliminary test of innate organization. *J. genet. Psychol.*, 45, 136–144.
LAUDIEN, H. (1966): Untersuchungen über das Kampfverhalten der Männchen von *Betta splendens. Z. wiss. Zool.*, 172, 134–178.
LAWTON, D. (1970): Soziale Klasse, Sprache und Erziehung. Düsseldorf.
LEES, A.D. (1949): Modern concepts of instinctive behaviour (in section on „Entomology"). *Sci. Prog. Twent. Cent.*, 37, 318–321.
LEHRMAN, D.S. (1953): A critique of Konrad Lorenz's theory of instinctive behavior. *Quart. Rev. Biol.* 28, 337–363.
– (1957): Nurture, nature and ethology: review of W.H. Thorpe, Learning and instinct in animals, 1st ed. *Contemp. Psychol.* 4, 103–104.
– (1961): Gonadal hormones and parental behaviour in birds and infrahuman mammals. In: W.C. Young (Ed.): *Sex and internal secretions.* Baltimore.
LENNEBERG, E.H. (1967): *Biologische Grundlagen der Sprache.* Anhang: Noam Chomsky: Die formale Natur der Sprache; Otto Marx: Die Geschichte der Ansichten über die biologische Grundlage der Sprache. Frankfurt.
LEPENIES, W. (1971a): *Soziologische Anthropologie. Materialien.* München.
– (1971b): Im Namen der Natur? Möglichkeiten und Grenzen einer anthropologischen Kritik an der Neuen Linken. In: Ders., 1971a, 115–127.

LEVINE, S. (1962): The effects of infantile experience on adult behavior. In: A. J. Bachrach (Ed.), *Experimental foundations of clinical psychology.* New York, 139–169.

LEVY, J.V. und KING, J.A. (1953): The effects of testosterone propionate on fighting behaviour in young male C57 BL/10 mice. *Anat. Rec.*, 117, 562–563.

LEYHAUSEN, P. (1952): Theoretische Überlegungen zur Kritik des Begriffes der „Übersprungsbewegung". Wiederabgedruckt in: K. Lorenz und P. Leyhausen, *Antriebe tierischen und menschlichen Verhaltens.* München 1968, 77–88.

LIDZ, TH. (1971): Sprache und Schizophrenie. *Neue Rundschau,* 82, 111–126.

LIND, H. (1958): The activation of an instinct caused by a „transitional action". *Behaviour,* 14, 123–135.

LISCHKE, G. (1972): Psychophysiologie der Aggression. In: H. Selg (Ed.), *Zur Aggression verdammt?,* Stuttgart, Kohlhammer.

LISSMANN, H.W. (1946 a): The neurological basis of the locomotory rhythm in the spinal dogfish (Scyllium canicula, Acanthias vulgaris). 1. Reflex behaviour. *J. exp. Biol.,* 23, 143–161.

– (1946 b): The neurological basis of the locomotory rhythm in the spinal dogfish (Scyllium canicula, Acanthias vulgaris). II. The effect of de-afferentation. *J. exp. Biol.,* 23, 162–176.

LONDON, P. (1969): *Behavior Control.* New York-Evanston-London.

LORENZ, K. (1927): Beobachtungen an Dohlen. *J. Orn., Lpz.* 75, 511–19.

– (1931): Beiträge zur Ethologie sozialer Corviden. *J. Orn.,* Lpz., 79, 67–127.

– (1932): Betrachtungen über das Erkennen der arteigenen Triebhandlungen der Vögel. *J. Orn.* Lpz., 80, 50–98.

– (1935): Der Kumpan in der Umwelt des Vogels. *J. Orn.,* Lpz., 83, 137–213, 289–413.

– (1937 a): Über den Begriff der Instinkthandlung. *Folia biotheor.,* Leiden, 2, 17–50.

– (1937 b): Über die Bildung des Instinktbegriffes. *Naturwissenschaften,* 25, 289–300, 307–318, 324–331.

– (1939): Vergleichende Verhaltensforschung. *Zool. Anz.,* 12 (Suppl.-band), 69–102.

– (1940): Durch Domestikation verursachte Störungen arteigenen Verhaltens. *Z. angew. Psychol. Charakterkunde* 59, 2–81.

– (1941): Vergleichende Bewegungsstudien an Anatiden. *J. Orn.,* Lpz., 89 (Sonderheft), 194–294.

– (1943): Die angeborenen Formen möglicher Erfahrung. *Z. Tierpsychol.* 5, 235–409.

– (1950): The comparative method in studying innate behavior patterns. *Symp. Soc. exp. Biol.*, 4, 221–268.
– (1954): Psychologie und Stammesgeschichte. In: Ders., (1969), Bd. II, 201–254.
– (1961): Phylogenetische Anpassung und adaptive Modifikation des Verhaltens. *Z. Tierpsychol.* 18, 139–187.
– (1963): *Das sogenannte Böse. Zur Naturgeschichte der Aggression.* Wien. 24. Aufl. 1969.
– (1965): Evolution and modification of behavior. Chicago.
– (1969, I, 1969, II): Über tierisches und menschliches Verhalten. Aus dem Werdegang der Verhaltenslehre. Gesammelte Abhandlungen, 2 Bde. München.
– und N. TINBERGEN (1938): Taxis und Instinkthandlung in der Eirollbewegung der Graugans. I. *Z. Tierpsychol.*, 2, 1–29.
LORENZER, A. (1970 a): Sprachzerstörung und Rekonstruktion. Vorarbeiten zu einer Metatheorie der Psychoanalyse. Frankfurt.
– (1970 b): *Kritik des psychoanalytischen Symbolbegriffs.* Frankfurt.
– (1972): Zur Begründung einer materialistischen Sozialisationstheorie. Frankfurt.
– (1973): Über den Gegenstand der Psychoanalyse, oder Sprache und Interaktion. Frankfurt.
– u. a. (1971): Psychoanalyse als Sozialwissenschaft. Frankfurt. 1972².
MAIER, N. R. F. und T. C. SCHNEIRLA (1935): Principles of Animal Psychology. New York.
MARLER, P. (1955): Studies of fighting in Chaffinches 1). Behaviour in relation to the social hierarchy. *Brit. J. anim. Beh.*, 3, 111–117. 2). The effect on dominance relations of disguising females as males. *Brit. J. anim. Beh.*, 3, 137–146.
– (1956): Studies of fighting in chaffinches 3). Proximity as a cause of aggression. *Brit. J. anim. Beh.*, 4, 23–30.
– (1957): Studies of fighting in chaffinches 4). Appetitive and consummatory behaviour. *Brit. J. anim. Beh.*, 5, 29–37.
– und HAMILTON, W. J. (1972): *Tierisches Verhalten.* München-Bern-Wien.
MAST, S. O. (1926): Structure, movement, locomotion and stimulation in amoeba. *J. Morph.*, 41, 347–425.
MAYNARD, D. M. (1955): Activity in a crustacean ganglion: II. Pattern and interaction in burst formation. *Biol. Bull.*, 109, 420–436.
MAYR, E. (1942): Systematics and the origin of species. New York.
– und T. DOBZHANSKY (1945): Experiments on sexual isolation in Drosophila. IV. Modification of the degree of isolation between Drosophila pseudoobscura and Drosophila persimilis and of sexual preferences in Drosophila prosaltans. *Proc.* Nat. Acad. Sci. U.S. 31, 75–82.

McDougall, W. (1923): An Outline of Psychology. Scribner's, New York.

– (1930): The Hormic Psychology. In: Carl Murchison (Ed.), Psychologies of 1930, 3–36. Wooster, Mass.

Mead, M. (1958): Mann und Weib. Das Verhältnis der Geschlechter in einer sich wandelnden Welt. Hamburg.

– (1959): Geschlecht und Temperament in primitiven Gesellschaften. Hamburg.

Milgram, St. (1965): Einige Bedingungen des „Autoritätsgehorsams" und seiner Verweigerung. In: *Die politische und gesellschaftliche Rolle der Angst*, hrsg. und eingel. von H. Wiesbrock. Politische Psychologie, Bd. 6, 170–193. Frankfurt 1967.

Miller, N. E. (1951): Learnable drives and rewards. In: S.S. Stevens (Ed.), Handbook of Experimental Psychology, 435–472. *New York.*

– (1969): Psychosomatic effects of specific types of training. *Ann. N. Y. Acad. Sci.* 159, 1025–1040.

– und L. di Cara (1967): Instrumental learning of heart rate changes in curarized rats: shaping and specificity to discriminative stimulus. *J. Comp. Physiol. Psychol.* 63, 12–19.

Mitscherlich, A. (1963): Auf dem Wege zur vaterlosen Gesellschaft. Ideen zur Sozialpsychologie. München.

– (1966): *Krankheit als Konflikt. Studien zur psychosomatischen Medizin* 1, Frankfurt.

– (1967): Krankheit als Konflikt. Studien zur psychosomatischen Medizin 2, Frankfurt.

– u.a. (1967): Der Kranke in der modernen Gesellschaft. Köln-Berlin.

Morgan, L. (1896): Habit and instinct. London.

Morgan, C. T. (1947): The hoarding instinct. *Psychol. Rev.*, 54, 335 –341.

Morgan, T.H., A.H. Sturtevant, H.J. Muller und C.B. Bridges (1923): The mechanism of Mendelian heredity. 2nd ed. New Haven.

Moyer, K. (1971): A preliminary physiological model of aggressive behavior. In: B.E. Eleftheriou und J.P. Scott (Ed.), *The physiology of aggression and defeat.* New York-London.

Narr, W.-D. (1973): Gewalt und Legitimität. *Leviathan* 1, 7–42.

Nissen, H.W. (1951): Phylogenetic comparison. In: S.S. Stevens (Ed.), Handbook of Experimental Psychology, 435–472, New York.

Noble, G.K. und H.T. Bradley (1933): The mating behavior of lizards. *Ann. N.Y. Acad. Sci.*, 35, 25–100.

Novikoff, A.B. (1945): The concept of integrative levels and biology. *Science* 101.

Oevermann, U. (1969): Schichtenspezifische Formen des Sprachverhaltens und ihr Einfluß auf die kognitiven Prozesse. In: Deutscher Bildungsrat. *Gutachten und Studien der Bildungskommission*, Bd. 4: Begabung und Lernen. Stuttgart, 297–356.

PADILLA, S.G. (1930): Further studies on the delayed pecking of chicks. *J. comp. Psychol.*, 20, 413–443.

PATRICK, J.R. und R.M. LAUGHLIN (1934): Is the wall-seeking tendency in the white rat an instinct? *J. genet. Psychol.*, 44, 378–389.

PAVLOV, J.P. (1926): Die höchste Nerventätigkeit (Das Verhalten) von Tieren. München.

PERDECK, A.C. (1964): An experiment on the ending of autumn migration in Starlings. *Arde*, 52, 133–40.

PETERS, H. (1937): Studien an dem Netz der Kreuzspinne (Aranea diadema L.). *Z. Morph. Ökol. Tiere*, 1, 126–150.

PETRUNKEVITSCH, A. (1926): The value of instinct as a taxonomic character in spiders. *Biol. Bull.*, 50, 427–432.

PORTMANN, A. (1970): Entläßt die Natur den Menschen? Gesammelte Aufsätze zur Biologie und Anthropologie. München, 2. Aufl. 1971.

PRECHTL, H.F.R. (1953): Zur Physiologie der angeborenen auslösenden Mechanismen. *Behaviour*, 5, 32–50.

– (1965): Problems of behavioral studies in the newborn infant. *Adv. Stud. Behav.* 1, 75–98.

RASA, O.A.E. (1971): Appetence for aggression in juvenile damsel fish. *Z. Tierpsychol.*, Beiheft 7.

RAY, W.S. (1932): A preliminary study of fetal conditioning. *Child Develpm.*, 3, 173–177.

RAZRAN, G.H.S. (1961): The observable unconscious and the inferable conscious in current Soviet psychophysiology: interoceptive conditioning, semantic conditioning and the orienting reflex. *Psychol. Rev.* 68, 81–147.

RIESEN, A.H. (1947): The Development of Visual Perception in Man and Chimpanzee. *Science*, 106, 107–108.

– (1960): Effects of stimulus deprivation on the development and atrophy of the visual sensory system. *Am. J. Orthopsychiat.* 30, 23–36.

– (1961): Stimulation as a requirement for growth and function in behavioral development. In: D.W. Fiske und S.R. Maddi (Ed.), Functions of varied experience. Homewood, Ill. 57–105.

– und L. AARONS (1959): Visual movement and intensity discrimination in cats after early deprivation of pattern vision. *J. Comp. Physiol. Psychol.* 52, 142–149.

–, M.I. KURKE und J.C. MELLINGER (1953): Interocular transfer of habits learned monocularly in visually naive and visually experienced cats. *J. Comp. Physiol. Psychol.* 46, 166–172.

RIESS, B.F. (1949 a): A new approach to instinct. *Sci. & Soc.*, 13, 150–154.

– (1949b): The isolation of factors of learning and native behavior in field and laboratory studies. *Ann. N.Y. Acad. Sci.*, 51, 1093–1102.

RITSERT, J. (1972): Inhaltsanalyse und Ideologiekritik. Ein Versuch über kritische Sozialforschung. Frankfurt.

ROEDER, K.C. (1962): Neural mechanisms of animal behavior. *Am. Zool.* 2, 105–15.

ROGERS, K.T. (1957): Optokinetic testing of cyclopean and synophthalmic fish hatchlings. *Biol. Bull.* 112, 241–248.

ROMER, A.S. (1945): Vertebrate Paleontology. Chicago.

ROSE, ST. und ROSE, H. (1971): Der Mythos von den neutralen Wissenschaften. In: Fuller, Watson (Ed.), *Biologie und Gesellschaft.* München, 267–279.

ROSENKÖTTER, L. (1966): Auf Exkursion in die Menschenkunde. *Frankfurter Hefte* 21, 523–533.

SCHMIDT-MUMMENDEY, A. (1972): Bedingungen aggressiven Verhaltens. Bern-Stuttgart-Wien.

– (1973): Leistung, mit oder ohne Aggression? Besprechung von H.D. Dann, Aggression und Leistung. Gewährung und Unterbindung von Aggression in ihrer Auswirkung auf Leistungsverhalten. *Zeitschrift für Sozialpsychologie* 4, 62–65.

SCHNÄDELBACH, H. (1969): Was ist Ideologie? Versuch einer Begriffsklärung. *Das Argument* 50, Sonderband zum 10. Jahrgang, 71–92.

– (1971): Erfahrung, Begründung, Reflexion. Versuch über den Positivismus. Frankfurt.

SCHNEIRLA, T.C. (1938): A theory of army-ant behavior based upon the analysis of activities in a representative species. *J. comp. Psychol.*, 25, 51–90.

– (1939): A theoretical consideration of the basis for approach-withdrawal adjustments in behavior. *Psychol. Bull.*, 36, 501–502.

– (1941): Social organization in insects, as related to individual function. *Psychol. Rev.*, 48, 465–486.

– (1944): The reproductive functions of the army-ant queen as pacemakers of the group behavior pattern. *J. N. Y. ent. Soc.*, 52, 153–192.

– (1945): Contemporary American animal psychology in perspective. In: P. Harriman (Ed.), Twentieth Century Psychology, 306–316. New York.

– (1946): Problems in the biopsychology of social organization. *J. abnorm. (soc.) Psychol.*, 41, 385–402.

– 1948): Psychology, Comparative. Artikel in *Encyclopedia Britannica.*

– (1949a): Levels in the psychological capacities of animals. In: R. Sellars und V.J. McGill (Ed.), *Philosophy for the Future.* New York.

– (1949b): Army-ant life and behavior under dry-season conditions. 3. The

course of reproduction and colony behavior. *Bull. Amer. Mus. nat. Hist.* 94, 1–81.
– (1950): The relationship between observation and experiment in the field study of behavior. *Ann. N.Y. Acad. Sci.*, 51, 1022–1044.
– (1956): The interrelationships of the „innate" and the „acquired" in instinctive behavior. In: P.-P. Grassé (Ed.), *L'Instinct dans le comportement des animaux et de l'homme.* Paris, 387–452.
– (1957): The concept of development in comparative psychology. In: D.B. Harris (Ed.), *The concept of development.* Minneapolis, 78–108.
– (1966): Behavioral development and comparative psychology. *Quart. Rev. Biol.* 41, 283–303.
– und R.Z. Brown (1950): Army-ant life and behavior under dry-season conditions. 4. Further investigation of cyclic processes in behavioral and reproductive functions. *Bull. Amer. Mus. nat. Hist.*, 95, 263–354.
–, Rosenblatt, J.S. und Tobach, E. (1963): Maternal behavior in the Cat. In: H. Rheingold (Ed.), Maternal behavior in mammals. New York.
Schoolland, J.B. (1942): Are there any innate behavior tendencies? *Genet. Psychol. Monogr.*, 25, 219–287.
Schutz, F. (1965): Sexuelle Prägung bei Anatiden. *Z. Tierpsychol.* 22, 50–103.
Scott, J.P. (1958): *Aggression.* Chicago.
– (1971): Theoretical issues concerning the origin and causes of fighting. In: B.E. Eleftheriou und J.P. Scott (Ed.), *The physiology of aggression and defeat.* New York-London, Plenum Press.
Sedláček, J. (1962): Temporary connections in chick embryos. Physiol. Bohemoslov. 11, 300–306.
– (1964): Further findings on the conditions of formation of the temporary connection in chick embryos. *Physiol. Bohemoslov.* 13, 411–420.
Senden, M. von (1934): Raum- und Gestaltauffassung bei operierten Blindgeborenen vor und nach der Operation. Barth, Leipzig.
Sevenster, P. (1968): Motivation and learning in Sticklebacks. In: Ingle, D. (Ed.), *The central nervous system and Fish behavior.* Chicago-London.
Sevenster-Bol, A.C.A. (1962): On the causation of drive-reduction after a consummatory act. *Arch. néerl. Zool.* 15, 175–236.
Shepard, J.F. und F.S. Breed (1913): Maturation and use in the development of an instinct. *J. Anim. Behav.*, 3, 274–285.
Sherrington, C.S. (1906): Integrative action of the nervous system. London.
Sinnott, E.W., L.C. Dunn und Th. Dobzhansky (1950): Principles of Genetics. New York.
Smith, P.E. und E.C. MacDowell (1930): An hereditary anterior-pituitary deficiency in the mouse. *Anat. Rec.*, 46, 249–257.

SMITH, S. und E. R. GUTHRIE (1921): General Psychology in Terms of Behavior. New York.

SONNEMANN, U. (1969): Negative Anthropologie. Vorstudien zur Sabotage des Schicksals. Reinbek b. Hamburg.

– (1970): Hegel und Freud. *Psyche* 24, 209–218.

SPELT, D. K. (1948): The conditioning of the human fetus in utero. *J. Exp. Psychol.* 38, 338–346.

SPERRY, R. W. (1945): The problem of central nervous reorganization after nerve regeneration and muscle transposition. *Quart. Rev. Biol.*, 20, 311–369.

– (1959): The growth of nerve circuits. *Scient. Am.* 201, 68–76.

SPITZ, R. (1945): Diacritic and Coenesthetic Organisations. *Psychoanalytic Review* 32, 146–162.

– (1959): *A Genetic Field Theory of Ego Formation. Its Implications for Pathology.* The Freud Anniversary Lecture Series. The New York Psychoanalytic Institute, New York. 2. Aufl. 1962.

– (1964/5): Ein Nachtrag zum Problem des Autoerotismus. *Psyche* 18, 241–272.

– (1965): Vom Säugling zum Kleinkind. Naturgeschichte der Mutter-Kind-Beziehungen im ersten Lebensjahr. Stuttgart 1967.

– (o. J.): Nein und Ja. Die Ursprünge der menschlichen Kommunikation. Stuttgart.

– (1973): Die Evolution des Dialogs. *Psyche* 27.

STOCKARD, C. R. (1909): The development of artificially produced cyclopean fish – „the magnesium embryo." *J. Exp. Zool.* 6, 285–337.

STONE, C. P. (1947): Methodological resources for the experimental study of innate behavior as related to environmental factors. *Psychol. Rev.*, 54, 342–347.

SUTHERLAND, N.S. (1962): The methods and findings of experiments on the visual discrimination of shape by animals. *Exp. psychol. Soc. Monogr. 1.*

TEMBROCK, G. (1961): *Verhaltensforschung.* Jena.

THOMAS, E. und SCHALLER, F. (1954): Das Spiel der optisch isolierten, junngen Kaspar-Hauser-Katze. *Naturwissenschaften* 41, 557–8.

THORPE, W. H. (1948): The modern concept of instinctive behaviour. *Bull. Anim. Behav.*, 7, 1–12.

– (1961): Bird song. London.

– (1963 a): Learning and instinct in animals. 2. Aufl. Cambridge, Mass.

– (1963 b): Ethology and the coding problem in germ cell and brain. *Z. Tierpsychol.* 20, 529–551.

– und F. G. W. JONES (1937): Olfactory conditioning in a parasitic insect and its relation to the problem of host selection. *Proc. roy. Soc.*, B, 124, 56–81.

TINBERGEN, N. (1939): Zur Fortpflanzungsethologie von Sepia officinalis L. *Arch. neerl. Zool.*, 3, 305–335.

– (1939): On the analysis of social organization among vertebrates, with special reference to birds. *Amer. Midl. Nat.*, 21, 210–234.

– (1940): Die Übersprungbewegung. *Z. Tierpsychol.* 4, 1–40.

– (1942): An objectivistic study of the innate behaviour of animals. *Bibl. biotheor.*, Leiden, D, 1, 39–98.

– (1948 a): Physiologische Instinktforschung. *Experientia*, 4, 121–133.

– (1948 b): Social releasers and the experimental method required for their study. *Wilson Bull.*, 60, 6–51.

– (1950): The hierarchical organization of nervous mechanisms underlying instinctive behaviour. *Symp. Soc. exp. Biol.*, 4, 305–312.

– (1951): The Study of Instinct. Oxford.

– (1953): Social behaviour in animals. London.

– (1963): On aims and methods of ethology. *Z. Tierpsychol.* 20, 410–433.

– (1964): Aggression and fear in the normal sexual behaviour of some animals. In: J. Rosen (Ed.), *The pathology and treatment of sexual deviation*, 3–23. Oxford.

– (1965 a): Some recent studies of the evolution of sexual behaviour. In: F.A. Beach (Ed.), *Sex and behavior*, 1–34.

– (1965 b): Behavior and natural selection. In: J.A. Moore (Ed.), *Ideas in modern biology*, 521–42. New York.

– und andere (1962): Egg-shell removal by the Black-headed Gull Larus ridibundus L.; a behavioural component of camouflage. *Behaviour* 19, 74–118.

– und D. J. KUENEN (1939): Über die auslösenden und die richtunggebenden Reizsituationen der Sperrbewegung von jungen Drosseln (Turdus m. merula L. und T. e. ericetorum Turton). *Z. Tierpsychol.*, 3, 37–60.

– B.J.D. MEEUSE, L.K. BOEREMA und W.W. VAROSSIEAU (1942): Die Balz des Samtfalters, Eumenis (= Satyrus) semele (L.). *Z. Tierpsychol.* 5, 182–226.

– und A. C. PERDECK (1950): On the stimulus situation releasing the begging response in the newly hatched Herring Gull chick (Larus argentatus argentatus Pont.). *Behaviour*, 3, 1–39.

UYLDERT, I. E. (1946): A conditioned reflex as a factor influencing the lactation of rats. *Acta brev. neerl. Physiol.*, 14, 86–89.

VERWEY, J. (1930): Die Paarungsbiologie des Fischreihers. *Zool. Jahrb. Allg. Zool. Physiol.* 48, 1–120.

WARDEN, C.J., T.N. JENKINS und L.H. WARNER (1936): Comparative Psychology. Vol. III. Vertebrates. New York.

WASHBURN, S.L. (1947): The relation of the temporal muscle to the form of the skull. *Anat. Rec.*, 99, 239–248.

WATERMAN, T. H., WIERSMA, G. A. G. und BUSH, B. M. H. (1964): Afferent visual responses in the optic nerve of the crab, Podophthalmus. *J. Comp. Cell. Physiol.* 63, 133–55.

WEISS, P. (1936): Selectivity controlling the central-peripheral relations in the nervous system. *Biol. Rev.*, 11, 494–531.

– (1937a): Further experimental investigations on the phenomenon of homologous response in transplanted amphibian limbs. I. Functional observations. *J. comp. Neurol.*, 66, 181–206.

– (1937b): Further experimental investigations of the phenomenon of homologous response in transplanted amphibian limbs. II. Nerve regeneration and the innervation of transplanted limbs. *J. comp. Neurol.*, 66, 481–535.

– (1937c): Further experimental investigations of the phenomenon of homologous response in transplanted amphibian limbs. III. Homologous response in the absence of sensory innervation. *J. comp. Neurol.*, 66, 537–548.

– (1937d): Further experimental investigations of the phenomenon of homologous response in transplanted amphibian limbs. IV. Reverse locomotion after the interchange of right and left limbs. *J. comp. Neurol.*, 67, 269–315.

– (1940): Functional properties of isolated spinal cord grafts in larval amphibians. *Proc. Soc. exp. Biol.* 44, 350–352.

– (1941): Self-differentiation of the basic patterns of coordination. *Comp. Psychol. Monogr.* 17, 1–96.

– (1950): Experimental analysis of coordination by the disarrangement of central-peripheral relations. *Symp. Soc. exp.* Biol., 4, 92–111.

WELCH, A. S. und WELCH, B. L. (1971): Isolation, reactivity and aggression: evidence for an involvement of brain catecholamines and serotonin. In: B. E. Eleftheriou und J. P. Scott (Ed.), *The physiology of aggression and defeat.* New York-London.

WHEELER, W. M. (1928): The Social Insects. New York.

WHITMAN, C. O. (1899): Animal behavior. *Biol. Lect. mar. biol. Lab. Wood's Holl,* 1898, 285–338.

– (1919): The behavior of pigeons. *Publ. Carneg. Institute,* 257, 1 –161.

WICKLER, W. (1962): Zur Stammesgeschichte funktionell korrelierter Organ- und Verhaltensmerkmale. *Z. Tierpsychol.* 19, 29–64.

WIEPKEMA, P. R. (1961): An ethological analysis of the reproductive behaviour of the Bitterling. *Arch. néerl. Zool.* 14, 103–199.

WIESEL, T. N. und D. H. HUBEL (1963): Single-cell responses in striate cortex of kittens deprived of vision in one eye. *J. Neurophysiol.* 26, 1003–1017.

WIESNER, B. P., und N. M. SHEARD (1933): Maternal Behaviour in the Rat. London.

YOUNG, R. M. (1971): Evolutionäre Biologie und Ideologie – einst und heute. In: Fuller, Watson (Ed.), *Biologie und Gesellschaft*. München, 247–266.

Die Autoren

Klaus Horn

Geboren 1934 in Dresden, ist Leiter der sozialpsychologischen Abteilung des Sigmund-Freud-Instituts in Frankfurt. Er veröffentlichte u. a. „Dressur und Erziehung", Frankfurt 1967, ist Herausgeber von „Gruppendynamik und der subjektive Faktor", Frankfurt 1971. Horn verfaßte zahlreiche Aufsätze zur sozialwissenschaftlich verstandenen Psychoanalyse und politischen Psychologie. Er ist Mitherausgeber der Zeitschrift „Leviathan" (1973f.)

Daniel Sanford Lehrman

Geboren 1919 in New York, war seit 1950 Professor für Psychologie an der Rutgers University, Newark, seit 1958 Direktor des Institute of Animal Behavior, ebenfalls an der Rutgers University. Sein Spezialgebiet war die Erforschung der physiologischen Grundlagen des Verhaltens, besonders interessierte ihn die Hormonphysiologie. Lehrman starb am 29. 8. 1972.

Gerhard Roth

Geboren 1942 in Marburg, studierte Philosophie an den Universitäten Münster und Rom. 1969 Promotion zum Dr. phil., danach Biologiestudium in Münster. Derzeit Mitarbeiter an einem Forschungsprojekt über Sinnes- und Verhaltensphysiologie. Seit 1970 Lehrbeauftragter für Philosophie an der Gesamthochschule Paderborn. Veröffentlichungen: „Gramscis Philosophie der Praxis", Düsseldorf 1972 und Herausgeber von Gramscis „Briefen aus dem Kerker", Frankfurt 1972.

Niko Tinbergen

Geboren 1907 in Den Haag, war seit 1947 Professor für Experimentelle Zoologie an der Universität Leiden. Seit 1966 ist er Professor für Verhaltensforschung der Tiere an der Universität Oxford. In den 30er Jahren begründete er zusammen mit Konrad Lorenz die Vergleichende Verhaltensforschung. 1973 Nobelpreis für Medizin und Physiologie. Sein Hauptwerk ist die „Instinktlehre" (deutsch Berlin 1952). Zahlreiche Einzelaufsätze.

Beck'sche Schwarze Reihe

22 *Die Idee des Fortschritts,* 9 Vorträge über Wege und Grenzen des Fortschrittsglaubens.
23 *Menschenbild und Lebensführung.* 11 Essays. Hrsg. L. Besch.
26 H. Lipfert, *Einführung in die Währungspolitik.*
27 G. Anders, *Wir Eichmannsöhne.* Offener Brief an Klaus Eichmann.
28 H. Richtscheid, *Philosophieren tut not.*
29 B. Delfgaauw, *Teilhard de Chardin und das Evolutionsproblem.*
30 *Einwände gegen das Christentum.* Hrsg. A.R. Vidler.
33 J. Robinson, *Doktrinen der Wirtschaftswissenschaft.* Eine Auseinandersetzung mit ihren Grundgedanken und Ideologien.
34 *Das Menschenbild in der Dichtung.* Hrsg. A. Schaefer.
35 R. Zippelius, *Das Wesen des Rechts.*
36 G. Anders, *Philosophische Stenogramme.*
37 H. Richtscheid, *Existenz in dieser Zeit.*
38 M. Hochgesang, *Mythos und Logik im 20. Jahrhundert.* Eine Auseinandersetzung mit der neuen Naturwissenschaft, Literatur, Kunst und Philosophie.
39 *Einwände gegen den Katholizismus.* 8 Beiträge. Hrsg. M. de la Bedoyere.
40 T.B. Bottomore, *Elite und Gesellschaft.*
41 *Arzt und Recht.* Medizinisch-juristische Grenzprobleme unserer Zeit. Hrsg. H. Göppinger.
42 G. Barraclough, *Tendenzen der Geschichte im 20. Jahrhundert.*
43 *Perspektiven Teilhard de Chardins.* 8 Beiträge zu seiner Weltanschauung und Evolutionslehre. Hrsg. H. de Terra.
44 *Die Gesellschaft der nächsten Generation.* 6 Beiträge. Hrsg. H.-J. Netzer.
45 Ch. Perelman, *Über die Gerechtigkeit.*
46 L. Diez del Corral, *Asiatische Reise.* Kulturgeschichtliche Betrachtungen über den Fernen Osten.
48 H. Coing, *Epochen der Rechtsgeschichte in Deutschland.*
49 A. Buchan, *Der Krieg in unserer Zeit.* Wandlungen und Perspektiven.
51 E. Preiser, *Wirtschaftspolitik heute.* Grundprobleme der Marktwirtschaft.
52 Han Suyin, *Das China Mao Tsetungs.*
53 W. Strombach, *Natur und Ordnung.* Eine naturphilosophische Deutung des wissenschaftlichen Welt- und Menschenbildes unserer Zeit.
54 A. Gosztonyi, *Der Mensch und die Evolution.* Teilhard de Chardins philosophische Anthropologie.
55 *Goethe und seine großen Zeitgenossen.* 7 Essays. Hrsg. A. Schaefer.
56 H. Seiffert, *Information über die Information.*
59 N. Harris, *Die Ideologien in der Gesellschaft.*
60 H. Seiffert, *Einführung in die Wissenschaftstheorie 1:* Sprachanalyse – Deduktion – Induktion in Natur- und Sozialwissenschaften.
61 H. Seiffert, *Einführung in die Wissenschaftstheorie 2:* Geisteswissenschaftliche Methoden: Phänomenologie, Hermeneutik und historische Methode. Dialektik.
62 Ph. Lersch, *Der Mensch als Schnittpunkt.* Fragen der Psychologie und Anthropologie der Gegenwart.
63 *Menschenzüchtung.* Das Problem der genetischen Manipulierung des Menschen. 8 Beiträge. Hrsg. F. Wagner.
65 W. Strombach, *Die Gesetze unseres Denkens.* Eine Einführung in die Logik.
66 *Ironie und Dichtung.* 6 Essays. Hrsg. A. Schaefer.
67 F. Wagner, *Weg und Abweg der Naturwissenschaft.* Denk- und Strukturformen, Fortschrittsglaube und Wissenschaftsreligion.